U0259440

智慧海绵城市系统构建系列丛书 第一辑 ❶

丛书主编 曹 磊 杨冬冬

海绵城市专项规划技术方法

Technology and Method for Sponge City Special Planning

杨冬冬 曹易 赵新 著

图书在版编目（CIP）数据

海绵城市专项规划技术方法 / 杨冬冬，曹易，赵新著. — 天津：天津大学出版社，2019.12
（智慧海绵城市系统构建系列丛书 / 曹磊，杨冬冬主编. 第一辑）
ISBN 978-7-5618-6587-3

Ⅰ. ①海… Ⅱ. ①杨… ②曹… ③赵… Ⅲ. ①城市规划—研究—中国 Ⅳ. ① TU984.2

中国版本图书馆 CIP 数据核字（2019）第 301788 号

HAIMIAN CHENGSHI ZHUANXIANG GUIHUA JISHU FANGFA

出版发行 天津大学出版社
地　　址 天津市卫津路 92 号天津大学内（邮编：300072）
电　　话 发行部：022-27403647
网　　址 www.tjupress.com.cn
印　　刷 廊坊市瑞德印刷有限公司
经　　销 全国各地新华书店
开　　本 787mm×1092mm 1/16
印　　张 14.5
字　　数 335 千
版　　次 2019 年 12 月第 1 版
印　　次 2019 年 12 月第 1 次
定　　价 120.00 元

序言

PREFACE

水资源作为基础的自然资源和具有战略性的经济资源，对社会经济发展有着重要影响。然而，中国目前所面临的水生态、水安全形势非常严峻。近年来，中国城市建设快速推进，道路硬化、填湖造地等工程逐渐增多，城市吸纳降水的能力越来越差，逢雨必涝、雨后即旱的现象不断发生，同时伴随着水质污染、水资源枯竭等问题，这些都给生态环境和人民生活带来了不良影响。

党的十九大报告指出，“建设生态文明是中华民族永续发展的千年大计”。我们要努力打造人与自然完美交融的“生态城市、海绵城市、智慧城市”。开展海绵城市建设对完善城市功能、提升城市品质、增强城市承载力、促进城市生态文明建设、提高人民生活满意度具有重要的现实意义。

伴随着海绵城市建设工作在全国范围的开展，我国的城市雨洪管理规划、设计、建设正从依靠传统市政管网的模式向开发灰色、绿色基础设施耦合的复合化模式转变。海绵城市建设虽然已取得很大进步，但仍不可避免地存在很多问题，如经过海绵城市建设后城市内涝情况时有发生，人们误以为这是因为低影响开发绿色系统构建存在问题，实际上这是灰色系统和超标雨水蓄排系统缺位所导致的。即使在专业领域，海绵城市的理论研究、规划设计、建设及运营维护等各环节依然存在很多需要深入研究的问题，如一些城市海绵专项规划指标制定得不合理；一些项目的海绵专项设计为达到海绵指标要求而忽视了景观效果，给海绵城市建设带来了负面评价和影响。事实上，海绵城市建设既是城市生态可持续建设的重要手段，也是城市内涝防治的重要一环，还是建设地域化景观的重要基础，它的这些重要作用亟待被人们重新认知。海绵城市建设仍然存在诸多关键性问题，我们需要考虑雨洪管理系统与绿地系统、河湖系统、土地利用格局的耦合，从而实现对海绵城市整体性的系统研究。不同城市或地区的地质水文条件、气候环境、场地情况等差异很大，这就要求我们因“天”“地”制宜，制定不同的海绵城市建设目标和策略，采取不同的规划设计方法。此外，海绵城市专项规划也需要与城市绿地系统、城市排水系统等相关专项规划在国土空间规划背景下重新整合。

作者团队充分发挥天津大学相关学科群的综合优势，依托建筑学院、建筑工程学院、环境科学与工程学院的国内一流教学科研平台，整合包括风景园林学、水文学、水力学、环境科学在内的多个学科的相关研究，在智慧海绵城市建设方面积累了丰硕的科研成果，为本丛书的出版提供了重要的理论和数据支撑。

作者团队借助基于地理信息系统与产汇流过程模拟模型的计算机仿真技术，深入研究和探讨了海绵城市景观空间格局的构建方法，基于地区降雨特点的雨洪管理系统构建、优化、维护及智能运行方案，形成了智慧化海绵城市系统规划理论与关键建造技术。作者团队将这些原创性成果编辑成册，形成一套系统的海绵城市建设丛书，从而为保护生态环境提供科技支撑，为各地的海绵城市建设提供理论指导，为美丽中国建设贡献一份力量。同时，本丛书对于改进我国城市雨洪管理模式、提高我国城市雨洪管理水平、保障我国海绵城市建设重大战略部署的落实均具有重要意义。

“智慧海绵城市系统构建系列丛书 第一辑”获评 2019 年度国家出版基金项目。本丛书第一辑共有 5 册，分别为《海绵城市专项规划技术方法》《既有居住区海绵化改造的规划设计策略与方法》《城市公园绿地海绵系统规划设计》《城市广场海绵系统规划设计》《海绵校园景观规划设计图解》，从专项规划、既有居住区、城市公园绿地、城市广场和校园等角度对海绵城市建设的理论、技术和实践等内容进行了阐释。本丛书具有理论性与实践性融合、覆盖面与纵深度兼顾的特点，可供政府机构管理人员和规划设计单位、项目建设单位、高等院校、科研单位等的相关专业人员参考。

在本丛书出版之际，感谢国家出版基金规划管理办公室的大力支持，没有国家出版基金项目的支持和各位专家的指导，本丛书实难出版；衷心感谢北京土人城市规划设计股份有限公司、阿普贝思（北京）建筑景观设计咨询有限公司、艾奕康（天津）工程咨询有限公司、南开大学黄津辉教授在本丛书出版过程中提供的帮助和支持。最后，再一次向为本丛书的出版做出贡献的各位同人表达深深的谢意。

曹磊

2019 年 12 月

前 言
FOREWORD

海绵城市是在我国生态文明建设的背景下，城市雨洪管理从传统的依靠管网的单一方式向多层级、复合化方式转变的产物，是重新建立城市健康水文循环过程的新型城市发展概念。在海绵城市建设的背景下，城市绿地汇聚雨水、蓄洪排涝、补充地下水、净化水体的功能得到了前所未有的关注，它以雨水花园、下凹绿地、植物过滤带等多样化景观形式呈现，实现了城市雨洪管理能力和景观风貌的双重提升。

但在近 10 年海绵城市建设的热潮中，我们也看到，虽然我国已布局多个国家海绵城市建设试点城市，但由于海绵城市建设的起点低，而蕴含于其中的学科知识和专业技术交叉性强，一些城市的海绵城市建设效果并不尽如人意，人们对海绵城市的质疑逐渐增多。因此，我们亟须对海绵城市规划、设计过程中的一些共性问题进行重新研究和系统思考。这些问题集中表现在以下 3 个方面。

（1）相关人员对海绵系统、低影响开发雨水系统和管渠系统之间的关系认识模糊，对年径流总量控制率的基本概念理解不深，这直接导致他们对海绵城市专项规划编制的方法、深度和内容认识不到位，从而简化、分割了控制指标与项目建设方案。

（2）相关人员对海绵城市规划、设计、建设工作的难度认知不足，将海绵城市的建设内容狭义地局限于低影响开发措施的使用，如不少城市老旧居住区的海绵化改造由于忽视了绿地的空间布局和竖向关系，简单地在极其有限的绿地中采用低影响开发措施，这些不恰当的措施引起了居民的不满，直接导致了居民对海绵城市的质疑。

（3）相关人员的海绵措施选择单一，导致不同城市空间中的海绵景观雷同，海绵城市设计目标、方法相似。

针对上述问题，天津大学建筑学院曹磊教授、杨冬冬副教授带领课题组将交叉学科研究与景观设计实践和经验相结合，致力于全过程、多维度的生态化雨洪管理系统的构建研究，并在国家出版基金的资助下，撰写了“智慧海绵城市系统构建系列丛书 第一辑”共5册图书。其中《海绵城市专项规划技术方法》系统介绍了海绵城市专项规划的编制内容、步骤和方法，并对海绵城市专项规划的难点和重点——低影响开发系统指标体系的计算方法和海绵空间格局的规划技术方法进行了详细解析。《既有居住区海绵化改造的规划设计策略与方法》从空间布局和节点设计两个层面梳理了老旧居住区海绵化改造中的问题、难点及其解决方案。《城市公园绿地海绵系统规划设计》《城市广场海绵系统规划设计》《海绵校园景观规划设计图解》这3本书则分别针对城市公园绿地、城市广场和校园这3种城市空间的特点和需求，从水文计算、景观审美的角度出发，对海绵系统的景观规划设计方法进行了系统阐释。

本书是作者团队对海绵城市规划设计“研究”和“实践”两方面工作的总结和提炼。我们希望能通过本书与读者分享相关的方法、方案和技术，在此感谢加拿大女王大学教授、天津大学兼职教授布鲁斯·C.安德森（Bruce C.Anderson）教授的指导和支持，感谢韩轶群、林月婷、刘庆等同学在书稿整理过程中给予的协助。由于作者水平有限，书中难免存在疏漏、错误之处，敬请读者批评指正。

著者

2019年12月

目录

CONTENTS

第 1 章　海绵城市与海绵城市专项规划

1.1 背 景

改革开放以来，我国经历了高速的城市化发展进程，发展速度和规模在世界范围内都极为罕见。国家统计局发布的报告显示，2011年我国城镇化率已达到51.27%。预计到2050年，中国的城镇化水平将突破70%。在城市发展和经济建设取得巨大成就的同时，我国的城市在资源、环境和生态等方面也出现了诸多问题，“大城市病”在水、空气以及能源等方面集中显现，城市基础设施面临着环境带来的巨大挑战。如何在保持城市化进程快速稳定推进的同时，解决城市发展过程中产生的各种问题、提高城市的自调节能力、构建资源节约型社会，这些问题受到了我国各级政府部门的高度关注。

在城市水环境方面，近年来，国内多地频繁遭遇洪涝灾害，且呈现发生范围广、积水深度大、积水时间长的特点，这不仅给城市居民的生命和财产安全带来巨大威胁，还对社会经济发展产生了不良影响。住房和城乡建设部（以下简称住建部）2010年对国内351个城市排涝能力的专项调研显示，2008—2010年，有62%的城市发生过不同程度的内涝，其中内涝灾害超过3次的城市有137个；在发生过内涝的城市中，57个城市的最长积水时间超过12 h。除此之外，城市自然河、湖水体水位持续下降，受面源污染影响，地表水水质不断恶化等问题同样不容小觑。究其原因，高度的城市化导致城市内不透水下垫面面积比率大幅提高，严重影响了城市原有的雨水径流产汇流过程，改变了城市原有的水文本底特征和生态条件，进而带来水环境系统诸多问题，这也被许多国家城市的发展经验所证明。

在此背景下，围绕推进新型城镇化的重大战略部署，2013年至今，国务院办公厅先后发布了多项有关城市雨洪管理、设施转变创新的意见和通知。《国务院办公厅关于做好城市排水防涝设施建设工作的通知》（国办发〔2013〕23号）强调要科学制定城市排水防涝设施建设规划，要加强其与城市防洪规划的协调衔接，将城市排水防涝设施建设规划纳入城市总体规划和土地利用总体规划中。国家要求积极推行低影响开发建设模式，2013年，国务院颁布《城镇排水与污水处理条例》（国务院令第641号），明确了城市开发建设对雨水径流控制的要求，为城市雨洪管理及海绵城市建设提供了法律法规层面的重要依据。《国务院关于加强城市基础设施建设的意见》（国发〔2013〕36号）指出，应加快完善城市供水、排水防涝和防洪设施建设；在全面普查、摸清现状的基础上，编制城市排水防涝设施规划；

加快雨污分流管网改造与排水防涝设施建设，解决城市积水内涝问题；积极推行低影响开发建设模式，因地制宜地配套建设雨水滞渗、收集利用等削峰调蓄设施；加强城市河湖水系的保护和管理，强化城市蓝线保护，坚决制止因城市建设非法侵占河湖水系的行为，维护其生态排水防涝和防洪功能。该文件还指出，要提升城市绿地功能，结合城市污水管网、排水防涝设施改造建设，提升城市绿地汇聚雨水、蓄洪排涝、补充地下水、净化生态等功能。

2013 年，中央城镇化工作会议提出“建设自然积存、自然渗透、自然净化的海绵城市”。随后，我国政府又多次提出，“加快部署雨水蓄排顺畅、合理利用的海绵城市建设”“多渠道支持海绵城市建设”“加强城市地下和地上基础设施建设，建设海绵城市”等。在《国务院办公厅关于推进海绵城市建设的指导意见》（国办发〔2015〕75 号）、《国务院关于深入推进新型城镇化建设的若干意见》（国发〔2016〕8 号）和《中共中央 国务院关于进一步加强城市规划建设管理工作的若干意见》中，海绵城市建设均被列为未来城市建设的重要内容。在此背景下，海绵城市得到各级政府和相关规划设计、建造行业及科研机构的高度关注。2015 年和 2016 年，住建部、财政部、水利部先后两批选出 30 个全国海绵城市建设试点城市，进一步促进了海绵城市的建设。我国颁布的相关规划设计及管理标准包括以下内容。

● 2014 年 4 月，《绿色建筑评价标准》（GB/T 50378—2014）发布，《绿色建筑评价标准》替代了（GB/T 50378—2006）。该标准通过引入城市雨洪管理和低影响开发的理念，对雨水控制与利用提出了总体的规划要求，并对雨水控制和相关评价指标予以进一步明确和量化，在雨水控制利用和生态保护方面进一步完善了绿色建筑评价标准。

● 2014 年 10 月，《海绵城市建设技术指南——低影响开发雨水系统构建（试行）》（以下简称《海绵城市建设技术指南》）颁布。该指南明确提出了海绵城市建设中低影响开发雨水系统构建的基本原则，明确了城市规划、工程设计、建设、维护及管理过程中低影响开发雨水系统构建的内容、要求和方法。

● 2015 年 7 月，住建部办公厅印发了《海绵城市建设绩效评价与考核办法（试行）》，该办法提出了包含水生态、水环境、水资源、水安全、制度建设及执行情况、显示度 6 个方面的海绵城市建设绩效评价与考核指标。

● 2016 年 3 月，住建部印发了《海绵城市专项规划编制暂行规定》，该规定明确了海绵城市专项规划编制的组织和内容。

● 2019 年 3 月，《绿色建筑评价标准》（GB/T 50378—2019）发布，替代了《绿色建筑评价标准》（GB/T 50378—2014）。

截至目前，全国各省多地积极开展了海绵城市专项规划的编制工作，但不可否认，学术界和城市规划管理领域对海绵城市专项规划的理论体系、技术方法、使用途径及其特点还有诸多困惑。

在我国海绵城市建设工作的关键时期，笔者借鉴在国际上广受认可的城市雨洪管理规划手册、导则，结合自己在我国开展海绵城市专项规划编制工作的实践经验，针对如何分解建立海绵城市专项规划指标体系、如何构建和评估海绵城市空间格局，结合新老城区不同的发展建设阶段如何筛选海绵措施等难点问题，系统地阐述了海绵城市专项规划的步骤、流程和技术方法，以期为我国海绵城市规划设计工作提供参考。

1.2 城市化的水环境风险与问题

1.2.1 城市内涝风险——水安全威胁

伴随全球气候变化，我国的城市正在越来越多地经历短历时强降雨的侵扰，如 2019 年 4 月 13 日，深圳全市平均降雨量为 40.6 mm，但在其中的 10 min 内，罗湖区的降雨量达 39.2 mm，福田区的降雨量达 39.7 mm，也就是说大部分的降雨都集中在这短短的 10 min 内；再如 2012 年 7 月 21 日，北京全市平均降雨量达 170 mm，城区平均降雨量为 215 mm，降雨强度为百年一遇；2016 年 7 月 19 日，北京再次经历强降雨，全市平均降雨量为 210.7 mm，城区降雨量达 274 mm。大规模的城市化一方面使得城市不透水下垫面面积大幅增加，雨水产流、汇流过程加速，地表径流峰值流量、汇流总量增加，地下水入渗补给水量减少；另一方面人工排水系统进一步减小了曼宁系数，缩短了雨水汇流过程，从而进一步增加了洪峰流量出现的频率。即使是低重现期降雨条件，也极易导致大范围的城市内涝，造成难以估量的生命和财产损失。

上述情况不仅在我国北京、深圳、武汉、济南、福州、天津等多地出现，而且也发生在世界其他地区。如自 1995 年起，加拿大的安大略省几乎每年都会发生因强降雨导致的城市内涝。大多伦多和汉密尔顿地区在过去的 25 年中经历了至少 9 场极端降雨，其中包括 6 场 50 年一遇的强降雨和 3 场百年一遇的强降雨。在 2013 年 7 月短短的一个月时间内，该地区就有 2 场极端降雨。其中 7 月 8 日，在 2 h 内大多伦多地区降雨量超过 125 mm，那场降雨是 1954 年以来同期的最大降雨。城市内涝造成交通严重堵塞、大面积基础设施被破坏、大量建筑的地下室进水，有超过 30 万个住宅和商业机构停电。根据加拿大保险局的记载，该次强降雨所产生的保险理赔金额达到 8.5 亿美元，是安大略省历史上因自然灾害造成保险理赔数额最高的一次。城市内涝除了会造成直接的经济损失，还会给城市的公共健康与安全领域带来巨大隐患。一场内涝灾害后，城市居民受到霉菌、细菌侵扰的概率大幅提高。污染严重的地表径流极易造成饮用水安全事故等。

1.2.2 水质恶化风险——水环境威胁

2006年的《中国环境状况公报》显示，2006年全国七大水系——长江、黄河、珠江、松花江、淮河、海河和辽河的197条河流中的408个监测断面中，Ⅳ类、Ⅴ类和劣Ⅴ类水质断面的比例占到54%。总体来看，我国流域的污染状况是干流水质好于支流水质，城市河段水质明显差于一般河段水质，湖泊水库富营养化严重。由此可见，当前我国自然河湖水系的水体污染形势已经非常严峻，并且早已超越局部和点源的范围，形成点源与面源污染共存的态势。

自然水体水污染程度的加剧不仅会导致区域水质性缺水，引发水资源短缺，同时严重的水污染还会导致水体中和周边地区动植物的死亡，使水域的生态物种退化、生物多样性减少，进而引发严重的生态系统健康风险。当水污染问题严重到一定程度，且治理难度较大或者治理成本太高时，还会进一步导致地下水超采等连锁问题的发生。

究其原因，点源污染主要是因为工业污染和生活污染没有得到很好的控制。而面源污染问题则是因为目前人们对水质末端治理投资较多，对源头预防重视却严重不足；对单点工程措施考虑较多，对面源污染物的扩散问题关注不够，无法做到标本兼治。特别是在城市化进程带来城市下垫面大幅硬化的情况下，雨水径流冲刷硬质地表、携带污染物汇入自然水体的问题日渐凸显。

1.2.3 生境退化风险——水生态威胁

在城市的水文循环过程中，汇入河道、湖泊等天然水体的地表径流及壤中流是构成天然水体基流的重要组成部分，它们不仅是天然水体水生态的驱动力，是控制生物栖息的关键因素，同时也是生物组成的决定性因素。城市化作用通过改变汇入河流、湖泊等天然水体的径流的流量、频率及持续时间，从而改变河流的径流，进而影响天然水体水域生态系统的完整性与多样性，具体表现为以下两个方面的影响。

（1）改变水生栖息地的环境因子，集中体现在水因子和泥沙因子两方面。雨水入渗基流量的减少、入渗频率的变化等将不断破坏水生动物、植物与自然水体环境间原有的适应关系，进而影响物种的分布和丰度以及水生群落的组成和多样性，使得敏感物种消失。

（2）减弱水生生命循环驱动力。研究表明，径流的依时变化是河流和湿地的植物、无脊椎动物和鱼类生命循环的主要驱动力。以下垫面硬化为典型特征的城市化过程对于这种自然扰动力有明显的削弱作用，进而破坏了生物生命循环流量的稳定性，使得外来生物容易入侵、生物局部绝灭，威胁原有物种，改变种群组成，最终导致水生态环境中土著物种多样性的丧失；里希特（Richter）等研究了不同径流情况所具有的生态功能，见表 1-1。

表 1-1　不同径流情况的生态功能

径流要素	生态功能
枯水径流 （基流）	**正常水平** 为水生生物提供栖息地 维持适宜的水文、溶解氧水平以及水化学特征 维持冲击带的适宜水位，给植物提供土壤、水分 为在沿岸活动的动物提供饮用水 使得鱼卵处于悬浮状态 使得鱼类可以游到可觅食和交配的区域 **干旱水平** 使特定冲击带的植物得到复苏 清除来自河岸带和水体中具有入侵性的生物群落 为限制性区域的动物提供食物
大径流	塑造河道、浅塘等的形状 影响河床底物（沙、砾石、卵石等） 阻止河岸植被进入河道 长期较小的径流冲刷可使河道恢复正常水质水平，并冲刷走污染物 对砾石内的孔隙进行充气，防止泥沙淤积并维持河道口的卫生
洪水	为鱼类的迁徙和产卵提供条件 激发生物循环的新形态 使得鱼类可以在滩地产卵，并为鱼苗提供培育区域 为鱼类和湿地鸟类提供新的食物 恢复滩地的水位 通过延长的淹没带保证冲击地区的植物多样性 控制滩地植物的分布和富集 为滩地提供营养 维持水生物种和河岸带物种的平衡 为定居植物的更新提供条件 塑造滩地栖息地的物理特征 在水生动物产卵地带积累沙、砾石和卵石 将有机物和木质物残体冲刷进河道 清除来自河岸带和水体中具有入侵性的生物群落 促进河道的边缘运动，形成新的栖息地 为植物幼苗的生长提供条件

1.2.4 供水不足风险——水资源威胁

除了城市人口密度的大幅增加，城市化也是造成城市水资源平衡机制失衡的重要原因，主要表现为城市蒸发蒸腾量及地下水入渗补给量的减少，并且城市中人工排水系统对自然排水系统的全替代加深了城市水资源的流失。我国大部分城市主要依靠地下水和河湖水为城市饮用水提供水源，而入渗补给水量的减少使地下水和河湖水可供开采利用的水量显著减少，从而加剧了城市的缺水问题。城市化对雨水资源空间分配的影响见图 1-1，城市化对水量平衡的影响见表 1-2。

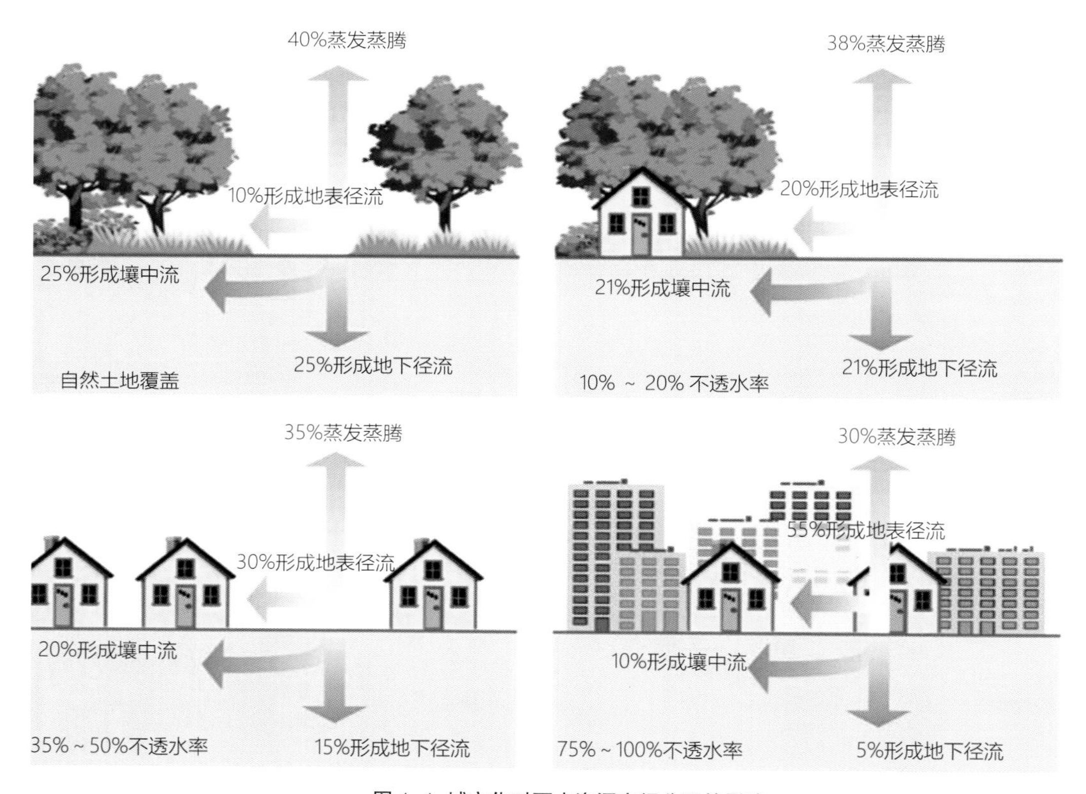

图 1-1 城市化对雨水资源空间分配的影响

城市化过程通过改变地区下垫面和排水方式、重新调整水资源分配，影响城市水文产汇流过程中雨水径流的量值、频率、速度以及携带的污染物等，进而对城市的水环境产生全方位影响。城市化对城市水环境的影响见图 1-2。“海绵城市”是城市新型雨洪管理的中国化策略，对城市化背景下城市水环境问题的挖掘和内因的剖析是深入理解海绵城市内涵、制定海绵城市专项规划目标以及明确海绵城市专项规划内容的基础。

表 1-2　城市化对水量平衡的影响

城市下垫面硬化比例	蒸发蒸腾的影响 /%	地表径流的影响 /%	浅层地下水（壤中流）的影响 /%	深层地下水（地下径流）的影响 /%
自然土地覆盖	40	10	25	25
10%~20% 不透水率	38	20	21	21
35%~50% 不透水率	35	30	20	15
75%~100% 不透水率	30	55	10	5

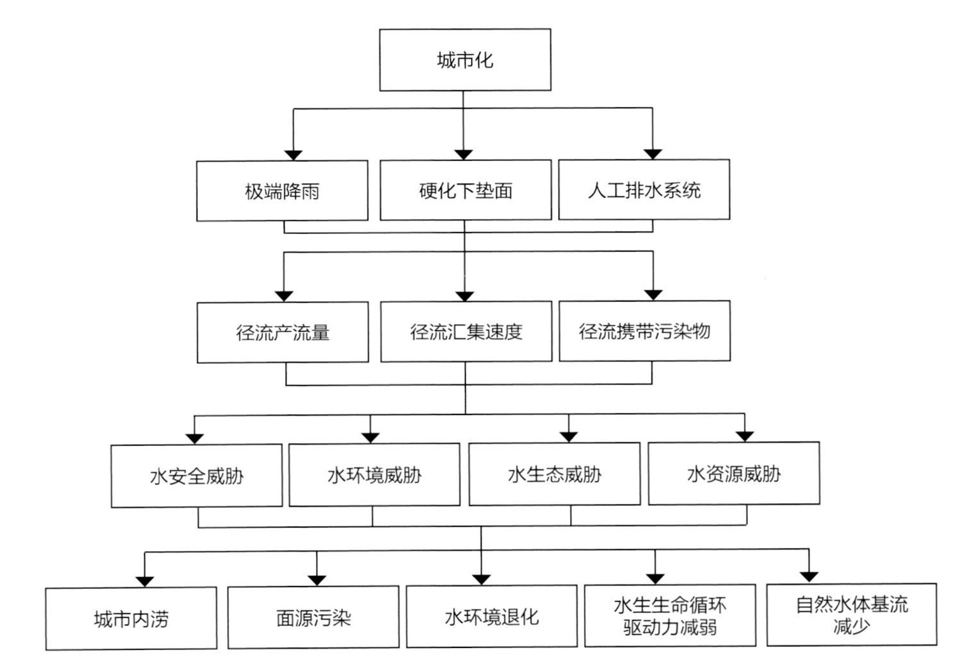

图 1-2　城市化对城市水环境的影响

1.3 海绵城市的内涵与目标

1.3.1 海绵城市概念溯源

探讨海绵城市专项规划的方法，首先要明确海绵城市概念的由来及其发展过程，明确海绵城市的内涵。海绵城市的英文为Sponge City。2005年，斯里兰卡水管理研究中心的学者范·罗金（Van Rooijen）等较早采用了海绵城市的提法，探索在印度缺水流域快速发展起来的城市如何较好地平衡城市用水、废水与农田灌溉用水之间的关系。澳大利亚的亚历山大（Alexander）等在2007年也曾采用海绵城市一词，但其讨论的对象主要针对城市人口变迁、迁移规律等，并非针对城市水系统。2013年出版的《生态韧性与城市设计——可持续城市的理论与实践》（*Resilience in Ecology and Urban Design*：*Linking Theory and Practice for Sustainable Cities*）一书的第15章从城市韧性的视角阐述海绵城市，认为在可持续城市建设的背景下，视雨水为废弃物的传统观念正在被改变。最佳管理策略（BMP，Best Management Practices）和低影响开发（LID，Low Impact Development）等雨洪管理策略正在被更多城市所接受。“节能、社会公平、土地利用、休闲娱乐以及经济发展”等概念也正在与城市雨洪管理紧密结合起来。例如，美国的费城通过多部门的协作，在该地区的滨水景观、绿色建筑、校园景观中融入具有雨洪管理、水资源再利用功能的景观措施。学者们认为“海绵城市”是由具有雨洪管理功能的屋顶、人行道、庭院、街道、广场、公园构建起来的，能够起到雨水储存、过滤和循环再利用作用的庞大的功能结构体系。

2013年12月，中央城镇化工作会议提出“建设自然积存、自然渗透、自然净化的海绵城市”，引起了国内外专家学者对此概念及内涵的关注和解读。我国住建部原副部长仇保兴认为：“区别于战胜自然、超越自然、改造自然的城市建设模式，海绵城市遵循的是顺应自然、与自然和谐共处的低影响开发模式，实现人与自然、土地利用、水环境、水循环的和谐共处。”他还将传统城市开发方式与海绵城市建设模式进行比较，指出：“传统城市开发方式改变了原有的水生态，海绵城市建设模式则保护原有的水生态；传统城市的建设模式是粗放式的，海绵城市对周边水生态环境则是低影响的；传统城市建成后，地表径流量大幅增加，海绵城市建成后地表径流量能保持不变。”中国科学院生态环境研究中心的赵银兵认为：“海绵城市理念是针对城市洪涝及水环境问题提出的，是一种以实现水文过程动态管理与调控为目的的城市建设模式，这种模式对不同时期和不同性质的城市建设所造成的多元化水文过程干预加以考虑。”北京建筑大学环境与能源工程学院李俊奇教授认为：“海绵城市的核心理念是多目标控制，强调源头减排和末端控制相结合，强调在小区、道路、绿地、广场等场地内通过分散式的小型生态设施使雨水得到截留、储存、下渗或者对雨水加以利用，与管渠系统、雨水调蓄等设施共同构建新型雨水管理系统。”

北京建筑大学城市雨水系统与水环境省部共建教育部重点实验室的车伍教授在《海绵城市建设指南解读之基本概念与综合目标》一文中明确了海绵城市与LID的关系。他认为1990年由马里兰州乔治王子郡环境资源署首次提出的LID措施是指位于市政管道上游、在场地规模上应用的一些源头分散式小型措施。其主要针对中、小降雨事件进行径流总量和污染物的控制，而应对大流域、特大暴雨事件的能力不足，是一类典型的和狭义的低影响开发雨水系统。而与之相应的广义的低影响开发雨水系统是指针对径流污染、排水防涝、防洪减灾、水资源短缺等错综复杂的雨洪管理问题，具有绿色特征和生态雨洪管理功能、符合低影响开发理念的各种尺度和类型的措施，如湿地、多功能调蓄设施、洪泛区等。由于海绵城市的核心是实现控污、防灾、雨水资源化和城市生态修复等综合目标，因此LID措施是海绵城市建设的重要组成部分，而非海绵城市建设的全部内涵。

住建部2014年10月颁布的《海绵城市建设技术指南》中指出：“海绵城市是指城市能够像海绵一样，在适应环境变化和应对自然灾害等方面具有良好的‘弹性’，下雨时吸水、蓄水、渗水、净水，需要时将储存的水‘释放’并加以利用。海绵城市建设应将自然途径与人工措施相结合，在确保城市排水防涝安全的前提下，最大限度地实现雨水在城市区域的积存、渗透和净化，促进雨水资源的利用和生态环境保护。在海绵城市建设过程中，应统筹自然降水、地表水和地下水的系统性，协调给水、排水等水循环利用各环节，并考虑其复杂性和长期性。”

海绵城市建设应统筹低影响开发雨水系统、城市雨水管渠系统及超标雨水径流排放系统。国外学者也开展了对海绵城市概念的解读，如国际水协会（International Water Association，IWA）成员詹姆斯·沃克曼（James Workman）认为中国政府应集合城市规划者和水资源专业的人士共同探讨在气候变化背景下，通过削弱城市混凝土外壳进行雨洪管理的“海绵城市”策略，利用自上而下的力量促进各地对城市雨洪管理的关注和实施。但是这种转变将是一个循序渐进的过程。美国加利福尼亚州伯克利大学景观系副教授克里斯蒂娜·希尔（Kristina Hill）认为海绵城市是一种将城市的新陈代谢融入生活景观的创新性设计。戴夫·伯恩特森（Dave Berndtson）教授则认为海绵城市有利于面源污染的控制，可在解决湖泊中的蓝藻问题中发挥作用。

综上所述，从海绵城市概念提出后众多学者的深入思考中，可以看出海绵城市的内涵包括以下几个方面。

• 从对象的角度

(1)从对象的角度，海绵城市明确了雨水作为"自然资源"的价值。区别于传统城市雨洪管理模式“将雨水视为废弃物，以市政排水管网将雨水快排到城市之外”的做法，海绵城市希望以城市开发建设前的状态为参考，将适量的雨水径流作为资源留在城市中，以备他用。

• 从方式的角度

(2)从方式的角度，海绵城市强调雨洪管理过程中“自然做功”的效果和意义。根据《海绵城市建设技术指南》，海绵城市建设的内容不仅仅包括LID措施，还包括近年来美国环保局（EPA）所倡导的绿色基础设施（Green Infrastructure, GI）或绿色雨水基础设施（Green Stormwater Infrastructure, GSI）。无论在海绵城市建设过程中人们所采用的生态化雨洪管理措施的尺度如何，在雨洪管理过程中的管控位置和作用方式如何，海绵城市建设都希望充分通过绿色、蓝色雨洪管理措施“渗、滞、蓄、净、用、排”的自然化雨洪管理模式，从传统单一依靠灰色基础设施的雨洪管理模式向灰色、绿色基础设施耦合的方式转变，并由此开启与澳大利亚水敏性城市设计（WSUD）、英国可持续性城市雨洪管理系统（SUDS）相当的城市现代雨洪管理模式和系统构建。

• 从过程的角度

(3)从过程的角度，海绵城市注重对"自然水文循环过程"的模拟。由低影响开发系统、城市雨水管渠系统以及超标雨水径流排放系统共同构成的海绵城市雨洪管理系统，是对雨水从植物截留与蒸腾、洼地截留到下渗再到坡面汇流、河网汇流的完整自然水文循环过程的对照与模拟，很好地实现了管渠、绿地、水系等灰、绿、蓝空间的协同作用，以期构建起涵盖“源头、中途、终端”的径流管控全链条。

• 从目标的角度

(4)从目标的角度，海绵城市强调“多目标”集合。区别于传统市政工程“排水防涝”的单一目标，海绵城市建设注重多功能融合，在排水防涝之外还关注水质净化、生境营造、物种多样性修复、景观提升以及环保宣传与教育等协同效益。

1.3.2　海绵城市建设的目标

1. 海绵城市建设的综合目标

面对城市化带来的内涝、水质恶化和生境退化风险，参照《海绵城市建设技术指南》，总体而言，建设海绵城市首先就是要保护、恢复以及营造城市海绵体，通过灰色、绿色基础设施的耦合有效控制雨水径流，将传统的“快排”策略转化为“渗、滞、蓄、净、用、排”的多方式协同策略，由末端管控转化为源头减排、过程控制、系统治理，从而削减雨水径流量、延长径流汇集时间、缓解径流污染、提高雨水资源利用率等，最终实现修复城市水生态、改善城市水环境、保障城市水安全、提升城市水资源承载能力、复兴城市水文化等多重目标。

2. 海绵城市建设的综合目标与各分项目标间的关系

海绵城市建设的综合目标可以分为直接目标和间接目标两类。直接目标包括排水防涝、雨水径流和污染物控制、雨水资源利用、峰值流量控制等。间接目标则包含水生态、水环境、水文化等方面的目标，如构建良性的水文循环过程、恢复健康的水生态系统以及营造优美的城市水景观等。直接目标中的各分项目标虽各有侧重，但也具有密切的内在联系，而只有实现直接目标，才能有效地实现更高层级的间接目标。明确各目标之间的联系，不仅是海绵城市专项规划和建设的基础，而且对人们透彻理解城市雨洪综合管理具有更加重要的意义。

在上述直接目标中，排水防涝的控制目标已在现行的《城市排水工程规划规范》《室外排水设计规范》等国家规范标准中有明确的规定。径流总量控制作为现代雨洪管理思路中恢复场地开发前的水文状况的重要途径而成为人们关注的焦点，并且由于径流污染控制目标、雨水资源化利用目标均可通过径流总量控制来实现，故年径流总量控制率成为我国海绵城市建设的核心目标。通过对全国 186 个城市地面国际交换站 1983—2012 年的日降雨数据进行统计分析，《海绵城市建设技术指南》给出了全国不同的控制指标分区图，并根据各地情况，结合实际，确定了控制指标的合理值。综上，海绵城市的综合目标与各分项目标间的关系如图 1-3 所示。

3. 海绵城市低影响开发系统定量管控指标

进行海绵城市建设时，可以选择海绵城市关键目标，从“量与质”两方面确定海绵城市低影响开发系统定量管控指标，具体包括径流总量控制指标、径流污染物控制指标、径流峰值控制指标以及雨水资源化利用率。

- 径流总量控制指标

海绵城市径流总量控制一般采用年径流总量控制率作为控制指标。《海绵城市建设技术指南》中的年径流总量控制率特指海绵城市中低影响开发雨水系统能够达到的年径流总

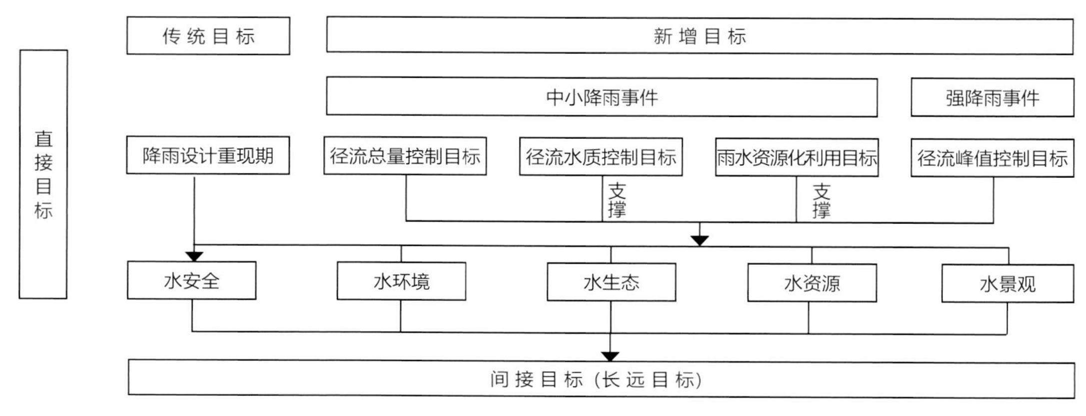

图 1-3 海绵城市的综合目标与各分项目标间的关系

量控制率。理想状态下，径流总量控制指标应以开发建设后径流排放量接近开发建设前自然地貌时的径流排放量为标准。自然地貌往往按照绿地考虑，借鉴发达国家的实践经验，《海绵城市建设技术指南》认为最佳年径流总量控制率为 80% ～ 85%。这一目标主要通过低影响开发系统对发生频率较高的中、小降雨事件进行控制来实现。

● 径流污染物控制指标

《海绵城市建设技术指南》中指出，低影响开发雨水系统的径流污染物控制可采用固体悬浮物（SS）、化学需氧量（COD）、总氮（TN）、总磷（TP）等作为指示污染物予以表征。由于城市径流污染物中，SS 往往与其他污染物指标具有一定的相关性，因此，一般可采用 SS 作为径流污染物控制指标。低影响开发雨水系统的年 SS 总量去除率一般应达到 40% ～ 60%。

● 径流峰值控制指标

径流峰值控制指标包括径流峰值削减率、径流峰值滞后时间等。《海绵城市建设技术指南》中所述的径流峰值流量控制特别针对低影响开发系统的控制能力，该系统一般对中、小降雨事件的峰值削减效果突出，对特大暴雨事件作用较弱。但如果城市实现了低影响开发系统、城市雨水管渠系统、超标雨水径流排放系统三者耦合的完整的海绵系统，则可对低频率大降雨事件下的径流峰值起到明显的管控作用。

● 雨水资源化利用率

《海绵城市建设绩效评价与考核指标（试行）》指出，雨水资源利用率为收集并用于道路浇洒、园林绿化灌溉、市政杂用、工农业生产、冷却等的雨水总量（按年计算，不包括汇入景观水体的雨水量和自然渗透的雨水量）与年均降雨量（折算成毫米数）的比值。

需要指出的是，在海绵城市规划、设计、建设过程中，相关人员可根据当地在水环境、水安全、水生态等方面存在的问题，结合当地的降雨特征、水文地质条件、径流污染状况、内涝风险控制、雨水资源化利用要求和经济发展水平等，有所侧重地选择适宜的海绵城市低影响开发径流控制指标。

1.3.3　海绵城市建设的核心任务

长期以来，在我国高速的城市化进程中，传统灰色基础设施的大幅增加使城市减少了对雨水自然调蓄、排放设施的需求和依赖，大量坑塘、湿地乃至河道等天然调蓄设施被破坏甚至被填埋。尽管不可否认，传统的“快排”模式对于城市排水和内涝治理至关重要，但它们的建设大多局限于末端控制和局部问题缓解，并且造成了城市水资源流失、径流污染加重等次生问题。

在此背景下，我国海绵城市建设提出与实施的初衷便是对接当前国际倡导的先进的雨洪管理理念，为城市增加或重构绿色雨洪管理系统。因为绿色雨洪管理措施是城市“海绵体”的重要形式，离开了绿色雨洪管理措施，全靠灰色基础设施无法完整地模拟自然水文循环过程，也就难以实现海绵城市（又称水敏性城市）的功能。

由此可知，海绵城市建设的首要任务（第一层级）就是为城市规划、设计、建设绿色雨洪管理系统。该绿色雨洪管理系统涵盖了广义的和狭义的低影响开发措施（在《海绵城市建设技术指南》中称为低影响开发雨水系统）。该系统一般指雨水进入市政管网之前的二级开发地块或进入雨水管道之前的道路、广场、停车场等汇水面的径流控制系统。

因此，低影响开发雨水系统如何在城市规划中得到体现和落地，便是海绵城市建设的第二个核心任务。该任务下的“落地”具有“空间落地”和“指标落地”两个层面的含义。“空间落地”指结合土地利用规划、景观规划和道路规划，充分利用绿地空间、公共开放空间等，考虑地表竖向关系，构建起具有明确雨洪管理用途的低影响开发雨水系统的空间格局。“指标落地”则对应于《海绵城市建设技术指南》中“通过土地利用、空间优化等方法，分解和细化城市总体规划及相关专项规划等上层级规划中提出的低影响开发控制目标及要求……提出各地块的单位面积控制容积、下沉式绿地率及其下沉深度、透水铺装率等控制指标，纳入地块规划设计要点，并作为土地开发建设的规划设计条件”。鉴于排水防涝等控制指标已在《室外排水设计规范》《城镇内涝防治技术规范》等相关的规范标准中有明确规定，故低影响开发雨水系统一般选择表征雨水资源源头控制能力的年径流总量控制率作为重要的规划控制目标和设计依据，因此低影响开发雨水系统规划控制指标从城市尺度向控规（控制性详细规划）地块的目标分解，连同其空间布局的规划设计共同构成了海绵城市建设核心任务的第二个层级。《海绵城市建设技术指南》中的下沉式绿地率与本书中的下凹绿地率为同一概念。

海绵城市建设的第三个层级关注“衔接”问题。此衔接既包括不同层级雨洪管理系统间的衔接问题，也包括低影响开发雨水系统中各措施与用地环境的衔接问题。只有结合用地情况、成本约束情况等合理地选择绿色雨洪管理措施及组合，使低影响开发雨水系统与传统灰色、蓝色雨洪管理系统实现有效衔接，与城市既有雨洪管理系统相融合，才能构建起完整的现代城市雨洪管理体系，解决城市雨水问题及由此带来的城市安全、生态等方面的综合问题。

1.4 海绵城市专项规划的定位与内容

1.4.1 海绵城市专项规划的定位

海绵城市专项规划是落实海绵城市建设目标、推进海绵城市建设任务的重要基础。根据《中华人民共和国城乡规划法》和2016年3月我国住建部印发的《海绵城市专项规划编制暂行规定》，海绵城市专项规划是我国城市总体规划的重要组成部分，可与城市总体规划同步编制，也可单独编制。该规划从加强雨水径流源头管控的角度出发，在城市层面提出海绵城市的顶层设计，明确海绵城市低影响开发雨水系统的空间格局，建立从城市尺度到控规地块的年径流总量控制率指标体系，实现低影响开发雨水系统与城市既有雨洪管理系统的衔接，最终形成修复城市水生态、改善城市水环境、保障城市水安全、提高城市水资源承载能力的系统方案。

1.4.2 海绵城市专项规划的内容

2016年3月，住建部印发了《海绵城市专项规划编制暂行规定》。该规定明确了设市城市海绵城市专项规划的地位、范围、编制主体、审批主体，并对总体规划层面的海绵城市专项规划提出了8项主要编制内容。

（1）综合评价海绵城市建设条件。分析城市区位、自然地理、经济社会现状和降雨、土壤、地下水、下垫面、排水系统、城市开发前的水文状况等基本特征，识别城市水资源、水环境、水生态、水安全等方面存在的问题。

（2）确定海绵城市建设目标和具体指标。确定海绵城市建设目标（主要为雨水年径流总量控制率），明确近、远期要达到海绵城市要求的面积和比例，参照住建部发布的《海绵城市建设绩效评价与考核办法（试行）》，提出海绵城市建设的指标体系。

（3）提出海绵城市建设的总体思路。依据海绵城市建设目标，针对现状问题，因地制宜确定海绵城市建设的实施路径。老城区以问题为导向，重点解决城市内涝、雨水收集利用、黑臭水体治理等问题；城市新区、各类园区、成片开发区以目标为导向，优先保护自然生态本底，合理控制开发强度。

（4）提出海绵城市建设分区指引。识别山、水、林、田、湖等生态本底条件，提出海绵城市的自然生态空间格局，明确保护与修复要求；针对现状问题，划定海绵城市建设分区，提出建设指引。

（5）落实海绵城市建设管控要求。根据雨水径流量和径流污染控制的要求，对雨水年径流总量控制率目标进行分解。超大城市、特大城市和大城市要分解到排水分区；中等城市和小城市要分解到控制性详细规划单元，并提出管控要求。

（6）提出规划措施和相关专项规划衔接的建议。针对内涝积水、水体黑臭、河湖水系生态功能受损等问题，按照源头减排、过程控制、系统治理的原则，制定积水点治理、截污纳管、合流制污水溢流污染控制和河湖水系生态修复等措施，并提出与城市道路、排水防涝、绿地、水系统等相关规划相衔接的建议。

（7）明确近期建设重点。明确近期海绵城市建设重点区域，提出分期建设要求。

（8）提出规划保障措施和实施建议。

我国相关专家指出，总体规划层面的海绵城市专项规划成果产出至少应包括以下 3 个部分内容。

一是确定山、水、林、田、湖、草等自然生态格局，明确城市河湖水系、湿地、林地、低洼地等天然海绵体的保护范围，将其纳入城市禁止建设区、限制建设区和蓝线绿线管控范围，科学划定排水分区，明确竖向管控要求。

二是按照城市自然水文特征、水环境质量等生态本底条件，根据“生态功能保障基线、环境安全质量底线、自然资源利用上线”目标，明确城市年径流总量控制率、水环境质量、城市内涝防治、非常规水资源利用等规划管控指标。

三是协调海绵城市专项规划与相关专项规划在水质与水量、生态与安全、分布与集中、绿色与灰色、景观与功能、地上与地下、岸上与岸下等方面的关系，针对水生态、水环境、水安全、水资源等方面的问题，提出源头减排设施、排水管渠、调蓄设施、泵站、污水处理及再生利用设施、绿色基础设施等的建设任务、布局和规模，并落实设施用地。

详细规划层面的海绵城市专项规划的主要任务是根据上一层面海绵城市专项规划的要求优化空间布局，统筹、协调开发场地内建筑、道路、绿地、水系等的平面布局和竖向布局，使地块及道路径流有组织地汇入周边绿地系统和城市水系，使低影响开发雨水系统与城市雨水管渠系统和超标雨水径流排放系统相衔接。

修建性详细规划层面的海绵城市专项规划还应根据各地块的具体条件，合理选择单项或组合控制措施，对指标进行合理优化，对海绵措施的比例、规模、设置区域或方式做出明确的规定，从而可指导海绵措施的设计和实施深度。目前，各城市主要开展的是总体规划层面的海绵城市专项规划，故本书将围绕该层级的专项规划展开讨论。

海绵城市专项规划经批准后，应由城市人民政府予以公布（法律、法规规定不得公开的内容除外）。当编制或修改城市总体规划时，应将雨水年径流总量控制率纳入城市总体规划，将海绵城市专项规划中提出的自然生态空间格局作为城市总体规划空间开发管控的要素之一；编制或修改控制性详细规划时，应参考海绵城市专项规划中确定的雨水年径流总量控制率等要求；编制或修改城市道路、绿地、水系统、排水防涝等方面的专项规划时，应与海绵城市专项规划充分衔接。

第 2 章　海绵城市专项规划与相关规划的关系

海绵城市建设是一个复杂的系统化过程。其从城市规划的源头着手，将海绵城市的核心理念、目标要求融入城市各层级规划中予以实施，并与涉及的园林、水利、市政、道路等多部门、多专业相互协调运作。因此，海绵城市专项规划作为以解决城市内涝、面源污染、水资源利用等问题为导向的专门规划需要被纳入城市规划体系，并与城市总体规划、城市相关专项规划、控制性详细规划、修建性详细规划构建起协调的衔接关系。本章将对上述关系展开讨论，以期厘清海绵城市专项规划在不同城市规划设计阶段所发挥的作用以及需要完成的内容，进而为规划成果纳入现行城乡规划体系提供支撑，为海绵城市建设的逐步推进提供参考。海绵城市专项规划与城市规划体系的关系见图 2-1。

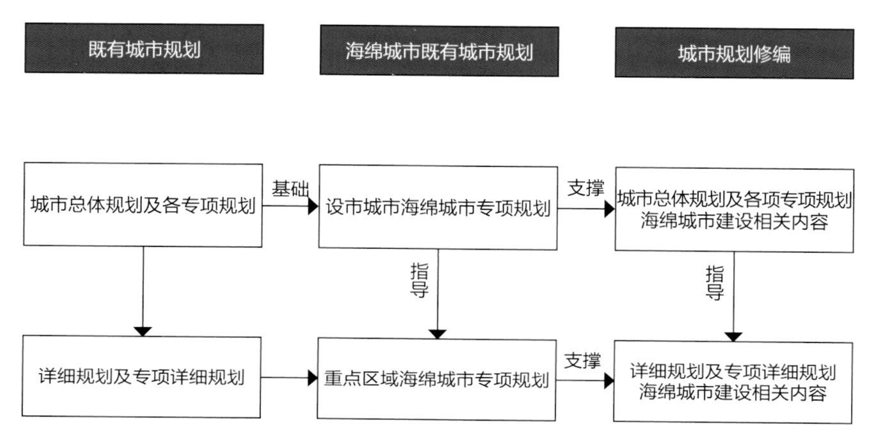

图 2-1 海绵城市专项规划与城市规划体系的关系

2.1 海绵城市专项规划与城市总体规划的关系

城市总体规划作为指导城市发展的公共策略，应具有全局性、综合性、战略性，在修编中不仅要重视经济增长指标，而且要重视资源指标、环境指标、人文指标和社会发展指标。从我国上一轮城市总体规划编制以确定增长规模为发展目标转向注重控制合理的环境容量和制定科学的建设标准可以看出，2008 年施行的《中华人民共和国城乡规划法》在规划编制内容方面注重对各类资源的有效保护和空间管制，包括土地、水、能源、环境制约问题及城乡统筹协调发展问题等。

海绵城市专项规划的核心任务就是以雨水资源合理保护利用为宗旨，明确低影响开发雨水系统的空间管控，并建立起与城市雨水资源管理直接相关的水文指标控制体系和用地指标控制体系。该专项规划可以从“水资源”的角度促进城市的用地布局整合、用地结构优化，并通过相关指标发挥土地用途管制的作用。由此可见，**海绵城市专项规划从水资源角度出发将空间规划与指标管控结合起来，与城市总体规划注重各类资源的有效保护和空间管制具有明确的交叉点。**

《城市规划编制办法》第二十九条、三十条、三十一条所列出的城市总体规划编制的内容与海绵城市专项规划相关的有 15 项，其中有 6 项内容与海绵城市专项规划编制的内容存在交叉（表 2-1）。海绵城市专项规划的编制成果可为城市总体规划提供依据，具体包括：海绵城市专项规划从“雨水资源管理”角度提出的海绵城市自然生态空间格局，可为城市总体规划中的“生态环境、土地和水资源等的保护与利用目标及要求”“禁建区、限建区、适建区的划定”以及“建设用地的空间布局和绿地系统布局”等对应部分提供参考依据，成为城市总体规划空间开发管制要素之一；而海绵城市专项规划中海绵城市建设目标（主要为雨水年径流总量控制率）及该径流管控指标从城市尺度向排水分区的分解、从水文管控指标向用地指标的转化（主要为绿地率、透水铺装率、下凹绿地率等）应作为城市总体规划中“空间管制措施和指标”“生态环境保护与建设目标污染控制与治理措施”

表 2-1 城市总体规划编制与海绵城市专项规划编制内容的关系

条目	序号	相关内容	与海绵城市专项规划编制的关系
市域城镇体系规划	一	提出市域城乡统筹的发展战略	无关
	二	确定生态环境、土地和水资源、能源、自然和历史文化遗产等方面的保护与利用的综合目标和要求，提出空间管制原则和措施	内容交叉
	三	预测市域总人口及城镇化水平，确定各城镇的人口规模、职能分工、空间布局和建设标准	前者是基础
	四	提出重点城镇的发展定位、用地规模和建设用地控制范围	前者是基础
	五	确定市域交通发展策略……	无关
	六	根据城市建设、发展和资源管理的需要划定城市规划区……	无关
	七	提出实施规划的措施和有关建议	相关
中心城区规划	一	分析确定城市性质、职能和发展目标	无关
	二	预测城市人口规模	前者是基础
	三	划定禁建区、限建区、适建区和已建区，并制定空间管制措施	内容交叉
	四	确定村镇发展与控制的原则和措施……	无关
	五	安排建设用地、农业用地、生态用地和其他用地	内容交叉
	六	研究中心城区空间增长边界，确定建设用地规模，划定建设用地范围	前者是基础
	七	确定建设用地的空间布局，提出土地使用强度管制区划和相应的控制指标（建筑密度、建筑高度、容积率、人口容量等）	内容交叉
	八	确定市级和区级中心的位置和规模……	无关
	九	确定交通发展战略和城市公共交通的总体布局……	无关
	十	确定绿地系统的发展目标及总体布局，划定各种功能绿地的保护范围（绿线），划定河湖水面的保护范围（蓝线），确定岸线使用原则	内容交叉
	十一	确定历史文化保护及地方传统特色保护的内容和要求……	无关
	十二	研究住房需求……	无关
	十三	确定电信、供水、排水、供电、燃气、供热、环卫发展目标及重大设施总体布局	相关
	十四	确定生态环境保护与建设目标，提出污染控制与治理措施	内容交叉
	十五	确定综合防灾与公共安全保障体系……	相关
	十六	划定旧区范围……	前者是基础
	十七	提出地下空间开发利用的原则和建设方针	无关
	十八	确定空间发展时序，提出规划实施步骤、措施和政策建议	相关

的重要内容，纳入城市总体规划指标体系。与此同时，由于城市总体规划考虑城市社会、经济、环境和文化等多项因素，因此海绵城市专项规划应保持与总体规划协调一致，主要表现为：第一，海绵城市专项规划的范围、目标期限原则上应与城市总体规划一致；第二，城市总体规划根据发展战略、人口预测和发展定位提出的用地规模、建设用地控制范围和建设指标是海绵城市专项规划建设分区指引、海绵城市年径流总量控制率确定和分解计算的重要依据。

综上所述，城市总体规划的发展战略、分区定位、用地规模、用地范围以及建设指标等内容是海绵城市专项规划编制的基础，而海绵城市专项规划可为城市总体规划的空间管制、生态环境保护和防灾减灾提供规划依据。

2.2 海绵城市专项规划与相关专项规划的关系

2.2.1 与城市排水防涝专项规划的关系

低影响开发雨水系统作为城市现代完整雨洪管理系统三要素中的重要一环，与城市雨水管渠系统（即传统市政排水系统）在整个城市水文循环过程中具有明显的从源头到过程的衔接关系。因此，以低影响开发雨水系统构建为核心任务的海绵城市专项规划与城市排水防涝专项规划联系紧密，二者需彼此协调统一。

面对日益严重的城市内涝问题，2013 年，住建部印发了《城市排水（雨水）防涝综合规划编制大纲》（以下简称《大纲》），并要求各城市力争用 10 年左右的时间建设完成较为完善的城市排水防涝工程体系。该《大纲》包含城市雨水径流控制与资源化利用、城市排水（雨水）管网系统规划以及城市防涝系统规划等内容。城市排水（雨水）防涝综合规划与海绵城市专项规划关系较密切（见表 2-2）。《大纲》提出，根据低影响开发的要求，合理制定雨水径流控制标准，同时《大纲》在第四项“城市雨水径流控制与资源化利用”中要求“提出径流控制的方法、措施及相应设施的布局。对控制性详细规划要明确单位土地开发面积的雨水蓄滞量、透水地面面积比例和绿地率等，并以此作为城市土地开发利用的约束条件”。在进行上述规划内容的编制时，需与《海绵城市专项规划编制大纲》中第二条、三条、五条中的内容一致。如《大纲》的雨水径流量控制标准应与海绵城市专项规划中的年径流总量控制率相符；控规层面单位土地开发面积的径流控制要求、从雨洪源头管理目标出发的用地控制指标应吸收当地的“海绵城市专项规划”的成果。

需要特别指出的是，《大纲》在“雨水管渠、泵站及附属设施规划设计标准”中明确，“城市管渠和泵站的设计标准、径流系数等设计参数应根据《室外排水设计规范》（GB 50014）的要求确定。其中，径流系数应该按照不考虑雨水控制设施情况下的规范规定取值，以保证系统运行安全。”也就是说，城市管渠的设计标准并不能因城市中低影响开发源头雨洪管

表 2-2　城市排水（雨水）防涝综合规划与海绵城市专项规划的关系

序号	标题	相关内容	与海绵城市专项规划的关系
一	规划背景与现状概况	对城市的区位条件、地形地貌、地质水文、经济社会概况、上位规划概要和相关专项规划概要进行总结；明确城市的排水防涝现状及存在的问题，包括城市水系、雨水排水分区、排水设施以及历史内涝点等	前者是基础
二	城市排水防涝能力与内涝风险评估	根据降雨统计资料获得降雨分布规律；对城市的下垫面进行解析；利用模型对城市排水系统的排水能力、内涝风险进行评估	前者是基础
三	规划总论	明确规划目标，分别确立雨水径流控制标准，雨水管渠、泵站及附属设施设计标准以及城市内涝防治标准，提出城市排水防涝系统方案	内容交叉
四	城市雨水径流控制与资源化利用	分别提出城市径流量控制方案（根据径流控制的要求，提出径流控制的方法、措施及相应的设施布局）、径流污染控制方案（确定初期雨水截留总量、初期雨水截留和处理设施的规模及布局）、雨水资源化利用方案	内容交叉
五	城市排水（雨水）管网系统规划	提出城市排水（雨水）管网系统规划的排水体制、排水分区、排水管渠、排水泵站及其他附属设施方案	前者是基础
六	城市防涝系统规划	结合城市内涝风险评估结果，提出用地性质和场地竖向调整的建议以及城市防涝设施布局等	相关
七	近期建设规划	根据规划要求，梳理管渠、泵站、闸阀、调蓄构筑物等排水防涝设施及内河水系综合治理的近期建设任务	无关
八	管理规划	包括体制机制、信息化建设以及应急管理的内容	无关
九	保障措施	包括用地落实、资金筹措等内容	无关

理措施的增加而降低。按照国际相关行业的普遍看法及海绵城市倡导的城市三级雨水管理系统协同合作理论，低影响开发雨水系统面向 1 年一遇的降雨，雨水管渠系统面向 1 ～ 10 年一遇的降雨，更大降雨由城市大排水系统处理。由于低影响开发雨水系统与雨水管渠系统所面向的设计降雨强度不同，且低影响开发雨水系统的雨洪管理效果具有随降雨强度增加而减弱的显著特点，通过提高低影响开发雨水系统设计标准而降低甚至取代雨水管渠设计的想法既不符合城市排水综合规划的规范要求，也违背城市现代雨洪管理三元系统协同合作的理论，给城市排水安全带来隐患。对不同的雨洪管理系统规划设计标准进行准确理解就应有效破除“低影响开发无用论”和“低影响开发万能论”两种极端思想。

对比《城市排水（雨水）防涝综合规划编制大纲》和《海绵城市专项规划编制大纲》可以发现，两者既相互补充，又彼此独立。“补充”表现在，前者第二部分“城市排水防涝能力与内涝风险评估”中有关降雨规律分析、下垫面解析以及内涝风险评估与区划的内容可为海绵城市专项规划中因地制宜确定海绵城市分区及相应的实施路径提供参考。两个规划对城市中不同分区的排水问题、排水问题出现的症结以及提高排水能力的局限性应有统一的思考，以此保障城市绿色与灰色、地上与地下雨洪管理措施及系统的有效衔接。“独立”表现在，海绵城市专项规划核心的低影响开发雨水系统构建主要对应雨水径流在进入市政排水管网之前的渗滞、蓄排等，以年径流总量控制率为规划设计标准（《海绵城市建设技术指南》所列各主要城市年径流总量控制率所对应的设计降雨强度与相应城市 1 年一遇重现期降雨强度相近）；而城市排水（雨水）防涝综合规划以城市排水管网系统规划为主要内容，涵盖排水体制的确定、排水分区的划分以及排水管渠、排水泵站及其他附属设施等的布局和规模计算。设计标准以最新的《室外排水设计规范》中提高标准的雨水管渠设计重现期新要求为依据，以利于城市排水安全保障的提升。城市排水防涝专项规划与海绵城市专项规划的相辅相成有利于城市水安全与水生态的协调统一。

2.2.2 与城市绿地系统专项规划的关系

“绿地”不仅是海绵城市专项规划中低影响开发雨水系统构建的基本要素，同时也是城市绿地系统专项规划的核心对象，因此成为连接海绵城市专项规划与城市绿地系统专项规划的重要纽带。由于海绵城市专项规划修复水生态、保护水资源的目标是城市绿地系统专项规划实现城市人居环境综合效益的重要一环，因此前者的成果可为城市绿地系统专项规划的编制提供支撑。根据《城市绿地系统规划编制纲要（试行）》（建城〔2002〕240 号）的内容，上述两者的支撑关系集中体现在“市域绿地系统规划”“城市绿地系统规划结构、布局与分区”以及“城市绿地分类规划”3 个部分（见表 2-3）。

表 2-3 城市绿地系统专项规划与海绵城市专项规划的关系

序号	标题	相关内容	与海绵城市专项规划的关系
一	概况及现状分析	包括自然条件、社会条件、环境状况和城市基本概况等；绿地现状分析包括各类绿地现状统计分析、城市绿地发展优势与动力、存在的主要问题与制约因素	相关
二	规划总则	包括规划编制的意义、依据、期限、范围与规模，规划的指导思想与原则	相关
三	规划目标	包括规划目标与规划指标	相关
四	市域绿地系统规划	阐明市域绿地系统规划结构、布局和分类发展规划，构筑以中心城区为核心、覆盖整个市域、城乡一体化的绿地系统	内容交叉

续表

序号	标题	相关内容	与海绵城市专项规划的关系
五	城市绿地系统规划结构、布局与分区	将城市绿地系统规划置于城市总体规划中，按照国家和地方有关城市园林绿化的法规，贯彻为生产服务、为生活服务的总体方针，提出城市绿地系统规划结构布局	内容交叉
六	城市绿地分类规划	分述各类绿地的规划原则、规划内容（要点）和规划指标，并确定相应的基调树种、骨干树种和一般树种的种类	内容交叉
七	树种规划	明确树种规划的基本原则；确定裸子植物与被子植物比例、常绿树种与落叶树种比例、乔木与灌木比例、木本植物与草本植物比例、乡土树种与外来树种比例（并进行生态安全性分析）、速生与中生和慢生树种比例，确定绿地植物名录（科、属、种及种以下单位）	无关
八	生物（重点是植物）多样性保护与建设规划	明确生物多样性保护与建设的目标、指标；确定生物多样性保护的层次、保护的措施和生态管理对策；明确珍稀濒危植物的保护对策	无关
九	古树名木保护	以古树名木的调查鉴定为基础，提出古树健康监控与抢救复壮方案	相关
十	分期建设规划	近期规划应提出规划目标与重点，具体建设项目、规模和投资估算；中、远期建设规划的主要内容应包括建设项目、规划和投资匡算等	无关
十一	规划实施措施	分别按法规性、行政性、技术性、经济性和政策性等措施进行论述	无关

“市域绿地系统规划”一直是城市绿地系统专项规划的重点和难点。这是由于市域绿地包含了城市行政管辖范围内全部地域中的所有绿地种类，除了城市建成区绿地外，还包括水源保护区、郊野公园、森林公园、自然保护区、湿地、城市绿化隔离带、垃圾填埋场恢复绿地等。它们对于改善城市环境、形成合理的城市结构形态、促进城市的可持续发展具有重要作用。市域绿地系统规划正是计划通过对上述所有绿地种类在城市整体大环境中的宏观控制，实现城市山水格局的重建与完善。从当前市域绿地系统规划的编制实例可以看出，虽各个城市和规划编制单位结合城市特点对城市绿地系统布局进行了多方面的研究和规划探索，对城市环境的改善和城市绿地的建设发挥了不可忽视的作用，但是不可否认，目前许多完成的市域绿地系统规划相关内容基本上以规划原则为主，图纸的示意性较强。海绵城市专项规划以城市生态化雨洪管理为目标，通过宏观层面对水文循环过程的模拟，可以明确市域尺度空间中典型绿地在水文产汇流过程中的定位、功能、效果等信息，进而获得雨洪管理视角下的自然生态安全格局。规划成果及获得成果前的针对市域绿地特性的分析可为市域绿地系统规划提供重要参考，为此类规划的展开提供抓手。需要指出的是，海绵城市的自然生态安全格局并不等于市域绿地系统规划的结构布局，后者还需要兼顾城市总体规划的规划意图，综合考虑水生态以外的其他环境效益。“城市绿地系统规划结构、布局与分区”部

分则需重点针对绿色雨洪调蓄空间，如湿地、公园水面、水系消落带以及滨水控制范围等方面，与海绵城市专项规划进行协调衔接，既要满足城市绿地系统的景观功能，又要充分发挥绿地系统对雨水的渗、滞、蓄、净、用、排的作用。

除了布局结构方面，海绵城市专项规划与城市绿地系统专项规划还在绿地规划指标方面存在交叉。全国多地出台的海绵城市建设导则、海绵城市专项规划以年径流总量控制率达标为前提，提出了不同性质用地的绿地率和下凹绿地率。这些指标要求可在城市绿地系统专项规划中予以体现和贯彻。

此外，2016 年 12 月，《城市绿线划定技术规范》（GB/T 51163—2016）开始实施，2018 年《城市绿地分类标准》（CJJ/T 85—2017）开始实施，它们都将绿地管控、分类的范畴扩大到“城乡绿地”。由于城市建设用地之外的绿地对重构城市良性水文循环过程、缓解城市水环境问题具有重要作用和意义，因此，新背景下城市绿地系统专项规划中的“城乡绿地统筹”“城乡绿地一体化”的发展趋势，不仅有利于海绵城市广义的低影响开发雨水系统的完整构建，促进城市绿地系统专项规划与海绵城市专项规划的协调统一，还易于建设人员从系统的角度对绿地进行广义理解，从而建设科学的城乡统筹绿地系统。

2.2.3 与其他相关规划的关系

除与上述城市总体规划、城市排水（雨水）防涝综合规划以及城市绿地系统专项规划具有密切关系外，海绵城市专项规划以水为纽带，还与城市水资源规划、污水处理和再生利用规划、城市防洪规划等存在衔接关系，并在管控空间、用地竖向、规模数量指标等方面受到生态环保规划、城市竖向规划和道路交通系统规划的约束和影响，现分述如下。

• 与城市防洪规划的衔接

（1）与城市防洪规划的衔接。虽然城市防洪规划针对的设计降雨强度要远大于低影响开发雨水系统服务的降雨强度，但是要注意蓄滞洪区、洪泛区布局与海绵城市专项规划的协调衔接，尤其要关注海绵城市与城市建成区范围内的防洪体系以及河湖水位的关系。对于防洪体系的薄弱环节，可借由低影响开发措施等绿色基础设施的规划设计增加自然雨洪调蓄的空间容量，弥补灰色设施调蓄能力的不足，力争实现城市低影响开发雨水系统和超标雨水径流排放系统的耦合。

• 与城市水资源规划的衔接

（2）与城市水资源规划的衔接。低影响开发雨水系统对非常规水源利用、径流面源污染处理、天然河湖生态基础流量的补充具有明显的作用。因此，城市水资源规划在水质与水量平衡、生态与安全协调方面，应充分考虑低影响开发雨水系统的作用，与海绵城市专项规划进行衔接，明确海绵城市建设目标下的城市水资源承载能力。

• 与生态环保规划的衔接

（3）与生态环保规划的衔接。生态环保规划与海绵城市专项规划的衔接重点在于生态红线以及山、水、林、田、湖、草景观与生态保护功能的协调。从城市雨洪管理视角提出的海绵城市自然生态空间格局不仅可为生态红线划定范围的确定、城市禁建区和限建区的确定提供重要依据，还有利于红线区内相关涉水区域生态功能的明确，进而在保护策略和景观营造方面获得更具针对性的指导建议和方案。

• 与污水处理和再生利用规划的衔接

（4）与污水处理和再生利用规划的衔接。《“十三五”全国城镇污水处理及再生利用设施建设规划》提出，以源头控制初期雨水径流污染为主要途径的初期雨水污染治理是当前城镇污水处理与再生利用规划的重要内容之一。因此，低影响开发雨水系统与污水处理规划应在源头雨污分流、雨水面源污染分区及分区处理方面进行协调衔接，协调处理好水质与水量、分布与集中的关系。

• 与城市竖向规划的衔接

（5）与城市竖向规划的衔接。城市竖向规划对排水分区划分、不同等级子汇水区内的雨水排放组织方式具有突出影响。低影响开发雨水系统应尽可能遵循现状地形进行规划设计，既可以减少对场地环境的干扰，也可以降低建设成本。

• 与道路交通系统规划的衔接

（6）与道路交通系统规划的衔接。做这项工作时应重点在排水通道与道路竖向、下穿式立交桥易涝点等方面进行协调衔接，尤其要避免因雨洪管理而造成道路交通阻塞或安全隐患。

2.3 海绵城市专项规划与控制性详细规划、修建性详细规划的关系

2.3.1 与控制性详细规划的关系

控制性详细规划是城市、乡镇人民政府城乡规划主管部门根据城市、乡镇总体规划的要求，用以控制建设用地性质、使用强度和空间环境的规划。《海绵城市建设技术指南》指出："通过土地利用、空间优化等方法，分解和细化城市总体规划及相关专项规划等上层级规划中提出的低影响开发控制目标及要求，结合建筑密度、绿地率等约束性控制指标，提出各地块的单位面积控制容积、下沉式绿地率及其下沉深度、透水铺装率等控制指标，纳入地块规划设计要点，并作为土地开发建设的规划设计条件。"

这就要求海绵城市专项规划在合理确定城市整体低影响开发控制目标（年径流总量控制率及其对应的设计降雨量）的基础上，按照控规中给出的城市用地类型（R—居住用地；A—公共管理与公共服务用地；B—商业服务业设施用地；M—工业用地；W—物流仓储用地；S—道路与交通设施用地；U—公用设施用地；G—绿地与广场用地）的比例和特点、建设强度等信息，综合考虑建设可行性，将城市总体的年径流总量控制目标分解为控规中各地块的低影响开发控制指标，从而借由海绵城市专项规划与控制性详细规划的有效衔接，保障海绵城市建设目标在控规层面的贯彻执行。此外，在城市中划定的"2020 年不少于 20% 建成区和 2030 年不少于 80% 建成区"的海绵城市建设区域还要与控规中的用地布局、竖向设计以及重要绿色基础设施等内容做好协调衔接。

2.3.2　与修建性详细规划的关系

修建性详细规划是以城市总体规划、分区规划或控制性详细规划为依据，制定的用以指导各项建筑和工程设施设计与施工的规划设计，以指导落实（红线内）建筑小区和（红线外）市政基础设施的建设要求。

在地块开发的修建性详细规划红线内，应以控制性详细规划给出的年径流总量控制率为约束条件，通过园林、建筑、排水、结构、道路交通等相关专业的相互配合，落实具体的低影响开发措施的类型、布局、规模、建设时序、资金安排等。对于红线外的市政基础设施建设规划，要注重落实与海绵城市建设相关的市政工程建设目标和项目，发挥其公共服务、公共安全、生态环保、资源利用的功能。建设项目的时序安排、实施主体、投融资等还要考虑与国民经济和社会发展五年规划的衔接。

为使修建性详细规划能够严格落实海绵城市专项规划确定的年径流总量控制率目标，可引入水文、水力计算或模拟模型，通过计算比选，确定建设项目的主要控制模式、比例及量值（下渗、储存、调节及弃流排放等方面的数值），以指导地块的开发建设。此外，还要注重红线内用地的定位、功能、需求等与雨洪管理的目标、功能的统筹协作，促进因地制宜的、具有创新性的低影响开发雨洪管理措施产生。海绵城市专项规划与其他相关专项规划的关系及交叉点见表 2-4。

表 2-4　海绵城市专项规划与其他相关专项规划的关系及交叉点

海绵城市专项规划四大目标		交叉行业	交叉行业的相关专项规划	交叉点
水安全		水利、城建	防洪规划、排水防涝规划	城市排涝，积水点改造
水资源		水利、城建	水资源保护规划、节水规划、中水回用规划	根据水资源供需平衡计算结果，给出雨水资源化利用和中水回用的规划要求
水环境		环保	环境保护规划、水体达标方案（大多着眼于现状污染计算，不计算水体径流污染）	根据水污染负荷、环境容量及负荷削减要求（现状及规划期，根据最新数据核算，并加入径流污染入河负荷等）
水生态	生态岸线控制	环保、水利	无（或仅有理念）	提出生态堤岸建设目标及要求
	小海绵设施建设	城建、园林、道路交通	无（或仅有理念）	提出小海绵设施建设目标及要求，并结合小海绵设施建设进行指标分解

第3章　海绵城市专项规划的流程与步骤

3.1 第一步：项目启动阶段

海绵城市专项规划不仅是海绵城市建设的重要基础性技术文件，而且也是我国城市践行现代雨洪管理策略的重要途径，因此在专项规划项目启动前期就需要进行充分的准备和深入的调查。这一阶段的具体工作内容主要包括构建项目团队、搜集项目基础资料、建立项目共识等。

3.1.1 构建项目团队

海绵城市专项规划具有综合性强、系统复杂性突出的特点，涉及城市用地、市政、园林、道路交通、水利等多个领域，因此在专业技术方面项目团队人员的构成也更为多元和丰富，需要不同专业领域的规划设计人员的协调配合。项目团队人员类别和专业技能见表 3-1，其组成建议见图 3-1。

表 3-1 海绵城市专项规划项目团队人员类别和专业技能

人员类别	专业技能
城市规划人员	对上位规划能充分解读；对城市总体规划的空间布局、指标管控要求等信息能准确掌握；对城市不同分区的定位、功能建设现状、改造难度有全面的理解；能保障城市总体规划与海绵城市专项规划的协调衔接
市政工程人员	对城市排水防涝现状及问题认识清晰；对城市的降雨规律、下垫面分布情况能准确掌握；根据项目的深度要求，能够对城市现状排水系统的能力进行准确评估；对城市内涝片区、积水点的情况掌握全面；能保障排水防涝专项规划与海绵城市专项规划的协调衔接
景观设计人员	对不同低影响开发措施的特点、工作原理、功能、构造、景观效果有深入的了解；对项目所在地的生境特点、适生植物种类能准确掌握；具有多功能融合化设计的景观规划设计技巧；对景观生态安全格局有深入的理解；能保障绿地系统专项规划与海绵城市专项规划的协调衔接
交通规划人员	对项目区的道路系统有充分的了解；对道路上增设低影响开发雨水系统的可行性、可能存在的问题有充分的了解；了解城市内涝等极端事件发生时的城市交通疏导方式；能保障道路系统专项规划与海绵城市专项规划的协调衔接

续表

人员类别	专业技能
水利设计人员	熟练掌握地理信息系统（GIS）平台的操作，能够运用其进行水文地质分析、地形分析等；能够为项目规划提供关于场地的数据信息；熟练掌握 SWMM、Hec-RAS 等水文、水力模拟计算软件，用以评估项目区内不同地块的排水情况并获得积水信息；能够利用相关模型软件辅助进行规划方案的比选；能保障海绵城市专项规划与城市防洪规划、水资源规划的协调衔接
工程造价人员	掌握并能提供项目的建设成本、工程进度和预算等信息
施工、养护人员	结合项目所在地的自然气候环境特点，对低影响开发雨水系统建设的问题、难点以及后期维护的成本、方法有全面的了解

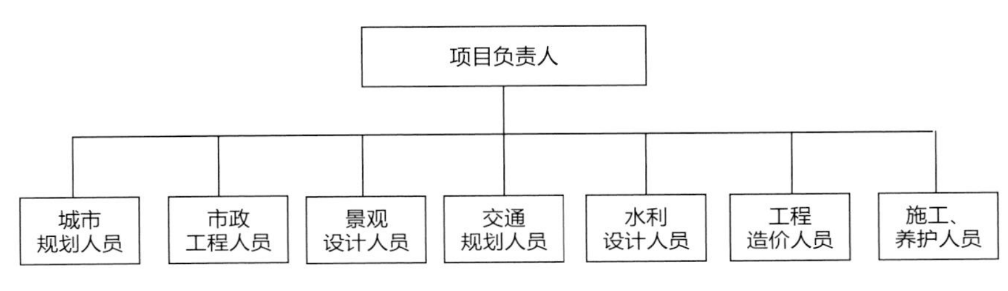

图 3-1　海绵城市专项规划项目团队人员组成建议

3.1.2　搜集项目基础资料

海绵城市专项规划以构建现代城市雨水管理系统为核心目标。这就需要在规划中处理好“城市建设空间和雨水调蓄空间”的关系、“水生态健康与水安全排放”的关系以及“城市现状雨水管理基础设施与海绵系统”的关系。在此要求下，规划设计团队需要在编制规划之前对项目区域有全面、清晰的了解，既要掌握城市的自然属性（包括气象资料、地形地貌、水文地质、生态资源等）和建设信息（涉及城市的用地布局、开发建设定位、建设用地控制指标等），也要了解城市中的“水”情况（涵盖自然水环境和人工水环境）。为此，所需搜集的项目基础资料可分为 4 类，即政策导则类、上位规划类、基础数据类以及方志公报类。海绵城市专项规划前期资料搜集清单见表 3-2。

在“海绵城市”倡议提出之前，我国一些地区、城市就已颁布过与城市排水、水环境管理相关的政策文件以及相关的雨洪标准和规范等。规划设计团队需要了解项目所在地与水环境管理相关的政策信息，明确相关政策规定的具体要求。当该目标要求可通过海绵城市建设实现或辅助实现时，应将其与年径流总量控制目标一同列为海绵城市规划目标。例如，由于低影响开发雨水系统可通过年径流总量控制率实现面源污染削减的作用，武汉市海绵城市规划设计的编制还采用了《地表水环境质量标准》中对长江在武汉段江河地表水Ⅲ类的总磷限制目标值，将其与年径流总量控制率共同作为专项规划的目标值，予以规划落实。由于我国各地区对城市基础数据资料的管理水平存在差异，而且不同城市的各项专项规划完成进度不一致，因此表 3-2 中所列资料不一定能被搜集完整。规划设计团队可根据项目的具体目标和实际情况，在前期资料的整理过程中对可选项资料清单有所调整或删减。必选项资料清单由于关系到项目进行的核心信息，故务必掌握。

表 3-2 海绵城市专项规划前期资料搜集清单

类别	序号	基础资料名称	支撑的规划内容	重要性
政策导则类	1	与海绵城市建设相关的政策文件、机制机构、管理办法、会议纪要等资料	规划目标的制定，规划思路的形成，规划保障措施的制定	必选
上位规划类	1	城市总体规划文件（说明书、图集）	规划目标的制定，海绵生态安全格局的识别，海绵城市管控指标体系的制定	必选
	2	城市排水（雨水）防涝综合规划（说明书、图集）	排水分区、管控单元的划分，城市排水能力的评估，海绵城市管控指标体系的制定	必选
	3	城市水系规划（说明书、图集）	海绵生态安全格局的识别，海绵城市管控指标体系的制定，超标雨水径流排放系统的划定	必选
	4	城市或所在流域的防洪规划（说明书、图集）	海绵生态安全格局的识别，海绵城市管控指标体系的制定，超标雨水径流排放系统的划定	可选
	5	城市绿地系统规划（说明书、图集）	海绵生态安全格局的识别，海绵城市管控指标体系的制定，超标雨水径流排放系统的划定	必选
	6	城市水资源规划（说明书、图集）	获得城市水循环、水平衡的相关信息	可选
	7	城市污水专项规划（说明书、图集）	黑臭水体治理，径流面源污染控制	可选
	8	城市再生水利用专项规划（说明书、图集）	雨水回收再利用率的核定	可选
	9	城市竖向规划（说明书、图集）	海绵措施的规划设计及衔接	必选
	10	城市道路系统规划（说明书、图集）	规划衔接	可选
	11	生态环境保护规划（说明书、图集，含生物多样性调查内容）	海绵生态安全格局的识别	可选
	12	最新版控制性详细规划（说明书、图集）	管控指标的分解和落实	必选

续表

类别	序号	基础资料名称	支撑的规划内容	重要性
基础数据类	1	地形信息		
		规划范围内城市地形图（1∶1 000）	生态本底条件、海绵生态安全格局的识别，生态敏感性与适宜性的分析	必选
		汇水流域内地形图（1∶1 000）		必选
		遥感影像图		可选
		城市地理信息系统数据库（ArcGIS）		可选
	2	气象信息		
		30 年以上场次降雨量或日降雨量	海绵城市管控指标体系的制定，海绵措施的规划设计	必选
		20 年以上逐月蒸发量		可选
	3	水质信息		
		城市排污大户的位置、企业性质、污水排放量、排放水质等	海绵城市管控指标体系的制定，生态敏感性与适宜性的分析，海绵措施的规划设计	可选
		黑臭水体的位置、体积、范围、水质等		必选
		城市主要排放口水质监测数据		可选
		城市自然水体主要断面水质监测数据		必选
	4	土壤、地质信息		
		岩土类型、渗透性及其分布	海绵生态安全格局的识别，生态敏感性与适宜性的分析	必选
		典型地质特点、现象及其位置分布，如包气带渗透性、厚度，潜水层厚度等		必选
方志公报类	1	历史洪涝灾害情况	城市水安全问题的识别	可选
	2	城市主要积水点的位置、范围、水深、容积等	城市水安全问题的识别	必选
	3	历史水质灾害情况，如水华、赤潮等	城市水环境问题的识别	可选
	4	城市防洪、排涝应急预案	海绵措施的规划保障和实施建议	可选
	5	城建计划及重点项目	海绵城市建设近、远期项目的筛选和确定	必选
	6	水资源公报	海绵城市建设条件的评价，水资源问题的识别	可选

3.1.3 建立项目共识

鉴于海绵城市专项规划内容的复杂性以及项目团队人员专业背景的多元性，项目开始之前，团队各成员需要对项目的预期愿景达成共识，以保障规划过程中多学科的协同配合。总体来说，海绵城市专项规划希望通过对城市雨水进行灰色、绿色耦合的长效治理而实现城市乃至流域层面水生态系统的健康稳定。根据研究对象地理区域位置的不同、水生态环境存在问题的差异，这一宏观的愿景目标可具体细化为径流量管控、水质管理、冲刷控制、生物多样性提升、基础设施弹性提升等（详见表 3-3）。海绵城市专项规划需结合当地的政策要求，针对研究对象的核心水环境问题，合理制定该规划的主要任务和相应的可量化目标。

在项目启动阶段，根据场地的现状特点和主要问题确定的规划愿景目标多以定性方式提出。其作为项目推进的方向，指导各环节、各专业人员的规划工作。但随着规划研究的深入，这些愿景目标则需要通过相应的可量化表征指标来表达，以利于整体目标在规划各层级中的贯彻落实，而表征指标的值则需要结合政策要求和现实情况，通过定量分析予以确定。

表 3-3 海绵城市愿景目标

序号	预期愿景	目标内容	表征指标
1	径流量管控	保护、调整或重塑城市近自然化的水文产汇流过程； 恢复并补充地表、地下水资源； 降低城市内涝风险	年径流总量控制率； 水位高度
2	水质管理	改善地表水、地下水水质； 削减面源污染	面源污染控制率； 径流污染控制率； 雨水资源化利用率等
3	冲刷控制	减少雨水径流对水生、陆生环境的冲刷和侵蚀	泥沙输移率
4	生物多样性提升	保护、改善和恢复湿地、河岸、湖泊等水生态功能区； 保护、改善和恢复水生动物、植物栖息地； 保护、改善和丰富水生动物、植物种类	自然湿地、河流、湖泊水域保持率； 生态岸线占比； 河湖岸带植被覆盖度指标； 物种多样性指数、均匀度指数等； 鱼类保有指数； 浮游动物、植物密度
5	基础设施弹性提升	改善城市雨洪管理措施的弹性； 提高城市雨洪管理措施对气候变化的适应性	—

3.2　第二步：综合评价海绵城市的建设条件

根据《海绵城市专项规划编制暂行规定》的要求，海绵城市专项规划的第一项内容为综合评价海绵城市的建设条件，包括分析城市区位、自然地理条件、经济社会现状、降雨情况以及土壤、地下水、下垫面、排水系统、城市开发前的水文状况等基本特征，识别城市水资源、水环境、水生态、水安全等方面存在的问题。这部分内容可以分解为“划定区域范围”和“明确研究区域问题”两项主要任务。

3.2.1　划定区域范围

《海绵城市专项规划编制暂行规定》第六条提出“海绵城市专项规划的规划范围原则上应与城市规划区一致，同时兼顾雨水汇水区和山、水、林、田、湖等自然生态要素的完整性”。这一方面明确指出，海绵城市专项规划的规划范围与城市总体规划范围对应，以城市总体规划范围为规划对象完成相应的规划编制内容；另一方面，还特别强调需要从流域完整性的角度考虑该行政规划区范围与其所在流域或相邻流域的关系。虽然城市边界会出现将流域切分的情况，但是在进行以雨水管理为目标的专项规划时，不能将城市规划区范围从其所在流域或相邻流域中孤立出来去制定雨洪管理目标或提出雨洪管理方案，而是需要充分考虑所在流域对该区域雨洪管理的要求，或其对所在流域及相邻流域的影响。因此，划定区域范围包含划定规划区域范围和划定研究区域范围两个层面的含义。

规划区域范围与城市总体规划范围一致，区域范围内需要根据《海绵城市专项规划编制暂行规定》完成 9 项规划编制内容。研究区域范围根据流域概念划定，等于或大于规划区域范围。研究区域范围是低影响开发雨水系统规划方案形成前，进行场地问题和困难识别、机遇与挑战判读、规划原则和目标制定、汇水分区划定、汇水量计算等前期分析的范围。它不仅包含城市规划区范围，还包含对红线范围雨洪管理产生影响的区域。例如，辽宁省葫芦岛市中心城区海绵城市专项规划的研究区域范围不仅包括中心城区红线范围，还包括红线西北方向的影壁山区域局部和东南方向的邻近海域。因为在西北高、东南低的地形影响下，雨季时影壁山产流会对中心城区的防洪排涝安全产生突出威胁。这部分山区的产流量和汇流速度均是中心城区低影响开发雨水系统规划设计时需要重点考虑的内容。此外，2016年颁布的《葫芦岛市海岸带保护与开发管理暂行办法》对中心城区低影响开发雨水系统规划设计的径流污染控制能力等方面提出了要求，因此在规划设计前期，规划设计人员需对近海域的水质排放要求、动植物多样性等因素进行深入调查研究。

根据规划区域范围内汇水分区所属流域的数量，可以将规划区域分为简单型规划区域和复杂型规划区域。当所属流域的数量为1时，规划区域为简单型规划区域；而当所属流域的数量大于1时，规划区域则为复杂型规划区域。

根据《海绵城市建设技术指南》提出的径流管控指标，对简单型规划区域进行海绵城市专项规划应使其与所在流域现行的保护规划要求、政策法规条例要求相匹配。而对于复杂型规划区域的海绵城市专项规划而言，则需兼顾其上位多个流域不同的保护规划和管理政策要求。不同流域的管理要求应在其所属汇水分区径流管控指标的制定过程中予以体现。

1. 简单型规划区域

这种类型的规划对象一般面积较小，多以新城或城市中某一新区为对象，行政规划区内各汇水分区均属于同一流域，例如深圳市光明新区、陕西省西咸新区沣西新城等。深圳市光明新区作为深圳市设立的第一个功能新区，在建设之初就确定了绿色新城的发展之路。2011年10月其被住建部确定为全国首个低影响开发雨水综合利用示范区。光明新区位于深圳西部地区，辖区总面积为155.33 km^2。结合地形地貌、河流水系分布、用地等，光明新区共包括17个汇水分区（图3-2），而这17个汇水分区均属于茅洲河流域。光明新区作

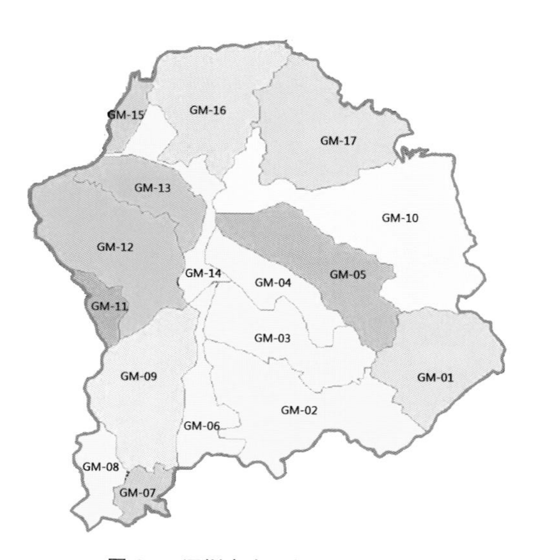

图3-2 深圳市光明新区汇水分区

为简单型规划区域，全域海绵城市径流污染控制指标的制定均受《茅洲河流域水污染物排放标准》等流域层面管理条例的约束。再如，陕西省西咸新区沣西新城核心区是我国海绵城市第一批试点城市之一，位于渭河以南、沣河以西，总面积为 143.17 km²，其中建设用地面积为 64 km²。根据《陕西省西咸新区沣西新城雨水工程专项规划》，沣西新城结合总体规划、地形、河流及绿地情况，划分出 10 个排水分区（图 3-3），它们均属于渭河流域，因此沣西新城也是简单型规划区域。《陕西省渭河流域管理条例》对其海绵建设各管控分区指标的制定具有约束作用。

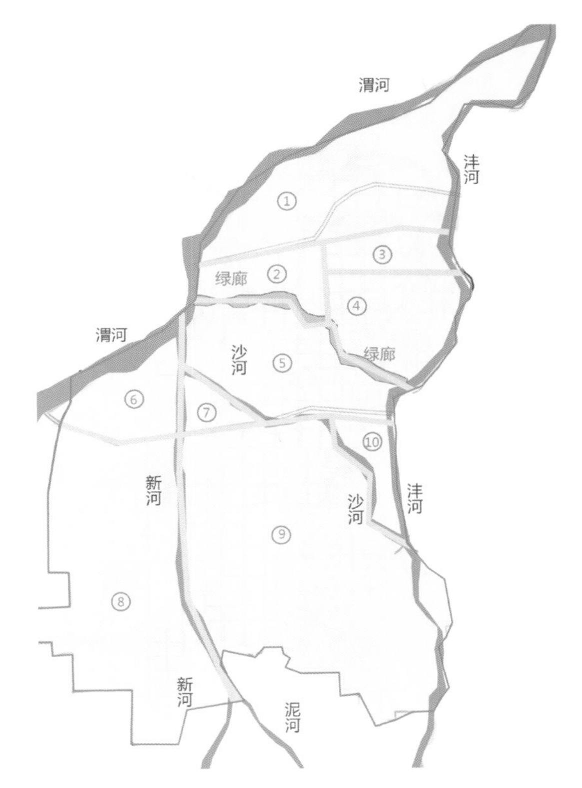

图 3-3　沣西新城 10 个排水分区

2. 复杂型规划区域

如前文所述，复杂型规划区域内汇水分区所属流域的数量大于 1，多以城市尺度规划对象为主，面积一般较大。加拿大安大略省汉密尔顿市是一个非常典型的复杂型规划区域。规划区域包含两大汇水分区，分别属于安大略湖流域和伊利湖流域。两个汇水分区包含 15 个子汇水分区，其分属尼亚加拉半岛自然保护局（Niagara Peninsula Conservation Authority）、汉密尔顿保护局（Hamilton Conservation Authority）、哈尔顿保护局（Conservation Halton）以及大河自然保护局（Grand River Conservation Authority）4 个环境保护机构管辖（图 3-4），且尼亚加拉半岛自然保护局的管辖范围仅有 13% 位于汉密尔顿市内。因此，在对汉密尔顿市进行雨水管理更新总体规划时，规划设计团队首先明确了城市的规划范围、市域内流域概念层面的边界线以及不同流域、不同管理机构的相关规定。这是全面、清晰了解规划范围上位涉水管理目标、要求和存在问题的先决条件。我国很多城市也具有上述复杂型规划区域的特点，例如深圳市、武汉市等。

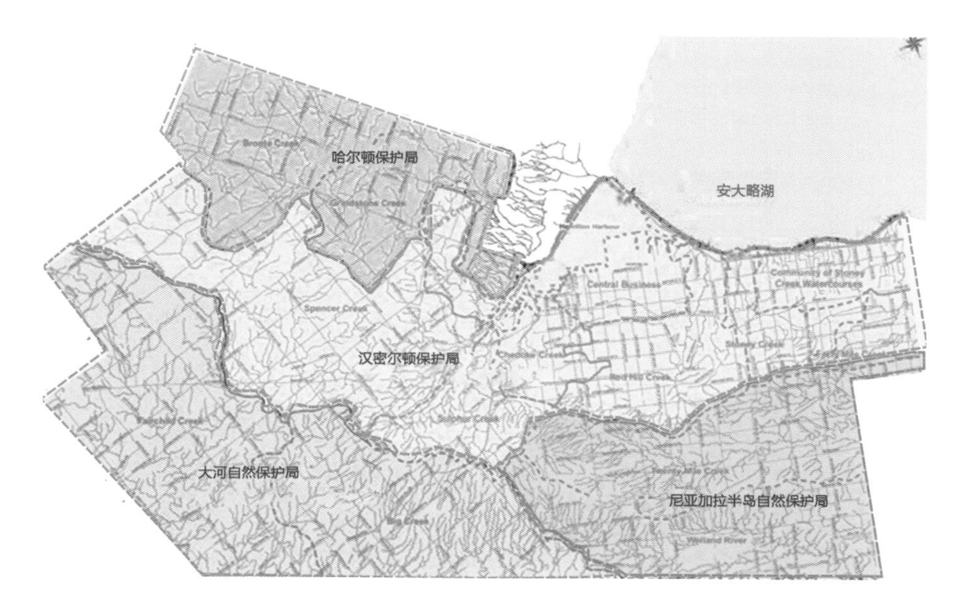

图 3-4 加拿大安大略省汉密尔顿市进行雨水管理更新总体规划时的规划范围及市域内流域概念层面的边界线

3.2.2 明确研究区域问题

传统意义上的城市排水防涝规划从排水安全的角度出发，注重排水防涝市政基础设施的能力和规模，如排水管渠的排水能力、泵站的设计扬程和流量是否满足设计降雨强度下的排水需求等。海绵城市专项规划则强调从流域健康的角度出发，关注城市化影响下城市雨洪管理中存在的全方位问题，涉及水资源、水环境、水生态以及水安全等不同方面，以期通过低环境影响的方式缓解甚至消除上述问题，进而增强城市雨洪管理的生态性、经济性和可持续性。表 3-4 列出了我国城市在水资源、水安全、水生态、水环境等方面存在的常见问题及造成相应问题的主要原因。从表 3-4 可以看出，城市在水资源、水安全、水生态和水环境中表现出的各种问题及其产生的原因各不相同。外在原因有全球气候环境的变化，如短时强降雨频次的增加、高温干旱现象的增多等。内在原因既包括城市市政排水系统的老旧和过时（如雨污合流制管线常出现溢流、渗流问题，排水管线的建设标准不适应城市下垫面快速的硬质化或气候变化等）、城市雨洪管理源头环节的缺失，还包括城市水系规划、竖向规划中存在的不合理要素等。

当前，针对全国各地海绵城市建设如火如荼地进行而城市内涝问题仍旧南北齐发的问题，很多人对“海绵城市”提出了质疑，进而引发了“海绵无用论”。但正如中国工程院院士任南琪所述，“海绵城市的建设是必要的，但不能陷入认知误区”。从上面的分析可以看出，首先，多源因素交织下的极其复杂的城市雨洪问题单独依靠以低影响开发雨水系统构建为主要内容的海绵城市专项规划、海绵城市建设是无法得到全面解决的。它既需要城市雨洪管理环节的补充和完善、市政排水系统的改进和提标，还需要城市环保、水利、道路交通等不同部门对自身职能范围内出现的阻碍城市雨洪管理的问题予以修正。其次，海绵城市建设的首要作用是通过低影响开发雨水系统的规划、设计和构建，有效改变我国城市雨洪管理缺少源头管控环节的现状，增加雨水径流就地蓄、滞、渗、净、用的途径，进而起到减少雨水径流、减缓径流汇集速度、削弱面源污染、提高雨水资源化利用率等作用，最终实现对水资源、水安全、水生态、水环境问题的改善。

此外，从表 3-4 中不难发现，由于水环境、水安全、水生态以及水资源中的很多问题都具有一定关联性，一般情况下不同类别中的多项问题往往同时发生，如水生动植物多样性减少与水体水质恶化往往伴随出现。因此，在进行问题识别的过程中，应结合项目所在地的实际情况，首先对研究对象呈现出的不同水问题进行内在关系的梳理和剖析，明确主导问题和次生问题；其次，对主导问题产生的原因进行研究，明确主要原因和次要原因，确定哪些问题是通过海绵城市专项规划可以解决的，哪些问题属于其他专业的范畴或需要其他专项规划配合完成的；最后，聚焦主导问题和主要原因，明确该地海绵城市专项规划的难点与挑战。这将为合理制定“海绵城市建设目标和具体指标”提供重要的参考和依据。

表 3-4 城市常见水问题及其产生的主要原因

类别	问题	原因
水资源	水资源短缺	气候变化； 径流量增加，地表下渗能力降低 生产生活用水量增加； 水质恶化
	地下水水位降低	气候变化； 径流量增加，地表下渗能力降低 地下水超采
水安全	内涝积水	极端降雨事件频发； 市政排水设施排水能力不足； 产流量增加； 汇流速度加快； 竖向设计不合理或竖向关系存在问题
	河湖等自然水体的岸线被侵蚀及土壤被侵蚀	极端降雨事件频发； 径流汇集速度快； 径流量增加； 岸线植物减少
水生态	水生生境退化	基流减少； 入侵植物物种被引入； 人为破坏或填埋； 水质恶化； 硬化处理
	水生动植物多样性减少	水生动植物多样性减少； 基流减少； 入侵植物物种被引入； 人为干预或破坏； 水质恶化
水环境	河湖等地表水体水质恶化	面源污染； 雨污合流制管线溢流； 基流减少； 水生动植物多样性减少； 人为调控干预； 硬化处理
	水体流动性差	基流减少； 人为调控干预

实际案例

案例 1：西咸新区沣西新城海绵城市专项规划案例——问题识别

1. 水资源问题

随着沣西新城近年来的快速推进发展，城市街道、住宅和大型建筑物使城区的不透水面面积高达 90% 以上。城市的发展改变了原来的生态环境，地面硬化后丧失了天然的蓄水功能，使得原本可以渗透的雨水被集中快速排放，导致雨水径流量增大，使得在相同的降雨量下，城区产生的径流量比农村地区要大得多，从而减少了区域水资源的补给，最终导致城市水资源的短缺问题。

2. 水安全问题

1）暴雨集中，内涝频繁

沣西新城属半干旱半湿润大陆性季风型气候区，四季冷暖干湿分明，降雨多集中在 7 月到 9 月的 3 个月内，雨季极易产生雨洪灾害。通过最新资料分析发现，咸阳市暴雨、洪水发生频率呈上升趋势。渭河洪水主要由上游暴雨和中游暴雨形成。渭河流域在历史上曾发生过多次洪涝灾害。2003 年 8 月底至 10 月初，渭河连续发生 5 次洪峰，8 月 30 日 21 时，咸阳水文站实测最大洪峰流量为 5 340 m^3/s，这是自 1981 年以来发生的最大洪水。规划范围内，仅建成区有现状雨水管道，多数区域管道混接污水管，埋深较浅，淤积严重。近年来随着新城建成区面积的不断扩大，地面硬化面积不断增加，现状雨水管道已经无法满足排涝要求。

• 暴雨集中，内涝频繁

2）防洪标准偏低，防洪压力大

大多数发达国家和地区的城市排水管网标准较高，内涝和防洪标准基本一致。美国的排水标准是：居住区 2 ～ 15 年一遇，一般取 10 年一遇；商业和高价值区域 10 ～ 100 年一遇。欧盟的排水标准是：农村地区 1 年一遇，居民区 2 年一遇，城市中心区、工业区、商业区 5 年一遇，地下铁路、地下通道 10 年一遇，可保障城市在没有洪灾的条件下不会发生内涝灾害。我国现行规范中城镇排水管网标准为 1 ～ 3 年一遇，根据现状管线普查，沣西新城建成区的排水管网标准仍以 1 年一遇以下为主，标准明显偏低；同时内涝设计标准缺失，难以支撑排水、内涝防治和防洪体系的衔接。

• 防洪标准偏低

3）水质无法保证，供水安全受到威胁

• 水质无法保证

西咸新区位于关中盆地平原区，多年平均水资源总量约为

17 523 m³。区内现状供水以地下水为主，少量建成区范围内的城市生活用水、工业用水主要由西安、咸阳两市的自来水公司供给，其余大部分地区居民采用打井取水、分散取水的方式。农灌用水主要靠灌溉工程和当地地下水。水环境恶化的日益加剧以及地表面源污染的不断扩大，都会直接或间接影响水源地的水质。供水水质无法得到保障，工业生产和城市居民的身体健康将受到一定程度的影响。

3. 水环境问题

1）水体污染严重，影响城市功能品质

随着城市的发展及工农业等生产活动的增加，沣西新城规划区内水体水质污染情况日益严重。由于城镇污水处理率不高，大部分未经处理的城镇生活污水被直接或间接排入河流， 农田化肥的使用、水土流失等引起的面源污染也加剧了水体水质的恶化。渭河水体发黑发臭， 河流污染严重，主要污染物是石油类污染物、NH_3-N、挥发酚、BOD_5（5 日生化需氧量）等。这是农业排污、造纸业排污、酿造业排污及城镇人口不断增加等因素综合作用的结果。

• 水体污染严重

2）初期雨水未被处理，面源污染严重

初期雨水携带了较大比例的污染负荷，给河流水体带来的污染不可忽视。城市的快速扩张导致硬质化地面比例大大增加，加之管网系统建设滞后，导致初期雨水无法得到有效截留和处理就直接进入受纳水体。沣西新城规划区范围内现有大量农田，农作物生长需要使用的化肥、农药成为面源污染的重要来源之一，从而使周边的河湖水质污染进一步加剧。

• 面源污染严重

案例 2：杭州市海绵城市专项规划案例——问题识别

本规划首先对杭州海绵城市建设的劣势进行了梳理，包括以下 6 个方面。

1. 建成区生态基底薄弱

建成区生态基底差，原有透水地面逐步硬化，在现行控规条件下，现状年径流总量控制率为 32% ～ 39%，与 75% 年径流总量控制率目标有差距。

• 建成区生态基底薄弱

2. 适应的低影响开发措施有限

海绵城市实施措施包括“渗”“滞”“蓄”“净”“用”“排”。受杭州本底自然地理条件的限制，“渗”和“用”措施推广困难。

下渗条件差：由于土壤渗透性不好和地下水埋深浅（杭州市的地下水位平均在 1.2 m 左右），雨水下渗条件差。

回用动力不足：杭州水系资源丰富，可从河道就近取水，对雨水和中水回用的需求不够迫切。

• 适应的低影响开发措施有限

3. 区域位置决定排涝困难

杭州防洪体系完善，堤防建设完整。主城区防洪排涝标准较高，外围局部防洪标准偏低。主城区受杭嘉湖平原水位托顶严重，排涝格局决定防涝较为困难。

• 区域位置决定排涝困难

4. 部分水体环境不容乐观

“五水共治”（治污水、排涝水、防洪水、保饮水、抓节水）之后，杭州市的河道水质有很大程度提升，黑臭水体显著减少。然而由于种种原因，目前杭州市的地表水质仍不容乐观，大量河道水质为Ⅴ类或劣Ⅴ类，水环境的治理和改善任重道远。

• 部分水体环境不容乐观

5. 现状排水（雨水）系统存在问题

（1）城市快速发展后，按照原有标准设计的雨水管网已经不能适应“短历时、强降雨”情况下的城市排水防涝要求。

（2）小区域的蓄水、滞水设施不足。经过十几年的高强度开发，城市的大部分土地都已硬化，场地缺乏对雨水的滞蓄功能。径流雨水直接进入道路下的城市雨水管网，加重了城市雨水管网的负担。

• 现状排水（雨水）系统存在问题

（3）杭州市雨水外排的主要路径是外排至京杭运河（自排）、钱塘江。在汛期，长时间的降雨推高了江河水位，造成暴雨来袭时管道排水不畅，城市局部低洼处容易积水。

6. 初期雨水的污染问题

杭州市天然降雨水质较好，达到了《地表水环境质量标准》的Ⅱ类、Ⅲ类标准。杭州市区屋面径流初期雨水污染非常明显，径流初期 COD（化学需氧量）浓度为径流末期的 6~9 倍。屋面径流中的 COD 浓度在径流形成以后逐步下降，但随着降雨的进行会产生小峰值，之后逐步降低并趋于稳定。不同道路的径流污染物浓度差异较大。这主要是由于不同的汇水面性质所造成的。管网内部污染非常严重，各项指标均严重超标。整体上看，降雨期间的水质要劣于非降雨期间的水质，这表明降雨对管网水质有一定的影响。部分管道初期径流的污染物浓度较高，浓度峰值主要集中在降雨产流后的 0 ～ 10 min，之后污染物浓度趋于稳定。

与雨水口、管道径流相比，河道径流水质总体偏好，但部分河道的污染也较为严重，典型的如南应加河上塘河口，究其原因可能是该河段不同于运河，河宽较窄，水流不畅，上游排放的污染物不能及时扩散。总体来看，与全国平均污染物浓度相比，杭州的实测数据偏低，但城市雨水径流污染较为严重，绝大多数污染指标远高于《地表水环境质量标准》中的Ⅴ类标准，管道径流的 COD 指标甚至超过生活污水的相应指标，而 NH_3-N、TP 等指标总体上略低于生活污水的相应指标。

● 初期雨水的污染问题

除了关注存在的问题外，规划设计团队对杭州市建设海绵城市的优势也进行了梳理，具体如下。

(1) 有完整的立体生态格局。杭州具有山水田林的形胜之美。“山”有超山、半山、灵山等，“水”有钱塘江、运河、西湖、湘湖等，“林”有径山竹林，“田”有钱江农场、红山农场、乔司农场等。

(2) 有丰沛的雨水资源。杭州处于全国多水和丰水带，水资源相对丰富，年平均降水量为 1 553.8 mm。2015 年杭州市区的水资源总量为 61.10 亿 m^3，其中地表水资源量为 58.68 亿 m^3。

(3) 有密布的河网水系。杭州地跨钱塘江、太湖两大流域，有钱塘江、富春江、运河、东苕溪，主城区有多处河湖，有浦阳江、沙地人工河网、萧绍运河水系等。杭州市有大小河流 2 000 余条，水面面积达 369 km^2，水面率达 11.24%（未包含富阳区）。

(4) 2013 年，杭州启动的“五水共治”为海绵城市建设打下了基础。城市雨水的综合控制是该行动计划重要的组成部分。

3.3 第三步：确定建设目标和具体指标

海绵城市专项规划设计在《关于推进海绵城市建设的指导意见》和《海绵城市建设技术指南》的框架下，应针对项目所在地城市雨洪管理方面存在的主要问题，确定针对性强的规划建设目标和与之相应且切实可行的考核指标。

相比而言，建设目标通常是对项目规划建设后预期效果的概括性总结和陈述，典型目标包括改善河湖水质、减少地表径流、实现雨水的回收再利用、提高城市雨洪管理弹性等。在制定目标的过程中，应特别注重建设目标与当地自然环境特点、自然资源禀赋及发展建设情况的契合。例如，陕西西咸新区海绵城市建设将探索湿陷性黄土地区低影响开发雨水系统建设的理念与技术优化作为规划目标之一；重庆市以建设具有山地特色的立体海绵城市为目标；深圳市则以最大限度地减少城市开发建设对生态环境的影响为目标；杭州市要努力建成大海绵格局丰富、小海绵设施高效、江南水网特色突出的海绵城市；河南省鹤壁市则针对平原地区缺水的问题，探索、研究适合中部平原缺水地区气候、土壤及降雨特点的低影响开发措施及各工程设施的材料、材质，以鹤壁市海绵城市建设经验具有可复制性为目标。在建设目标确定的基础上，工程建设人员进一步将其细化为具体的、能够指导操作的考核指标，如年径流总量控制率、径流污染控制率、绿地率、生态岸线长度等，并需重点明确年径流总量控制率指标以及海绵城市建设的面积和比例指标。

需要强调的是，在本步骤中，年径流总量控制率指标值或区间的提出多是从政策要求和实践经验的角度出发来确定的，而在第六步“落实海绵建设管控要求”中，则需对项目所在地的降雨、地形、土壤条件以及建设用地使用情况、不同用地性质占比、发展建设阶段、绿地率等情况进行详细的分析和定量计算，进而获得与项目所在地发展建设情况相匹配的年径流总量控制率。

部分城市的海绵城市专项规划参照住建部发布的《海绵城市建设绩效评价与考核办法（试行）》，提出了海绵城市建设的指标体系。该办法将海绵城市建设效果的绩效评价与考核指标分为水生态、水环境、水资源、水安全、制度建设及执行情况、显示度 6 类 18 个考核点。具体考核内容详见表 3-5。

表 3–5　海绵城市建设绩效评价与考核指标（试行）

类别	项	指标	要求	方法	性质
水生态	1	年径流总量控制率	当地降雨形成的径流总量，达到《海绵城市建设技术指南》规定的年径流总量控制要求。在低于年径流总量控制率所对应的降雨量时，海绵城市建设区域不得出现雨水外排现象	根据实际情况，在地块雨水排放口、关键管网节点处安装观测计量装置及雨量监测装置，连续（不少于1年、监测频率不低于15分钟/次）进行监测；结合气象部门提供的降雨数据、相关设计图纸、现场勘测情况、设施规模及衔接关系等进行分析，必要时通过模型模拟分析计算	定量（约束性）
	2	生态岸线恢复	在不影响防洪安全的前提下，对城市河湖水系岸线、加装盖板的天然河渠等进行生态修复，达到蓝线控制要求，恢复其生态功能	查看相关设计图纸、规划，现场检查等	定量（约束性）
	3	地下水水位	年均地下水潜水位保持稳定，或下降趋势得到明显遏制，平均降幅低于历史同期。年均降雨量超过 1 000 mm 的地区不评价此项指标	查看地下水潜水位的监测数据	定量（约束性，分类指导）
	4	城市热岛效应	热岛强度得到缓解。海绵城市建设区域夏季（按 6—9 月）日均气温不高于同期其他区域的日均气温，或与同区域历史同期（扣除自然气温变化影响）相比呈现下降趋势	查阅气象资料，可通过红外遥感设备监测评价	定量（鼓励性）
水环境	5	水环境质量	水体不得出现黑臭现象。海绵城市建设区域内的河湖水系水质不低于《地表水环境质量标准》Ⅳ类标准，且优于海绵城市建设前的水质。当城市内河水系存在上游来水时，下游断面主要指标不得低于来水指标	委托具有计量认证资质的检测机构开展水质检测	定量（约束性）
			地下水监测点位水质不低于《地下水质量标准》Ⅲ类标准，或不劣于海绵城市建设前的水质	委托具有计量认证资质的检测机构开展水质检测	定量（鼓励性）

续表

类别	项	指标	要求	方法	性质
水环境	6	城市面源污染控制	雨水径流污染、合流制管渠溢流污染得到有效控制。雨水管网不得有污水直接排入水体；非降雨时段，合流制管渠不得有污水直接排入水体；雨水直排或合流制管渠溢流进入城市内河水系的，应采取生态治理后入河，确保海绵城市建设区域内的河湖水系水质不低于地表Ⅳ类标准	查看管网排放口，辅助以必要的流量监测手段，并委托具有计量认证资质的检测机构开展水质检测	定量（约束性）
水资源	7	污水再生利用率	人均水资源量低于500 m^3 和城区内水体水环境质量低于Ⅳ类标准的城市，污水再生利用率不低于20%。再生水包括污水经处理后，通过管道及输配设施、水车等输送用于市政杂用、工业、农业、园林绿地灌溉等用水，以及经过人工湿地、生态处理等方式处理，主要指标达到或优于地表Ⅳ类标准的污水厂尾水	统计污水处理厂（再生水厂、中水站等）的污水再生利用量和污水处理量	定量（约束性，分类指导）
	8	雨水资源利用率	雨水收集并用于道路浇洒、园林绿地灌溉、市政杂用、工农业生产、冷却等的雨水总量（按年计算，不包括汇入景观、水体的雨水量和自然渗透的雨水量），与年均降雨量（折算成毫米数）的比值，或雨水利用量替代的自来水的比例等。达到各地根据实际确定的目标	查看相应计量装置、计量统计数据和计算报告等	定量（约束性，分类指导）
	9	管网漏损控制	供水管网漏损率不高于12%	查看相关统计数据	定量（鼓励性）
水安全	10	城市暴雨内涝灾害防治	历史积水点彻底消除或明显减少，或者在同等降雨条件下积水程度显著减轻；城市内涝得到有效防范，达到《室外排水设计规范》规定的标准	查看降雨记录、监测记录等，必要时通过模型辅助判断	定量（约束性）

续表

类别	项	指标	要求	方法	性质
水安全	11	饮用水安全	饮用水水源地水质达到国家标准要求：以地表水为水源的，一级保护区水质达到《地表水环境质量标准》Ⅱ类标准和饮用水源补充、特定项目的要求，二级保护区水质达到《地表水环境质量标准》Ⅲ类标准和饮用水源补充、特定项目的要求；以地下水为水源的，水质达到《地下水质量标准》Ⅲ类标准的要求。自来水厂出厂水、管网水和龙头水达到《生活饮用水卫生标准》的要求	查看水源地水质检测报告和自来水厂出厂水、管网水、龙头水水质检测报告。检测报告须由有资质的检测单位出具	定量（鼓励性）
制度建设及执行情况	12	规划建设管控制度	建立海绵城市建设的规划（土地出让、两证一书）、建设（施工图审查、竣工验收等）方面的管理制度和机制	查看出台的城市控制性详细规划、相关法规、政策文件等	定性（约束性）
	13	蓝线、绿线划定与保护	在城市规划中划定蓝线、绿线，并制定相应的管理规定	查看当地相关的城市规划及出台的法规、政策文件	定性（约束性）
	14	技术规范与标准建设	制定较为健全、规范的技术文件，能够保障当地海绵城市建设的顺利实施	查看地方出台的海绵城市工程技术、设计施工相关标准、技术规范、图集、导则、指南等	定性（约束性）
	15	投融资机制建设	制定海绵城市建设投融资、PPP 管理方面的制度机制	查看出台的政策文件等	定性（约束性）
	16	绩效考核与奖励机制	对于吸引社会资本参与的海绵城市建设项目，须建立按效果付费的绩效考评机制、与海绵城市建设成效相关的奖励机制等； 对于政府投资建设、运行、维护的海绵城市建设项目，须建立与海绵城市建设成效相关的责任落实与考核机制等	查看出台的政策文件等	定性（约束性）

续表

类别	项	指标	要求	方法	性质
制度建设及执行情况	17	产业化	制定促进相关企业发展的优惠政策等	查看出台的政策文件、研发与产业基地建设等情况	定性（鼓励性）
显示度	18	连片示范效应	60% 以上的海绵城市建设区域达到海绵城市建设要求，形成整体效应	查看规划设计文件、相关工程的竣工验收资料。现场查看	定性（约束性）

这些考核指标涉及范围非常广泛，需在海绵城市专项规划前期对项目所在地的排水（雨水）、污水、给水、供水以及相关管理情况进行充分调研并获得大量基础资料的基础上，邀请包括城市环保、水利水务、市政排水、自来水供水企业等多部门的管理人员和专业技术人员一起协商讨论确定。部分指标如年径流总量控制率、面源污染控制率、雨水资源利用率等，需要依靠海绵城市专项规划的各个步骤予以全面贯彻和落实；而部分指标，如饮用水安全指标、管网漏损控制率等，则需通过其他专项规划，如相应的供水专项规划、城市排水专项规划等予以落实。海绵城市专项规划提出的指标要求，可为其他相关规划的目标制定提供参考和依据。

实际案例

案例 3：厦门市海绵城市专项规划建设目标（表 3–6）

表 3–6　厦门市海绵城市专项规划建设目标（2016—2030 年）

类别	指标	现状值	近期目标值（2020 年）	远期目标值（2030 年）
水生态	年径流总量控制率	30%（城市建成区）	70%（20% 的城市建成区）	70%（80% 的城市建成区）
	生态岸线恢复率	20%	30%	80%
	城市热岛效应	明显	缓解	明显缓解
	城市水面率	6%	7%	8%
水环境	地表水体水质标准	主要河流劣 V 类水质占比 85.1%，城市黑臭水体大量存在	海绵城市建设试点区的水质不低于《地表水环境质量标准》Ⅳ类标准，其他区域的水质不低于《地表水环境质量标准》V 类标准，2017 年基本消除水体黑臭情况	消除 V 类水体，近岸海域水质优良比例达到 70% 以上
	入海河口及近岸海域水质	杏林湾水库水质为劣 V 类，大嶝海域属于清洁海域，东部、南部海域较清洁，同安湾为轻度污染区域，西海域为重度污染区域，马銮湾为严重污染区域	基本消除劣 V 类的水体，近岸海域水质优良比例达到 70% 左右	消除劣 V 类水体，近岸海域水质优良比例达到 70% 以上
	城市面源污染控制	老城基本为雨污合流，新城正在实施雨污分流	雨水径流污染、合流制管渠溢流污染得到有效控制，2017 年实现雨水管网无污水直接排入水体；非降雨时段，合流制管渠不得将污水直接排入水体，雨水直排或经合流制管渠溢流进入城市内河水系的，应采取生态治理后入河	
水资源	雨水资源利用率	不足 0.5%	1.5%	3.0%
	污水再生利用率	不足 1.0%	20%	30%
	下垫面调蓄容积	约 3 874 万 m^3	约 4 197 万 m^3	约 4 724 万 m^3
水安全	城市内涝防治标准	20 年一遇	50 年一遇	
	饮用水安全	汀溪水库水质为Ⅰ类标准，溪东、坂头、小坪、溪头、古宅和茂口水库水质为Ⅱ类标准，九龙江北溪引水集美水池水质为Ⅲ类标准	饮用水水源地水质达到国家标准要求：以地表水为水源的，一级保护区水质达到《地表水环境质量标准》Ⅱ类标准和饮用水源补充、特定项目的要求；二级保护区水质达到《地表水环境质量标准》Ⅲ类标准和饮用水源补充、特定项目的要求	
	自来水管网漏损率	15%	＜10 %	

3.4 第四步：提出总体思路

《海绵城市专项规划编制暂行规定》指出，要依据海绵城市建设目标，针对现状问题因地制宜地确定海绵城市建设的总体思路和实施路径。“问题”与“目标”是导向，“因地制宜”的实施途径则需从城市中各区域的自然和社会条件中获取灵感，主要考虑以下几个方面。

• 地质或土壤渗透性

（1）地质或土壤渗透性。地质和土壤信息可以帮助规划设计团队了解城市中的地质或土壤生态敏感区、潜在的地质灾害，了解渗透性措施在当地的适宜性等。明确地质、土壤环境对低影响开发措施效能发挥的影响，是海绵城市专项规划总体思路形成过程中设计人员需要重点考虑的问题之一。

• 现状开发建设程度

（2）现状开发建设程度。开发建设程度可以综合径流系数来表征。综合径流系数越大，城市的硬质化率越高，建设强度越大，低影响开发雨水系统的构建就越难。这就需要结合项目所在地的实际情况，改变典型的低影响开发雨水系统模式，进行改造创新，进而提出适宜的总体思路。

• 开发建设年代

（3）开发建设年代。一般而言，城市的开发年代越早，建设密度越大，进行海绵化、生态化雨洪管理改造的难度和成本就越高，同时老城区通常伴随雨污合流及排水管网溢流、渗流等问题。在进行老城区海绵化改造时，建议以问题为导向，并结合旧城更新、活化等，构建总体思路。相反，各类园区、特色开发区等城市新建区则应以目标为导向，以保护生态本底和合理控制开发强度为前提，提出总体思路。

• 城市最新规划定位

（4）城市最新规划定位。海绵城市专项规划的总体思路需要与城市最新一轮总体规划中的城市定位、发展策略、目标以及土地利用规划相匹配。

• 饮用水来源

（5）饮用水来源。城市的饮用水或来源于地下水，或依靠地表水资源。项目所在地饮用水的来源、水质和水量情况是海绵城市规划总体思路提出时的重要考虑要素。

实际案例

案例 4：厦门市海绵城市专项规划——总体思路

厦门市针对现状存在的水资源缺乏、水安全形势严峻、水环境堪忧和水生态退化等问题，进行污染防控、生态水系、排水防涝、园林绿地、道路交通、海绵社区六大体系建设。在此基础上，厦门市依据流域汇水划定管控单元，针对不同管控单元的现状问题，因地制宜地确定老城区、新城区和城市建设区外应采取的不同建设思路。老城区以问题为导向，重点解决城市内涝、雨水收集利用、黑臭水体治理等问题。新城区（城市新区、各园区、成片开发区等）以目标为导向，按照海绵城市建设目标，制定海绵城市规划建设指标体系，避免老城区的问题在新城区发生。城市建设区外通过水土保持、水源涵养、农村面源污染防控、饮用水水源地保护等措施，提高绿化率、削减洪峰、提高枯水径流量和水环境容量。厦门海绵城市系统规划主要采取城市片上和面上的“大海绵”措施和城市点、线上的“小海绵”措施（图 3-5）。其中“大海绵”措施主要包括：污染防控——上下联动、源头控制；生态水系——水绕流、九脉通海；排水防涝——尊重自然、蓄排结合。“小海绵”措施主要包括：园林绿地——连点成网、保水减污；道路交通——循序渐进、统筹干支；海绵社区——两片带动、全面布局。

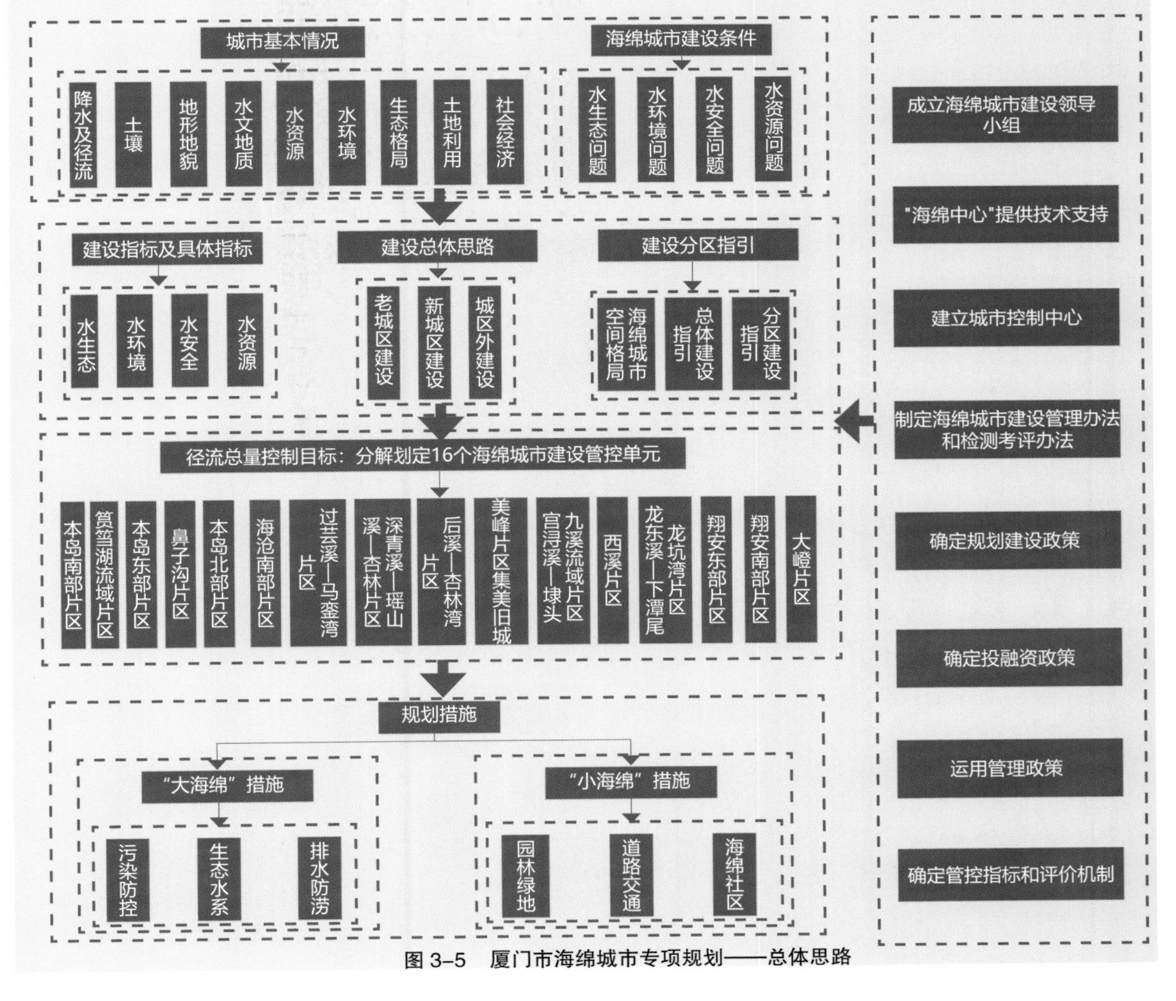

图 3–5　厦门市海绵城市专项规划——总体思路

实际案例

案例 5：西安市海绵城市专项规划——总体思路

西安市海绵城市建设从“水生态、水安全、水环境、水资源”4 个方面入手，以问题为导向，同时结合西安市发展项目及重点项目，按照海绵城市建设目标的要求，提出西安市海绵城市专项规划总体思路，如图 3-6 所示。

（1）分级控制。本规划采用“宏观控制—中观引导—微观建设”的总体思路。宏观层面：综合考虑山、水、林、田、湖等城市外围“大海绵”要素，城市建设情况以及边界增长的要求，构建“山、水、林、田、城、湿地”一体化的区域城市海绵体，严格控制城市建设对外围大海绵要素的影响，合理保护原有的生态系统。中观层面：根据排水分区、行政区划以及控规单元划分，进行中心城区海绵建设分区划分，综合考虑湿陷性黄土分布、遗址遗迹分布等特殊因素，结合分区基本情况确定海绵城市建设控制要求及适用的海绵设施。微观层面：鼓励各地区进行海绵城市低影响开发设施的建设，引导各区域在满足目标指标要求的同时，进行有序建设。

（2）分类引导。老城区以问题为导向，重点解决城市内涝、黑臭水体治理等问题；合理确定海绵城市建设方式和规划指标，结合城镇棚户区改造、老旧小区有机更新等推进海绵城市建设。新建区域以目标为导向，优先保护自然生态本底，合理控制开发强度，全面落实海绵城市建设要求。

（3）系统建设。对低影响开发雨水系统、雨水管渠系统、超标雨水径流排放系统进行统一考虑，在源头、过程、末端系统性构建海绵城市。

图 3-6　西安市海绵城市专项规划总体思路

3.5　第五步：提出建设分区指引

提出建设分区指引包括识别生态本底条件、明确海绵城市生态安全格局以及划定海绵城市建设分区 3 部分内容。3 部分内容逐层递进，从城市中影响产汇流过程的关键自然要素逐渐过渡到海绵城市建设用地和非建设用地的建设指引，是海绵城市专项规划的核心内容之一。

3.5.1　识别生态本底条件

对生态本底条件的识别主要有两方面。首先是对现行相关生态环境保护规划、生态脆弱区保护规划、生态保护红线划定范围等进行解读，对城市中由“山、水、林、田、湖”组成的海绵基底进行识别，并对其予以最大限度的保护；其次，是基于 GIS 的生态敏感性分析，重点关注城市中与径流、水资源、水风险以及水土保持等相关的水敏感区。

目前生态敏感性研究方法主要包括综合指数法、模糊综合评价法、层次分析法、主成分分析法等传统评价方法，还有 GIS 技术与传统方法相结合的方法，以及人工神经评价法、灰色关联投影模型法、投影寻踪评价模型法等新的评价方法。基于 GIS 平台的单因子分析和多因子综合评价已成为主流研究方法，结合 GIS 技术的多种评价方法的综合运用更成为流域或区域生态敏感性研究的发展趋势。由中国城市规划设计研究院、深圳市城市规划设计研究院有限公司、北京清控人居环境研究院有限公司、中国城市建设研究院、中国建筑设计院有限公司联合编制的《对海绵城市专项规划的若干认识》提出，“在海绵生态敏感性分析中，采用层次分析法和专家打分法，赋予各敏感因子以权重值，再通过 ArcGIS 平台进行空间叠加，从而获得海绵生态敏感性综合评价结果，并进一步将其划分为高敏感区、较高敏感区、一般敏感区、较低敏感区和低敏感区”。生态敏感性评价与分析技术路线如图 3-7 所示。

该技术路线中常见的敏感因子包括高程、坡度、各种地质灾害分布、土壤渗透性分布、土地利用类型、水源地、径流路径、排水分区、易涝区、河流、湿地、湖泊、植被分布及生物栖息地分布、迁徙廊道及其缓冲区等。研究人员可结合项目所在地的实际情况和具体

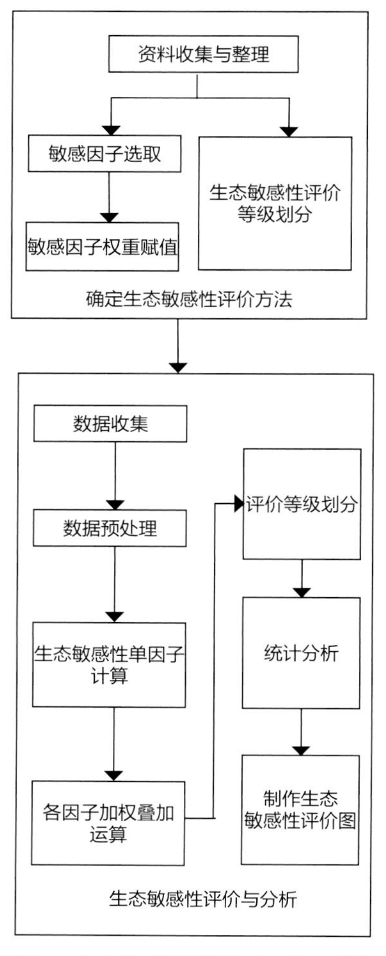

图 3–7 生态敏感性评价与分析技术路线

特点有针对性地选择敏感因子。如宜兴市海绵城市专项规划的生态敏感性分析选择了高程、坡度、水系洪灾、植被以及生物多样性 5 个指标作为评价因子，各因子的权重值见表 3–7。

北京市门头沟区海绵城市专项规划考虑门头沟多山的特点及其首都生态涵养发展区的功能定位，生态敏感性分析选择了高程、坡度、水域缓冲区、水土保持分区、用地类型、水功能分区 6 个单因子进行敏感性分析，并进一步结合当地的条件进行等级划分和权重赋值，相关数据见表 3–8 和表 3–9。

表 3–7 宜兴市海绵城市专项规划的生态敏感性评价因子及其权重值

因子类型	因子	权重值
自然因子	高程	0.06
	坡度	0.12
	水系洪灾	0.38
生物因子	植被	0.24
	生物多样性	0.20

表 3–8 北京市门头沟区海绵城市专项规划敏感因子的等级划分、赋值及权重值

敏感因子	生态不敏感区	生态低敏感区	生态中敏感区	生态高敏感区	生态极高敏感区	权重值
高程 /m	<100	100~200	200~400	400~600	>600	0.15
坡度 /%	0~100	5~200	10~400	15~600	>25	0.23
水域缓冲区 /m	—	>200	100~200	50~100	≤50	0.25
水土保持分区	—	城市径流控制区	—	土壤侵蚀控制区	地表水源涵养区	0.12
用地类型	建设用地	裸地	田地	林地	水域	0.15
水功能分区	—	其他	—	Ⅲ类水体	Ⅱ类水体	0.10

表 3-9　北京市门头沟区海绵城市专项规划生态敏感综合评价分区及表征

综合敏感性指数	分区	生态环境状态的表征
1~3	生态低敏感区	生态环境基本稳定，但在自然和人为干预下可能会出现轻度生态环境问题
3~5	生态中敏感区	生态环境较稳定，但在自然和人为干预下会出现较大程度的生态环境问题
5~7	生态高敏感区	生态环境脆弱，在自然和人为干预下可能会出现严重的生态环境问题
7~9	生态极高敏感区	生态环境脆弱，出现生态环境问题的概率和程度高于高敏感区

注：生态不敏感区不在此表中体现。

3.5.2　明确海绵城市生态安全格局

“生态安全格局”的概念来源于景观生态学，指景观中存在的某种由基质、斑块、廊道构成的潜在的生态系统安全格局。它通过景观中某些关键的局部、元素和空间布局及联系共同实现对特定地段某种过程（如生态过程、社会文化过程、空间体验、城市扩张等）的维护和控制。《对海绵城市专项规划的若干认识》结合海绵城市的建设目标，对海绵城市生态安全格局中的基质、斑块和廊道三要素进行了解读，认为：“海绵基质是以区域大面积自然生态空间为核心的山水基质，在城市生态系统中承担着重要的生态涵养功能，是整个城市和区域的海绵主体和城市的生态底线。海绵斑块由城市绿地和湿地组成，是城市内部雨洪滞蓄和生态栖息的主要载体，对城市微气候和水环境改善有一定作用。海绵廊道包括水系廊道和绿色生态廊道，是主要的雨水行泄通道，具有控制水土流失、保障水质、消除噪声、净化空气等环境服务功能，同时提供游憩休闲场所。”

例如，第一批“海绵城市”建设试点城市之一的河南省鹤壁市的海绵城市专项规划通过识别区域山体、河流、水库、湿地、林地、城市绿地、田地等自然要素的分布，在市中心城区规划构建“一带、两组团、两区、六节点、多廊道”的生态空间格局。“一带”为淇河生态景观轴带；“两组团”为老城区组团和新城区组团；“两区”为西侧山林保护区和东侧农田保护区；“六节点”为重点生态保护节点，包括盘石头水库、汤河水库、淇河湿地公园、浮山森林公园、南山森林公园（中山森林公园）、凤凰山公园；“多廊道”包括河流生态廊道，如羑河、汤河、泗河、南水北调总干渠、天赉渠、棉丰渠、护城河等，以及城市交通系统中的防护廊道，如京广高铁、京港澳高速、京广铁路等两侧的防护绿廊。鹤壁市中心城区海绵城市自然生态空间格局见图 3-8。

武汉市海绵城市专项规划综合考虑都市发展区生态资源要素分布、用地生态敏感性、内涝风险及洼地系统，形成“T 轴—两环—多点—六楔”的海绵城市自然生态空间结构。“T 轴”主要由长江、汉江河流水系组成，是展现武汉“两江交汇”独特城市意象的主体。“两

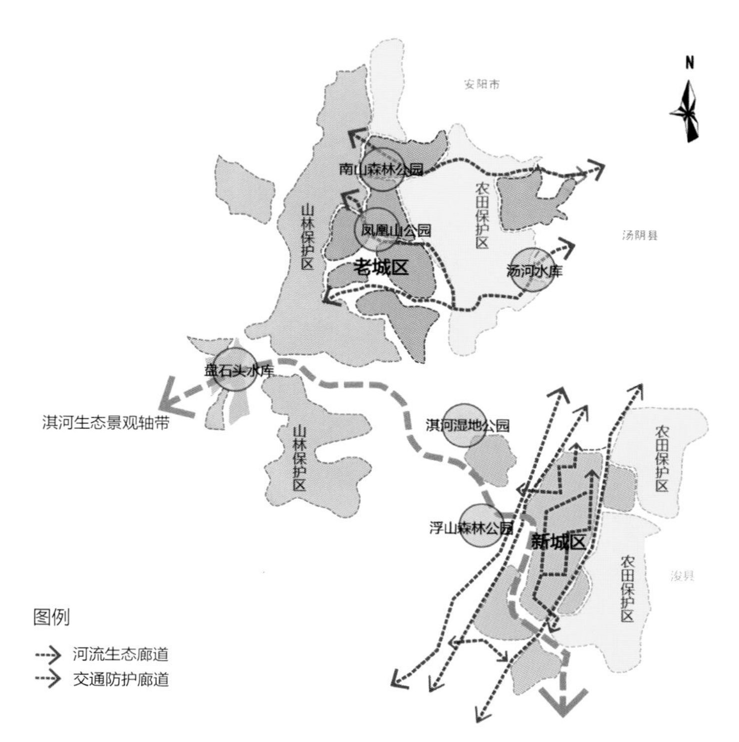

图 3-8 鹤壁市中心城区海绵城市自然生态空间格局

环”包括以三环线防护林带及其沿线的严西湖、汤逊湖、后官湖、金银湖、天兴洲等中小型湖泊和公园为主的线性生态内环，以城郊大型生态公园、生态农业区和外环线防护绿带构成的生态外环。“多点”为结合已有城市公园和城市易涝点，在主城区布局的多个具有内涝削减功能的城市绿地斑块，包括和平公园、解放公园、中山公园、后襄河公园、南湖公园、南干渠游园等城市级和社区级公园，缓解因城市建设需求带来的内涝风险，形成“多点棋布”的点状斑块格局。“六楔”是指府河、武湖、大东湖、汤逊湖、青菱湖、后官湖水系等6个以水域湿地、山体林地为骨架的大型放射形生态绿楔，主要包括硃砂湖、后官湖、七龙湖等18处郊野公园，柏泉、龙泉山、东湖等3处风景区，梁子湖、草湖等2处湿地保护区，青龙山、九峰等2个森林公园，后官湖、青菱湖等9片休闲度假区，八分山、后官湖等2处体育公园，武湖、慈惠等4片生态农业园，形成联系建成区内外的生态廊道和城市风道。

南宁市中心城区海绵城市专项规划对照城市总体规划，提出“一江穿城、三山环抱、四核镶嵌、三区互动、十八水系枕邕城”的格局。“一江穿城”中的一江指邕江，其流域面积为6 120 km^2，水面面积为26.76 km^2，是郁江上段，属西江水系。“三山环抱”的三山指北部高峰岭、南部狮子岭和东部天堂岭。“四核镶嵌”的四核主要指环城山系嵌入城市内部的4座山体，分别为五象岭、青秀山、天堂岭、牛湾岭。“三区互动”中的三区指现状高速环路内部的中心城区、城市东北发展方向的三塘组团、城市南向发展的五象新区。“十八水系枕邕城”指南宁市区河网众多，城区内共有内河 18 条，总长约 550 km。这些河道在南宁的社会发展进程中具有特定的作用，突出体现在生活用水、防洪排涝、工业供水、交通航运、农业灌溉等方面。南宁市海绵空间格局见图 3-9。

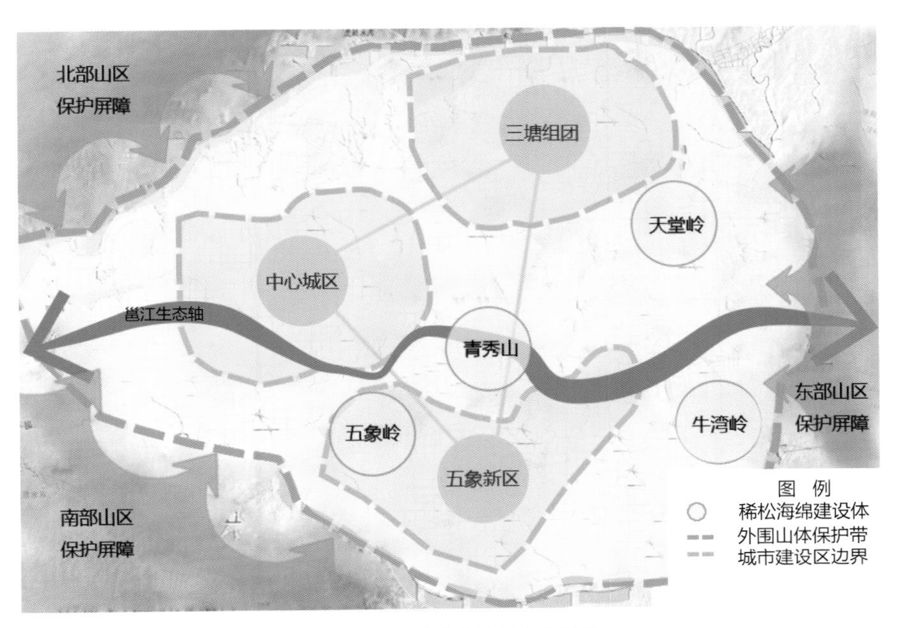

图 3–9　南宁市海绵空间格局

基于对海绵空间格局中三要素角色的理解，全国多地的海绵城市总体规划和导则对各自的海绵空间格局进行了划定。但“海绵空间格局如何引导、影响甚至调整城市宏观雨洪管理分区及其功能布局”“生态安全格局中各要素如何发挥雨洪调控作用”等问题随着相关研究的不断深入和建设工作的全面展开，值得被进一步思考。本研究认为可将基于 GIS 获取的海绵空间格局进行 SWMM 软件平台下的水文产汇流过程模拟，在对海绵格局雨洪调控能力进行定量评估的基础上明确格局中各要素的雨洪管理功能，从而为海绵城市格局要素的建设提出具体化、有针对性的指引。本书将结合冀州海绵城市专项规划的实际案例在第 6 章中对此展开阐述。

3.5.3　划定海绵城市建设分区

海绵城市的建设分区及其相应的建设指引需在 3.5.1 节所述的生态敏感性分析与评价结果的基础上，进一步对一般敏感区、较低敏感区和低敏感区进行与海绵建设技术相关的适宜度等级划分，进而尝试将项目所在地划分为海绵建设技术普适区、海绵建设技术有条件适用区、海绵建设技术限定条件适用区等。其中海绵城市建设技术普适区可以采用所有海绵城市建设技术；海绵城市建设技术有条件适用区有部分海绵技术不适用；海绵城市建设技术限定条件适用区仅考虑特定的一种海绵技术或不适宜采取任何一种海绵技术。

基于 GIS 的因子加权图层叠加分析方法是城市规划中最为常见的适宜性分析方法，也同样适用于海绵城市建设分区的划分。其基本分析原理和计算流程与生态敏感性分析相近，首先是筛选、设定适宜性评价因子，构建层次结构指标体系；其次，基于层次分析法（AHP），创建比较判断矩阵，邀请多位相关领域的专家对各影响因子的重要程度进行两两比较，进而对各适宜性分析评价因子在评价体系中的作用程度进行量化，建立各指标的权重值；最后，借助 ArcGIS 的空间分析工具开展适宜性分析；对多层空间数据进行叠加运算，对空间属性进行统计分析，对综合图进行聚类归并，进而获得适宜性分区图。海绵城市建设适宜性评价技术路线见图 3-10。

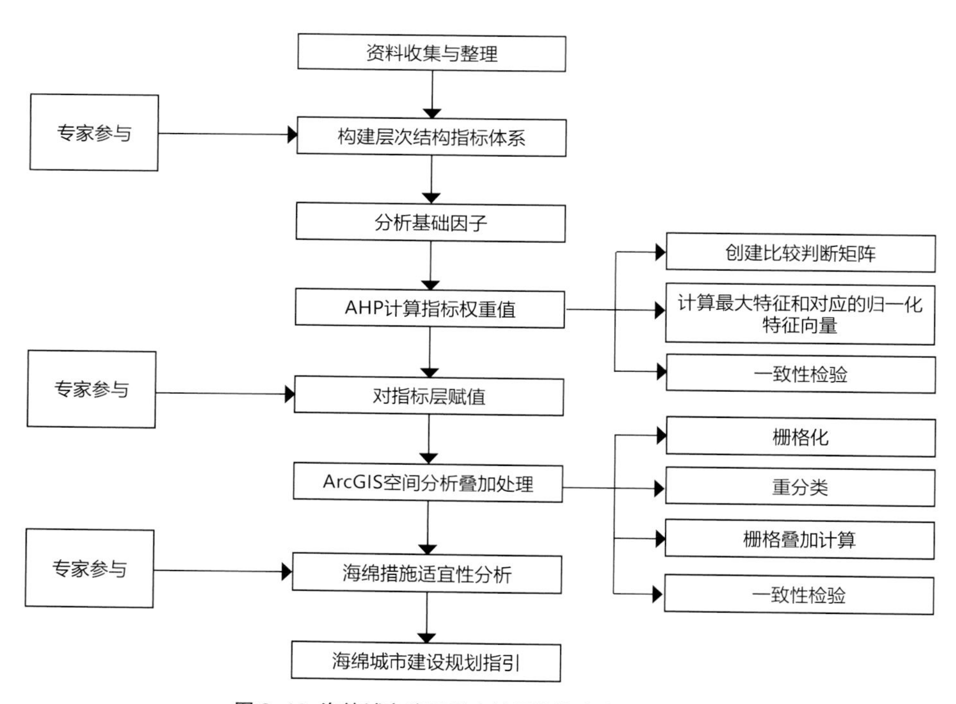

图 3-10 海绵城市建设适宜性评价技术路线

由于海绵技术的应用、推广不仅受到地形地貌、场地水文状况、土壤条件的影响，其适宜性还取决于建造成本、建设周期、改造空间、建设密度等多种因素，因此海绵城市适宜性分析评价因子一般包括自然环境因子和社会环境因子两大类。

苏州高新区海绵城市建设技术适宜性评价分别针对“渗”“蓄”“滞”和“净”4 类典型源头化海绵措施的特性，选择了场地坡度、地下水水位、土壤渗透性、绿地要素以及地块建设阶段、建设密度、下垫面条件和水环境污染负荷共两类 8 项指标作为评价因子，并进一步根据评价因子对海绵措施功能发挥的影响程度进行指标因子的权重赋值，分别提出“渗”“滞、蓄”“净”措施适宜性评判指数，最终获得上述措施的适宜区。在“渗”措施的适宜性分析中，主要从以下方面考虑评价因子的权重赋值：①地下水位及土壤渗透性对“渗”措施功能发挥的影响；②汇水分区面源污染物种类对“渗”措施实施适宜性的影响；③城市建设条件、建设阶段和建设密度对“渗”措施落地难易程度的影响。经专家参与评判，结合统计学方法，获得相应的“渗”措施适宜区分析结果（图 3-11）及“渗”措施适宜性评价因子权重指标值（表 3-10）。

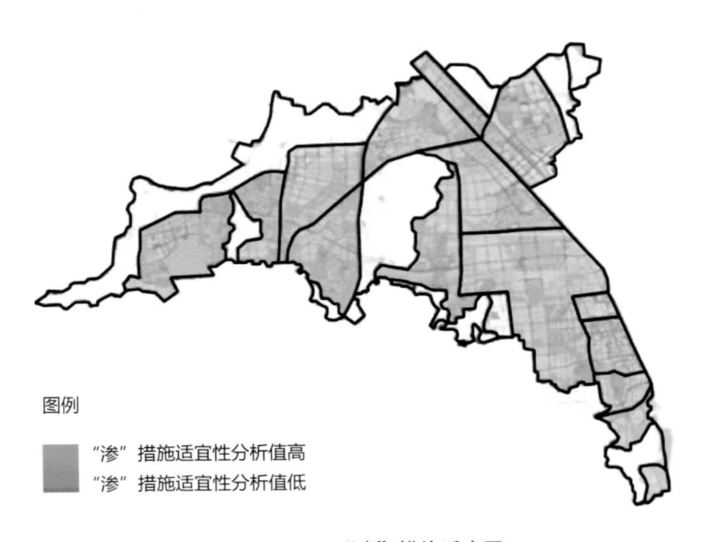

图 3-11　“渗”措施适宜区

相比之下，“滞、蓄”措施功能的有效发挥直接受可利用绿地要素的规模大小和空间关系影响，与地下水水位、土壤渗透性关系较小，因此“滞、蓄”措施适宜性评价因子中“绿地要素”权重值最高，地下水水位、土壤渗透性权重值较低。而由于绿地要素与地块建设阶段、建设密度和下垫面条件密切相关，比如建设密度高、改造难度大的区域不利于“滞、蓄”措施的落地，因此这 3 项社会环境因子权重值居中，见表 3-11。

在“净”措施的适宜性分析中，区域水体水质情况是应用“净”措施的直接导向。建设密度、地块建设阶段影响“净”措施增添或改造的难易程度。而由于净化措施的应用多伴随有结构层的改造及竖向调整，因此地下水水位、土壤渗透性和场地坡度对“净”措施的选择影响不大，对应的适宜性评价因子权重值较小，见表 3-12。

表 3-10 “渗”措施适宜性评价因子权重指标值

评价因子		评价赋分 / 分			权重值
		5	3	1	
水文地质特征	场地坡度 /%	0~2.0	2.0~8.0	8.0~20.0	0.05
	地下水水位 /m	2.5	2~2.5	—	0.25
	土壤渗透性	以粉土、粉砂土为主	以粉土、粉质黏土、淤泥为主	以坚硬岩石为主	0.25
	绿地要素	有	—	无	0.08
建设条件	地块建设阶段	新建	改造	—	0.05
	建设密度 /%	0.5~0.6	0.6~0.7	0.7~0.9	0.05
	下垫面条件	绿地、农田	山地	路面、屋面	0.10
	水环境污染负荷	高	低	—	0.17

表 3-11 “滞、蓄”措施适宜性评价因子权重指标值

评价因子		评价赋分 / 分			权重值
		5	3	1	
水文地质特征	场地坡度 /%	0~2.0	2.0~8.0	8.0~20.0	0.10
	地下水水位 /m	2.5	2~2.5	—	0.05
	土壤渗透性	以粉土、粉砂土为主	以粉土、粉质黏土、淤泥为主	以坚硬岩石为主	0.05
	绿地要素	有	—	无	0.25
建设条件	地块建设阶段	新建	改造	—	0.12
	建设密度 /%	0.5~0.6	0.6~0.7	0.7~0.9	0.18
	下垫面条件	绿地、农田	山地	路面、屋面	0.15
	水环境污染负荷	高	低	—	0.10

在此基础上，该专项规划进一步以“渗”“滞、蓄”和“净”海绵措施适宜性分区结果为依据，结合各分区地块的海绵城市建设目标，分别提出了涵盖透水铺装率、下凹绿地率、单位面积控制容积、年 SS 总量去除率的海绵城市引导性指标，以此形成了量化的海绵城市建设分区指引。

汤鹏、王浩提出利用最小累积阻力（MCR）模型（Minimal Cumulative Resistance Model）进行城市绿地海绵体适宜性评价。最小累积阻力模型是计算景观从“源”向四周扩

表 3-12　“净”措施适宜性评价因子权重指标值

评价因子		评价赋分 / 分			权重值
		5	3	1	
水文地质特征	场地坡度 /%	0~2.0	2.0~8.0	8.0~20.0	0.05
	地下水水位 /m	2.5	2~2.5	—	0.05
	土壤渗透性	以粉土、粉砂土为主	以粉土、粉质黏土、淤泥为主	以坚硬岩石为主	0.05
	绿地要素	有	—	无	0.19
建设条件	地块建设阶段	新建	改造	—	0.09
	建设密度 /%	0.5~0.6	0.6~0.7	0.7~0.9	0.13
	下垫面条件	绿地、农田	山地	路面、屋面	0.14
	水环境污染负荷	高	低	—	0.30

散所耗费的代价的模型，被广泛应用于城市土地演变过程的模拟和景观安全格局的相关研究。MCR 模型具有数据处理便捷、过程分析全面和结果形象直观的特点，不仅可以分析垂直因子的叠加组合，还可利用 GIS 对土地景观单元的水平流动趋势进行分析。在扬州市绿地海绵体生态适宜性评价过程中，汤鹏、王浩利用 ArcGIS 软件，通过阻力面指标因子建立、阻力面评价体系建立、“源地”确定、阻力基面生成以及最小累积阻力表面生成、生态源与建设源扩张、累积最小阻力求差，将扬州的绿地划分为天然绿地海绵体和人工绿地海绵体，并指出需对位于适宜生态区的天然绿地海绵体进行严格保护，维持其天然属性，而处于适宜建设区的绿地海绵体则以人工建设优化为主，对接城市绿色排水排涝设施，加强人工海绵体建设。

此外，国内亦有将对低影响开发措施落地实施具有主导影响作用的要素作为评价因子进行海绵城市建设适宜性分析的案例。例如武汉市测绘研究院谢纪海、彭汉发等以地质条件为基础，进行武汉市都市发展区海绵建设适宜性分析。他们认为地形和地貌决定着雨洪水的滞留时间和入渗能力，具体表现为坡度影响降水入渗规律。当地形坡度较大、地表缺少植被覆盖时，地表径流就容易形成，下渗的雨洪水量较少。岩土体渗透性体现了雨水通过岩土体下渗的能力，即雨水的传输能力。潜水含水层是降雨入渗补给的主要储水空间，具有较强的吸水和给水能力，其储水能力由表层岩土体的整体孔隙率和厚度决定。地表水体作为降雨最直接的容纳空间对雨水也具有显著的蓄滞能力。此外，考虑地表径流污染问题，受污染的土体有可能成为地表水体和地下水体的污染源。由此，武汉市以地质条件作为海绵城市建设适宜性评价分区的目标层，从蓄水潜力、渗水潜力、净水潜力 3 个层面出发，选取第四系覆盖层厚度、地下水涌水量、距地表水系距离、地层岩性、坡度、植被覆盖情况、表层土壤污染程度作为适宜性评价因子，经 AHP 分析，确定各指标的权重值（表 3-13），形成武汉都市发展区海绵城市建设地质条件适宜性分区（图 3-12）。

表 3-13　武汉都市发展区海绵城市建设评价指标层级结构及权重值

目标层	一级指标	二级指标	权重值
地质条件	蓄水潜力	第四系覆盖层厚度	0.041
		地下水涌水量	0.076
		距地表水系距离	0.216
	渗水潜力	地层岩性	0.456
		坡度	0.114
	净水潜力	植被覆盖情况	0.065
		表层土壤污染程度	0.032

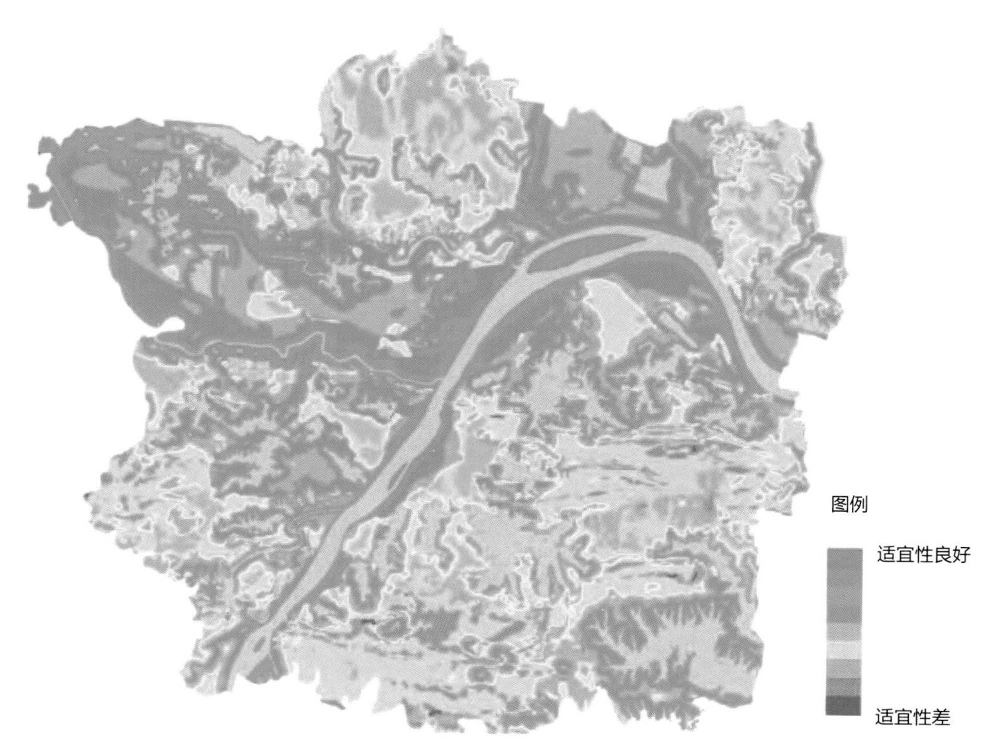

图 3-12　武汉都市发展区海绵城市建设地质条件适宜性分区示意

同样，从地质条件对低影响开发措施实施的影响出发，针对陕北丘陵沟壑区独特的地形地貌、土壤和植物特点，杨建辉、岳邦瑞等在进行该地雨洪管控的地域适宜性研究中，将场地适宜性评价分为雨水目标适宜性评价和场地措施适宜性评价两个方面。前者以避免不适宜当地自重湿陷性黄土的建设为目的，后者聚焦“地域性”的表达，以判断某项措施是否具有地域性或进行地域性改造的可能为目标。该地措施适宜性评价见表 3-14，目标适宜性评价见表 3-15。

规划设计师可根据项目所在地的特点和上级管理部门、海绵城市建设执行部门的要求，选择利于当地海绵城市建设工作开展、执行的用地适宜性评价因子和方法，并以此为基础，在海绵城市生态空间格局的框架下，综合考虑目标导向因素（新建 / 更新地区、重点地区等）、问题导向因素（内涝积水点严重地区、水体水质恶化区域、地下水漏斗区等）和低影响开发措施的适用性，提出城市中不同海绵分区的建设指引。

表 3-14　陕北丘陵沟壑区雨洪控制地域适宜性评价——措施适宜性评价

备选措施		场地坡度						土壤特性 / 类型				
		平坦开阔	平坦狭小	缓坡长坡	缓坡短坡	陡坡长坡	陡坡短坡	非自重湿陷性黄土	自重湿陷性黄土	膨胀土	高含盐土	轻 水
渗	透水铺装	1	1	1	1	3	3	2	3	3	3	1
	下凹绿地	1	2	3	3	3	3	2	3	2	2	1
	渗透塘 / 池	1	3	3	3	3	3	2	3	3	3	1
	渗井	1	1	1	1	3	3	2	3	3	3	—
	渗管 / 渠	1	1	1	1	3	3	2	3	3	3	1
滞	绿色屋顶	1	1	1	1	2	2	—	—	—	—	—
	生物滞留设施	1	1	1	1	3	3	1	2	3	3	1
	调节塘 / 池	1	1	2	3	3	3	2	3	3	3	1
	淤地坝	3	3	1	2	2	3	2	3	3	3	1
	谷坊	3	3	1	1	1	1	2	3	3	3	1
蓄	雨水湿地	1	1	1	2	3	3	1	2	2	2	1
	鱼鳞坑	3	3	1	1	1	1	2	3	3	3	1
	涝池	1	3	2	3	3	3	2	3	3	3	1
	水窖	1	3	3	3	3	3	2	3	3	3	1
	坡式梯田	3	3	1	2	2	3	1	2	3	3	1
净	植被缓冲带	3	3	1	1	1	1	1	2	1	1	1
	湿式植草沟	1	1	1	1	3	3	1	2	2	2	1
	过滤 / 沉淀池	1	1	1	1	3	3	1	1	1	1	1
用	干式植草沟	1	1	1	1	3	3	2	3	3	3	1
	垄作区田	1	3	2	3	3	3	1	2	3	3	1
	景观水塘	1	3	2	3	3	3	2	2	2	2	1
排	水平沟	1	1	1	1	1	1	1	1	1	1	1
	排水沟 / 渠	1	1	1	1	1	1	1	1	1	1	1
	传输型植草沟	1	1	1	1	3	3	2	3	3	3	1

注：（1）1 为适宜；2 为一般；3 为不适宜；—为无关联，不做评价。

（2）场地坡度因子根据《陕西省地图集 · 坡度》中的 6 个坡度分级简化而来，坡度＜ 8° 的为平坦，坡度为 8° ~25° 的为缓坡，坡度≥ 25° 的为陡坡。

（3）限于篇幅，表中仅列举了最常用的部分措施，根据项目的实际情况可增减措施；地域性的措施，如淤地坝、

壤侵蚀度		生境恢复			经济成本			景观视效			地域性		
烈水蚀	剧烈水蚀	要求高	要求低	无要求	低成本	中等成本	高成本	要求高	要求一般	要求低	要求高	要求一般	无要求
2	3	1	1	1	1	1	1	1	1	1	2	1	1
2	3	1	1	1	1	1	1	1	1	1	1	1	1
2	3	1	1	1	1	1	1	1	1	1	3	2	1
—	—	1	1	1	3	2	1	2	2	1	3	2	1
2	3	1	1	1	3	2	1	2	1	1	1	1	1
—	—	—	—	—	2	1	1	1	1	1	1	1	1
1	1	1	1	1	3	2	1	1	1	1	1	1	1
1	1	1	1	1	3	2	1	2	1	1	2	1	1
1	1	1	1	1	1	1	1	2	1	1	1	1	1
1	1	1	1	1	1	1	1	1	1	1	1	1	1
1	1	1	1	1	1	1	1	1	1	1	1	1	1
2	3	2	1	1	1	1	1	3	2	1	1	1	1
1	1	1	1	1	1	1	1	2	1	1	1	1	1
1	1	1	1	1	2	1	1	2	1	1	1	1	1
1	1	1	1	1	1	1	1	1	1	1	1	1	1
1	1	1	1	1	1	1	1	1	1	1	1	1	1
1	2	1	1	1	1	1	1	1	1	1	1	1	1
1	1	—	—	—	3	2	1	2	1	1	1	1	1
1	2	1	1	1	1	1	1	1	1	1	1	1	1
1	1	1	1	1	1	1	1	1	1	1	1	1	1
1	1	1	1	1	1	2	1	1	1	1	1	1	1
1	1	1	1	1	1	1	1	2	1	1	1	1	1
1	1	2	1	1	2	1	1	2	1	1	1	1	1
1	2	1	1	1	1	1	1	1	1	1	1	1	1

谷坊等不仅具有“渗、滞、蓄、净、用、排”等雨水管理功能，还有水土保持、提高场地安全性等多种功能，但表中仅强调其雨水管理功能并进行罗列。

（4）大部分措施都具有多重雨水管理功能，为了不重复罗列，仅依据其主要雨水管理功能进行划分。

表 3-15　陕北丘陵沟壑区雨洪控制地域适宜性评价——目标适宜性评价

多维目标		评价因子																
		场地坡度						土壤特性 / 类型				土壤侵蚀度			植被覆盖度			
		平坦开阔	平坦狭小	缓坡长坡	缓坡短坡	陡坡长坡	陡坡短坡	非自重湿陷性黄土	自重湿陷性黄土	膨胀土	高含盐土	轻度水蚀	强烈水蚀	剧烈水蚀	高(≥80%)	中(≥50%，<80%)	低(≥20%，<50%)	裸露
场地雨水目标	渗	1	1	1	1	3	3	2	3	3	3	1	2	3	1	1	1	1
	滞	1	1	1	1	2	3	2	2	2	2	1	1	1	1	1	1	1
	蓄	1	1	1	1	3	3	2	2	2	2	1	2	2	1	1	1	1
	净	1	2	1	2	2	2	2	2	2	2	1	2	3	1	1	1	1
	用	1	1	1	1	1	1	1	1	1	1	1	1	1	1	1	1	1
	排	2	1	1	1	1	1	1	1	1	1	1	1	1	1	1	1	1
水土保持		2	2	1	1	1	1	1	1	2	2	1	1	1	3	2	1	1
场地安全		1	1	1	1	1	1	1	1	1	1	1	1	1	3	2	1	1
场地生境		3	3	3	2	2	1	2	2	2	1	2	1	1	3	2	1	1

注：1 为适宜；2 为一般；3 为不适宜。土壤特性 / 类型因子根据《湿陷性黄土地区建筑标准》（GB 50025—2018）及《建筑与小区雨水控制及利用工程技术规范》（GB 50400—2016）中的相关条文要求提取而来。土壤侵蚀度因子根据《陕西省地图集 · 土壤侵蚀》中的 6 个水蚀分级简化而来，省略了微度、中度及极强烈 3 个级别。坡度同表 3-14 的注释。

3.6　第六步：落实海绵建设管控要求

3.6.1　确定目标

如《海绵城市建设技术指南》所述，构建低影响开发雨水系统的规划控制目标一般包括年径流总量控制、径流峰值控制、径流污染控制、雨水资源化利用等。但鉴于径流污染控制目标、雨水资源化利用目标大多可通过径流总量控制实现，故各地低影响开发雨水系统的构建可选择年径流总量控制作为首要的规划控制目标。由此，年径流总量控制率也成为全国各地海绵城市建设的核心量化考核指标。年径流总量控制目标的制定在理想状态下应以项目地开发建设后径流排放量接近开发建设前自然地貌时的径流排放量为标准。自然地貌按照绿地考虑，由于一般情况下绿地的年径流总量外排率为 15% ～ 20%（相当于年雨量径流系数为 0.15 ～ 0.20），因此，借鉴发达国家的实践经验，年径流总量控制率最佳为 80% ～ 85%。

我国幅员辽阔，各地的气候条件、地质状况等天然环境和经济发展水平均存在较大差异，因此年径流总量控制目标在各地也不尽相同。在雨水资源化利用需求较大的西部干旱半干旱地区以及有特殊排水防涝要求的区域，可根据经济发展条件适当提高径流总量控制目标；而对于广西、广东及海南的部分沿海地区，由于极端暴雨较多，常导致设计降雨量统计值偏差较大，造成投资效益及低影响开发设施利用效率不高、投资建设成本较大，故可适当降低径流总量控制目标。因此，《海绵城市建设技术指南》将我国内陆地区分为 5 个区，并给出了各区年径流总量控制率 α 的建议值范围，即Ⅰ区（$85\% \leqslant \alpha \leqslant 90\%$）、Ⅱ区（$80\% \leqslant \alpha \leqslant 85\%$）、Ⅲ区（$75\% \leqslant \alpha \leqslant 85\%$）、Ⅳ区（$70\% \leqslant \alpha \leqslant 85\%$）、Ⅴ区（$60\% \leqslant \alpha \leqslant 85\%$）。各地应参照其地理位置对应的指标区间，综合考虑当地水的资源禀赋情况、降雨规律、开发强度、低影响开发设施的利用效率、城市亟待通过海绵城市建设解决的问题以及城市经济承受能力和建设特色、发展规划等因素，合理制定本地区的径流总量控制目标。

Ⅰ区～Ⅴ区中，同一地理分区的年径流总量控制率取值区间较大，如Ⅴ区，其取值区间上下限额之差已达到 25%。因此在地理位置对应的年径流总量控制率取值范围内，如何衡量、确定适合于本地区、城市的年径流总量控制率是海绵城市建设目标确定的难点。如同位于Ⅲ区的北京、天津、廊坊、保定等，由于它们在城市人口数量、中心城区建设密度、发展建设水平等方面均存在明显差异，故其海绵城市建设目标的取值必然不同。从维持区域水环境良性循环及经济合理性角度出发，径流总量控制目标的制定并不是越高越好。一方面，不当地过量收集雨水径流会导致地下水位降低、原有地表水体萎缩，甚至会加重水系统的恶性循环。另一方面，与城市发展建设情况不符的过高指标，由于有限的可利用空间难以管控过多的径流总量，将不可避免地产生建设规模大、投资浪费的问题。换而言之，当过高的管控目标远远超过城市潜在的绿色基础设施雨洪管理能力的范围时，过大规模的灰色基础设施和投资浪费将不可避免。相反，过低的径流总量控制目标又难以有效缓解当地城市水生态、水环境、水安全等方面的问题，无法产生预期的生态环境效益。因此，笔者提出基于城市绿色基础设施雨洪管理能力评估的城市年径流总量控制目标值的确定方法，以期对现有方法予以补充和改进。本书将在 4.2 和 4.3 节中对该方法展开论述。

3.6.2 年径流总量控制率与设计降雨量的对应关系

各地、各城市年径流总量控制目标需被转换为相应的设计降雨量以进行海绵措施能力、规模的核算。考虑我国不同地区、城市的降雨分布特征，各地、各城市海绵城市建设年径流总量控制目标对应的设计降雨量值需要单独推算。

年径流总量控制率与设计降雨量对应关系的建立方法可具体表述为：选取研究对象至少近 30 年（反映长期的降雨规律和近年气候的变化）日降雨（不包括降雪）资料，扣除不大于 2 mm 降雨事件的降雨量（一般不产生径流），将日降雨量由小到大进行排序，依次记为 P_1，P_2，…，P_n，统计小于某一降雨量的降雨总量在总降雨量（小于该降雨量的按实际降雨量计算出降雨总量，大于该降雨量的按该降雨量计算出降雨总量，两者累计总和）中的比率，即可计算每个日降雨量数据对应的年径流总量控制率，计算如式（3-1）所示。此比率（年径流总量控制率）对应的降雨量（日值）即为设计降雨量 H。

$$R_i = \frac{\sum_{k=1}^{i} P_k + (n-k)P_i}{\sum_{j=1}^{n} P_j} \tag{3-1}$$

式中：R_i——降雨量 P_i 值对应的年径流总量控制率；

n——降雨总场次；

P——降雨量；

i——P_i 降雨量值在降雨总场次中的排序。

《海绵城市建设技术指南》依据 1983—2012 年的降雨资料计算出了我国部分城市年径流总量控制率对应的设计降雨量值（表 3-16）。其他城市年径流总量控制目标对应的设计降雨量值可根据上述方法和计算公式获得。对于部分地区或城市缺少长期降雨数据统计资料的情况，可根据当地长期降雨规律和近年气候的变化，参照与其长期降雨规律相近的城市确定设计降雨量值。

根据表 3-16，以北京市为例，80% 和 85% 年径流总量控制率对应的设计降雨量值为 27.3 mm 和 33.6 mm，分别对应该市 0.5 年一遇和 1 年一遇 1 小时的降雨量。这也从一个侧面说明，以年径流总量控制率为核心目标的海绵城市专项规划以通过低影响开发雨水系统管控频率较高的中、小降雨事件为主要任务和内容。

表 3-16　我国部分城市不同年径流总量控制率对应的设计降雨量值一览表

城市	不同年径流总量控制率对应的设计降雨量 /mm				
	60%	70%	75%	80%	85%
酒泉	4.1	5.4	6.3	7.4	8.9
拉萨	6.2	8.1	9.2	10.6	12.3
西宁	6.1	8.0	9.2	10.7	12.7
乌鲁木齐	5.8	7.8	9.1	10.8	13.0
银川	7.5	10.3	12.1	14.4	17.7
呼和浩特	9.5	13.0	15.2	18.2	22.0
哈尔滨	9.1	12.7	15.1	18.2	22.2
太原	9.7	13.5	16.1	19.4	23.6
长春	10.6	14.9	17.8	21.4	26.6
昆明	11.5	15.7	18.5	22.0	26.8
汉中	11.7	16.0	18.8	22.3	27.0
石家庄	12.3	17.1	20.3	24.1	28.9
沈阳	12.8	17.5	20.8	25.0	30.3
杭州	13.1	17.8	21.0	24.9	30.3
合肥	13.1	18.0	21.3	25.6	21.3
长沙	13.7	18.5	21.8	26.0	31.6
重庆	12.2	17.4	20.9	25.5	31.9
贵阳	13.2	18.4	21.9	26.3	32.0
上海	13.4	18.7	22.2	26.7	33.0

续表

城市	不同年径流总量控制率对应的设计降雨量 /mm				
	60%	70%	75%	80%	85%
北京	14.0	19.4	22.8	27.3	33.6
郑州	14.0	19.5	23.1	27.8	34.3
福州	14.8	20.4	24.1	28.9	35.7
南京	14.7	20.5	24.6	29.7	36.6
宜宾	12.9	19.0	23.4	29.1	36.7
天津	14.9	20.9	25.0	30.4	37.8
南昌	16.7	22.8	26.8	32.0	38.9
南宁	17.0	23.5	27.9	33.4	40.4
济南	16.7	23.2	27.7	33.5	41.3
武汉	17.6	24.5	29.2	35.2	43.3
广州	18.4	25.2	29.7	35.5	43.4
海口	23.5	33.1	40.0	49.5	63.4

3.6.3 年径流总量控制率目标分解的方法与思路

海绵城市专项规划的落地实施需要依靠城市年径流总量控制总体目标在各个管控单元的贯彻执行。换言之，在明确海绵城市总体建设目标的基础上，需要将该宏观目标分解到不同等级的管控单元中，通过每个管控单元目标的实现，化整为零地完成城市总体年径流总量控制率的要求。

各管控单元在建设阶段、建设水平和用地现状方面的差异使得它们所能承担的径流管控目标有所不同。由于管控单元径流就地管控的能力与其下垫面组成和调蓄空间直接相关，各管控单元年径流总量控制率目标的选取应受到其现状及可潜在达到的绿地率、下凹绿地率、透水铺装率、绿色屋顶率等指标的限制。因此，海绵城市年径流总量控制率目标从城市整体到管控单元的分解可表述为“本着‘能者多劳’的原则，以能够表征各管控单元就地径流管控能力的下凹绿地率、透水铺装率等用地指标为自变量，以用地指标所对应的管控单元年径流管控能力为因变量，以各管控单元径流总量控制率面积加权值与城市总体年径流总量控制率相匹配为边界条件，通过试算和加权平均，最终获得城市各个管控单元年径流总量控制率及其相应的用地指标”。该过程不仅能够实现城市总体年径流总量控制目标自上而下的多级分解，而且能够实现水文管控目标向用地指标的转化。这极大地有利于海绵城市建设措施在地块规划、转让、建设与管理中的充分执行。其中，各管控单元的下凹绿地率、透水铺装率等用地指标受其建设年代、用地性质、建设定位等要素的限制。对于超大城市、特大城市和大城市而言，管控单元可以对应于城市的排水分区，而对于中等城市和小城市而言，该指标分解需精确到控制性详细规划单元。

基于上述管控目标分解思路，《海绵城市建设技术指南》提出了通过加权平均进行试算分解的年径流总量控制率分解方法，其流程示意见图 3-13。

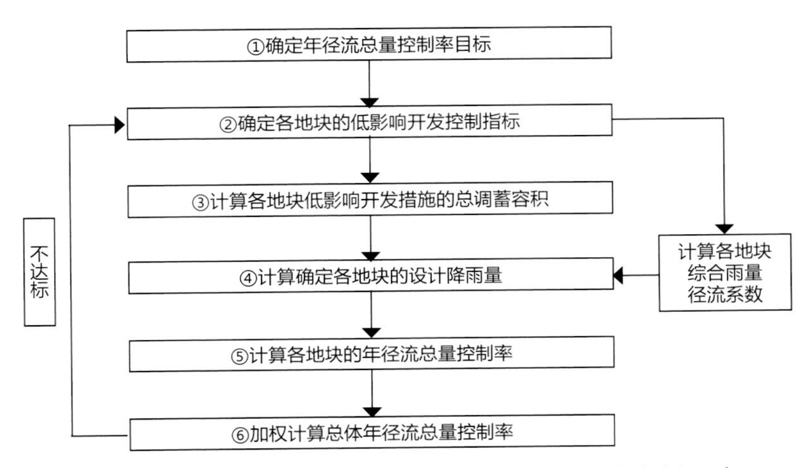

图 3-13 《海绵城市建设技术指南》中年径流总量控制率目标分解方法流程示意

（1）确定城市总体规划阶段提出的年径流总量控制率目标（详见 3.6.1 节）。

（2）根据城市控制性详细规划阶段提出的各地块绿地率、建筑密度等规划控制指标，初步提出各地块的低影响开发控制指标，可采用下凹绿地率及其下沉深度、透水铺装率、绿色屋顶率、其他调蓄容积等单项或组合控制指标。

（3）分别计算得到各地块低影响开发措施的总调蓄容积。

（4）通过加权计算得到各地块的综合雨量径流系数，并结合步骤（3）得到的总调蓄容积，用容积法确定各地块低影响开发雨水系统的设计降雨量。

（5）对照统计分析法计算出的年径流总量控制率与设计降雨量的关系，确定各地块低影响开发雨水系统的年径流总量控制率。

（6）各地块低影响开发雨水系统的年径流总量控制率经汇水面积与各地块综合雨量径流系数的乘积加权平均，得到城市规划范围内低影响开发雨水系统的年径流总量控制率。

（7）重复步骤（2）～（6），直到满足城市总体规划阶段提出的年径流总量控制率目标要求，最终得到各地块的低影响开发措施的总调蓄容积，以及对应的下凹绿地率及下凹深度、透水铺装率、绿色屋顶率、其他调蓄容积等单项或组合控制指标。特别注意，本计算过程中的调蓄容积不包括用于削减峰值流量的调节容积。

（8）对于径流总量大、红线内绿地及其他调蓄空间不足的用地，需统筹周边用地内的调蓄空间共同承担其径流总量控制目标任务（如城市绿地用于消纳周边道路和地块内径流雨水）时，可将相关用地作为一个整体，并参照以上方法计算相关用地整体的年径流总量控制率后，参与后续计算。

该方法具有兼顾当地降雨条件、水文地质情况和城市发展建设现状的特点，是当前全国各地海绵城市专项规划进行年径流总量控制率指标分解的核心。随着相关研究与应用的日趋广泛和深入，也有专家、学者对上述分解方法提出了改进方向。如有学者认为，《海绵城市建设技术指南》中年径流总量控制目标直接从城市分解到地块，两者用地规模差距过大。在实际规划设计中，总体规划设计面积往往达数百乃至上千平方千米，而控制性详细规划控制地块用地面积多为数十公顷甚至更小。这导致低影响开发控制指标和目标地块综合雨量径流系数计算存在困难，并且下垫面参数以及低影响开发措施雨水系统在详细规划和设计阶段才能明确，在城市总体规划、专项规划和控规阶段，无法对地块下垫面面积进行统计。另有学者认为，由于我国部分城市，特别是南方多雨地区海绵城市的建设目标以面源污染控制为主，故年径流总量控制率指标分解的计算过程还需进一步增加径流污染控制核算的部分。此外，由于城市的排水分区或管控单元数量累计起来往往有几十上百之多，指标分解过程中复杂、耗时的“试算”工作也给上述算法的应用带来了障碍。针对上述问题，各地的城市规划设计者、研究人员结合不同城市的特点，在《海绵城市建设技术指南》给出的算法的基础上，对年径流总量控制率指标分解中的局部环节进行了调整改进。这部分内容将在本书第 4 章中展开论述。

3.7 第七步：提出规划措施与衔接建议

海绵城市专项规划的内容既要分层级、分步骤地纳入城市总体规划、控制性详细规划的体系中，将海绵城市相关目标要求变成各层级规划的有机组成部分；而且还应与城市其他相关专项规划相衔接，将海绵城市的相关布局、指标、措施纳入城市排水防涝、绿地系统、竖向系统、河湖水系、道路交通等专项规划的编制方案中；或在对上述内容的已编制规划进行整合或修编时，增补海绵城市专项规划的内容，确保海绵城市建设的协调推进。本节以图 3-14 表达海绵城市专项规划与其他相关规划间的衔接要点和整合途径。

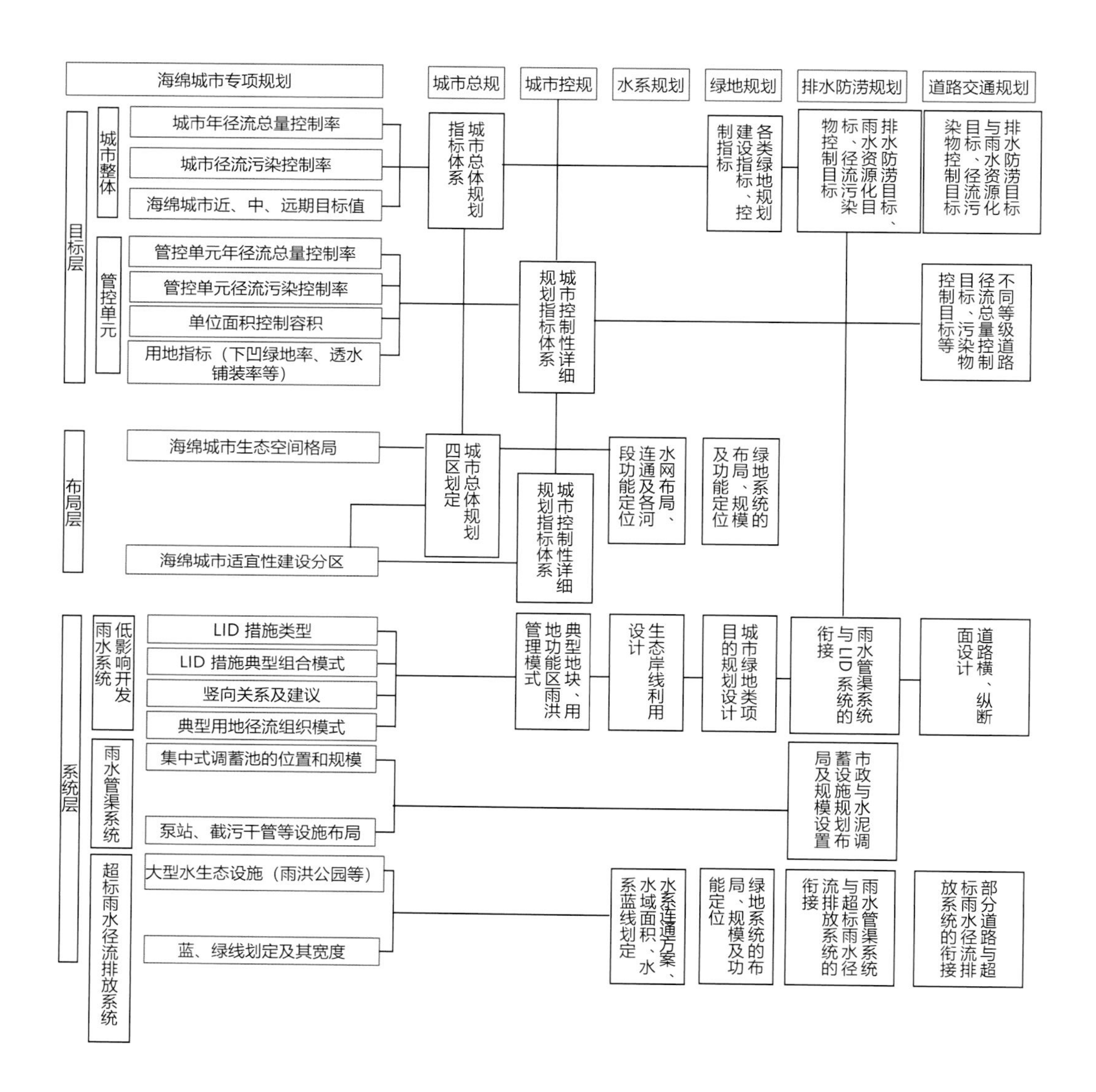

图 3–14 海绵城市专项规划与其他规划间的衔接要点和整合途径

3.8 第八步：提出规划保障与实施建议

从全国各地特别是国家海绵城市建设试点城市的做法看，海绵城市专项规划的实施保障主要来源于组织保障和法规支撑两部分。

3.8.1 组织保障

为加快海绵城市建设工作，便于城市规划、国土、水利、市政、园林等多个相关部门的组织协调，全国多地的市、区政府通过成立海绵建设及试点工作领导小组的方式，保障海绵城市专项规划的实施和执行，如苏州市、深圳市、杭州市、萍乡市、济南市等的工作领导小组，见图 3-15 和图 3-16。

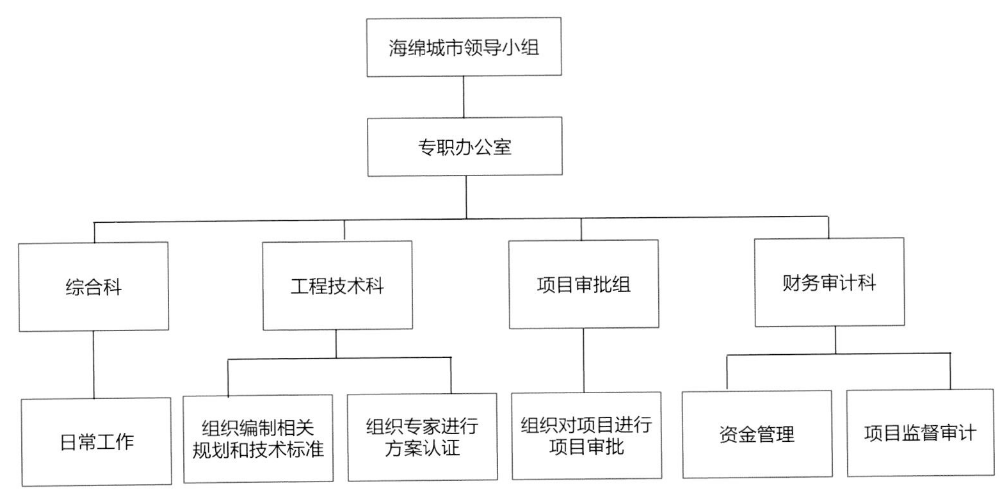

图3-15　萍乡市海绵建设及试点工作领导小组组成

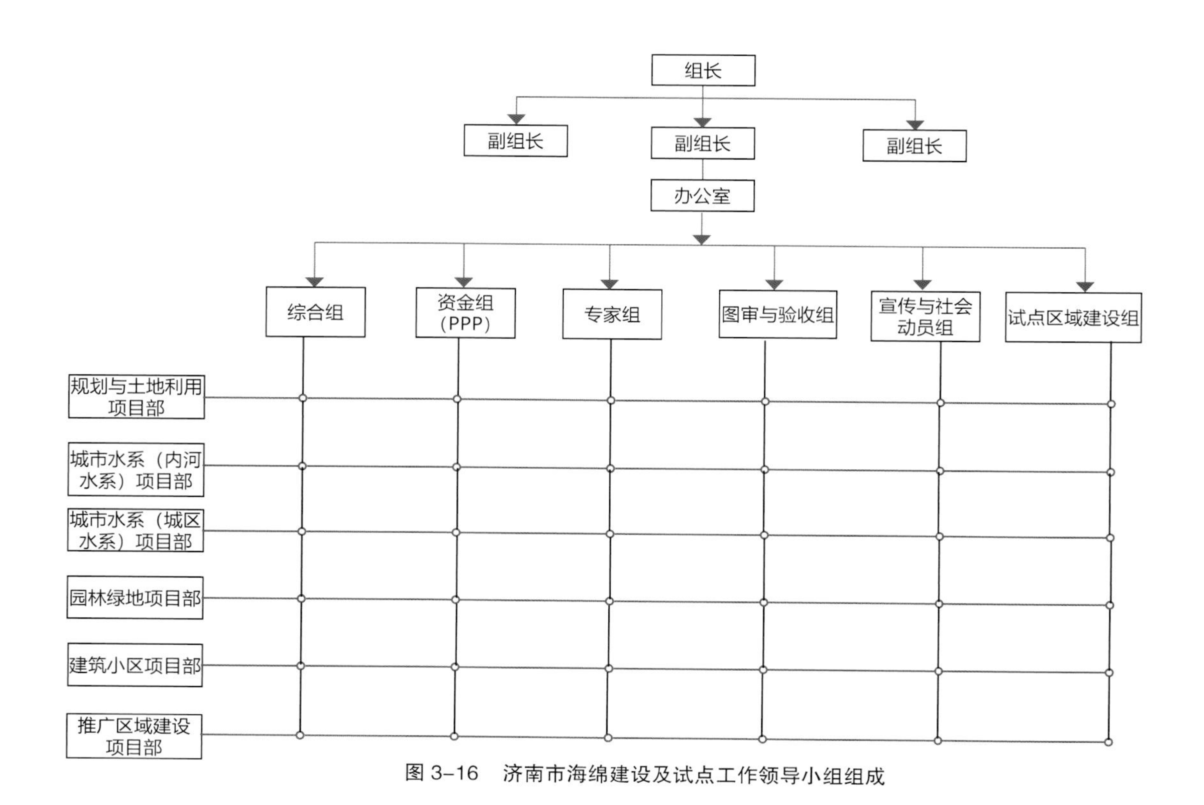

图 3–16　济南市海绵建设及试点工作领导小组组成

相应的组织建设一般是在领导小组下成立办公室。办公室作为专职机构负责组织编制海绵城市建设相关的规划和标准政策研究；制订项目建设计划；组织建设项目技术审查和审批；进行建设项目管理；进行海绵城市建设资金管理、对项目进行督查审计以及宣传海绵城市建设理念。领导小组办公室通过下设专职部门执行上述工作。以苏州市海绵城市领导小组的组建为例，该领导小组办公室下设申报规划组、综合协调组、资金保障组、建设推进组和宣传报道组。

● 申报规划组：市规划局牵头负责国家海绵城市试点申报材料的准备工作，开展国家海绵城市建设试点实施方案的编制，市发改、财政、水务、住建、环保、园林和绿化、市容市政、国土等部门积极配合，按照申报要求，负责组织编制海绵城市总体规划、相关区域控规及其他相关规划。

● 综合协调组：由市水利局（水务局）牵头，负责建立全市河湖水系保护与管理机制；协调有关部门将海绵城市的要求落实到城市各项建设管控环节中，建立低影响开发和雨水调蓄利用的建设管理制度；建立防洪排涝应急管理机制、体系和预案；组织其他相关部门建立绩效考核与奖励机制；组织相关单位研究制定海绵城市工程技术、设计施工相关标准、技术规范等；综合协调海绵城市建设各项工作，并就海绵城市建设进度及重要问题与上级沟通协调。

● 资金保障组：市财政局牵头负责海绵城市财政专项资金的管理、监督；研究制定海绵城市建设财政鼓励性与支持性政策；探索融资模式创新，积极推动政府和社会资金有效合作，并制定相应的配套政策、措施；指导、协助项目单位做好建设资金筹措、管理等工作。

● 建设推进组：市住建部门牵头，示范区所在区政府配合，负责组织开展海绵城市示范区试点项目的建设工作；协助指导其他各区政府、项目单位做好相关建设工作；贯彻落实海绵城市工程技术、设计施工相关标准、技术规范等。

● 宣传报道组：市委宣传部牵头负责海绵城市申报及建设的宣传报道工作。

3.8.2　法规支撑

海绵城市专项规划实施和保障的法规支撑应面向海绵城市建设程序包含的规划、设计、建设、验收、管理以及奖励惩罚等全过程，其核心要点包括如下 4 个方面。

1. 纳入现有城市规划编制体系

编制或修编城市总体规划、控制性详细规划时，应将年径流总量控制率、径流污染物控制率等海绵城市的核心建设目标纳入总体规划和控制性详细规划中。海绵城市专项规划中明确需要保护的生态空间格局应作为城市总体规划空间开发管制的要素之一。控制性详细规划中地块指标的动态调整机制应建立在海绵城市专项规划确定的管控分区边界、指标不调整的基础上。

此外，在新编的水系规划、绿地规划及排水防涝、道路交通等专项规划中也应优先将海绵城市专项规划中的指标、系统、措施纳入编制方案。在对已编制的各专项规划进行整合或修编时，须增加海绵城市的内容。

2. 融入现有管理体系

海绵城市专项规划中的雨水年径流总量控制率等指标应被嵌入法定图则等关键管理层次中，海绵城市建设要求应被依法纳入土地出让和“一书两证”的审查审批过程中，具体如下。

（1）建设项目规划设计条件应明确海绵城市的建设控制要求。国土部门在制定地块出让用地条件时，应在土地出让公告或合同中增加海绵城市建设的规划设计条件及控制要求。

（2）在“一书两证”发放中落实海绵城市的建设要求。在城市规划行政主管部门核准发放的建设项目选址意见书、建设用地规划许可证和建设工程规划许可证中应加入年径流总量控制率等指标及管控要求。

在办理建设工程规划许可证阶段，应核算海绵措施及其组合系统设计内容是否满足年径流总量控制率等指标要求。对于不满足强制性指标要求的，不予发放建设工程规划许可证。

3. 细化规划审查方法

进行方案设计技术审查时，应增加海绵城市相关内容的技术审查。海绵城市建设相关内容的审查应由城乡规划主管部门牵头，并由建设、市政、园林、水务、环保、交通等相关部门配合完成。规划审查方法要定量化和模型化，推荐通过建立准确的、易操作的计算机模型对年径流总量控制率等指标进行核算，审查指标测算结果是否达到规划设计条件中给定的目标要求。

4. 强化施工及验收管理要求

在施工图审查中，应将海绵城市建设要求作为重要的审查内容。委托第三方完成施工图审查的，应明确要求第三方审查专家中有涉及海绵城市建设的相关专家；规划、建设、市政、园林、水务、环保、交通等相关部门应参与审查工作。施工图审查合格和招投标工作按要求完成后方可按规定核发施工许可证。

施工许可发证机关应当建立施工许可证颁发后的监督检查制度，对取得施工许可证后未按海绵城市的建设要求进行精细化施工的，应及时予以纠正。参与的相关责任主体应按规定履行各自的职责，全过程监督施工过程，确保工程施工完全按照设计图纸实施。

海绵城市建设各项隐蔽工程施工前，相关责任主体必须组织验收检查，并针对工程具体施工情况组织阶段性验收，形成书面验收意见。工程完工后，由建设单位组织各方责任主体进行竣工验收，对工程实体质量和施工技术资料进行检查验收。验收合格后在竣工验收报告中指明海绵工程的相关情况。工程运行后，可进行实施效果验收，选择典型的降雨场次对海绵设施的降雨径流传输过程进行监测；结合实测的降雨数据，构建雨水系统模型，对设施运行的年径流总量控制率等指标进行校核。

海绵城市规划建设具有阶段性，工程规划建设的不同阶段（规划设计阶段、施工阶段、竣工运行阶段）可采用不同的验收方案。在规划设计阶段，考虑项目没有实施，主要采用模型方法复核；在施工阶段，主要采用抽查等方式复查，并以模型进行辅助优化；在竣工验收阶段，可以分两次验收，一次为竣工后随主体工程的验收，主要验收设施质量，然后在竣工后一个雨季通过监测进行验收，并以计算模型复核，以确定项目是否满足管控目标的要求。

参考资料

某海绵城市规划建设管理暂行办法（节选）

第一章　总则

● 明确海绵城市规划建设背景

第一条　制定的背景。

第二条　海绵城市的定义。

● 明确海绵城市规划建设范围

第三条　某市行政范围内的总体规划、详细规划、专项规划的编制，以及新建、改建、扩建工程项目的详细规划、立项、土地出让、建设用地规划许可、设计招标、方案设计及审查、建设工程规划许可、工程设计及审查、竣工验收等环节，适用本办法。海绵城市试点建设期间，海绵城市示范区范围内强制执行此办法，示范区以外可暂时参照执行。

● 明确海绵城市规划建设原则

第四条　遵循“规划引领、生态优先、安全为重、因地制宜、统筹建设”的基本原则，通过“渗、滞、蓄、净、用、排”等工程措施，对城市原有生态系统进行保护、生态恢复和修复，并在建设过程中进行拟生态开发。

● 明确海绵城市规划建设主要分工

第五条　市规划、市政园林、国土资源、城管、水务、发改等相关部门在各自职权范围内加强海绵城市建设项目的审查审批。

——市规划行政主管部门负责海绵城市总体规划和相关规划的编制、审查和监督管理工作。

——市建设行政主管部门（市市政园林局）负责海绵城市相关建设的监督管理工作。

——市国土资源行政主管部门负责项目土地供给相关工作，在土地出让、划拨中落实海绵城市建设的相关要求。

——市城市管理行政主管部门（市市政园林局）负责市政雨水管网、道路透水铺装、道路雨水滞流设施、植草沟等设施的运行维护，制定低影响开发设施运行维护技术指南。

——其他部门及各区（开发区）依据本办法有关规定，在各自的职责范围内负责海绵城市管理的相关工作。

第六条　市规划局、市市政园林局等单位应根据各自的职责范围组织编制本市地方的海绵城市规划设计导则、海绵城市设施建设图集等技术文件，作为日常管理的依据，做好技术文件的解释和宣传工作，并根据本市发展情况对技术文件及时地进行动态维护和更新。

第二章　规划编制与管理

● 明确海绵城市专项规划与相关规划的关系，特别是该规划在法定规划中的落实

第七条　海绵城市建设作为城市生态文明建设的重要内容，贯穿于城市规划建设的全过程，应结合本市的特点编制海绵城市建设总体规划及专项规划，并与城市总体规划和相关专项规划

编制全过程紧密结合。在规划内容方面，将海绵城市建设要求融入生态保护、四区划定、水资源、水系湖泊布局、绿地系统、功能分区、环境保护、市政和交通基础设施等内容中系统考虑。

第八条 各区域总体规划和分区规划编制中须编制海绵城市专题报告，明确海绵城市的总体要求和建设控制指标，并在规划文本、说明中加以落实。

第九条 控制性详细规划过程须编制海绵城市专项报告，并在控规中加以落实，分解细化城市总体规划和海绵城市建设总体规划中关于海绵城市建设的各项要求，因地制宜地落实涉及雨水“渗、蓄、滞、净、用、排”等用途的低影响开发设施用地，结合建筑密度和绿地率等约束性指标，提出各个地块单位面积的控制容积、下沉式绿地率及下沉要求、透水铺装率、绿色屋顶率等指标，并将其纳入控制性详细规划的控制指标中。

● 明确行政许可中需要纳入的海绵城市专项规划内容

第十条 规划行政管理部门在出具地块总平面图的规划设计条件，或在新建、改建项目的总平面方案审查中，应重点审查项目用地中的雨水调蓄利用设施、绿色屋顶、下沉式绿地、透水铺装、植草沟、雨水湿地、初期雨水弃流设施等低影响开发设施及其组合系统设计内容与控规或者海绵城市建设相关专项规划、规定中的相关指标的相符性。

第三章 项目立项

● 明确项目立项阶段需要纳入的海绵建设内容和动态调整机制

第十一条 项目建议书除应当对项目建设的必要性、拟建地点、拟建规模、投资估算、资金筹措以及效益进行分析外，还应按照住建部《海绵城市建设技术指南——低影响开发雨水系统构建（试行）》的要求，将相关的工程内容形成专门章节进行阐述和分析，并附相关文件资料。

第十二条 项目可行性研究报告应对项目的海绵城市建设目标、技术措施、风险分析等方面进行分析论证，应明确海绵城市建设工程的建设目标、技术设施类型、规模、技术参数及相应的投资金额等设计方案。

第十三条 在项目立项阶段，如果由于项目自身需求，需要对控制性详细规划或者海绵城市专项规划中确定的海绵城市建设指标进行优化调整，应编制海绵城市建设影响评估报告，从大系统角度出发论证指标的调整和转移情况，报规划主管部门审批通过后，在相关行政许可中加以落实，保证海绵城市整体建设目标的实现。

第四章 土地出让、开发与利用

● 明确出让土地的海绵建设开发控制指标和规划目标

第十四条 在建设用地供地前，规划行政主管部门应根据控制性详细规划或海绵城市专项规划中的要求，明确海绵城市建设开发控制指标，并作为建设用地开发建设的规划条件和供地条件；在建设用地规划许可证中列入海绵城市规划目标。土地使用权人在开发和利用土地的活动中，不得变更出让合同或划拨决定书中的各项规划要求。

第十五条 对城市道路、绿地广场、水系等基础设施进行用地选址时，应当集约用地、兼顾其他用地、综合协调设施布局，优先考虑使用原有绿地、河湖水系、自然坑塘、废弃土地等用地。

第十六条 与海绵城市有关的绿地与广场、公园、水系等用地，未经批准，不得改变用途。

第五章　建设管理

● 明确海绵城市建设原则

第十七条 海绵城市设施应与主体工程同时规划设计、同时施工、同时竣工、运营使用。

第十八条 海绵城市设施应按照先地下后地上的顺序进行建设，科学合理地统筹施工，相关分项工程的施工应符合设计文件及相关规范的规定。

● 明确海绵城市低影响开发设施的设计审查要求

第十九条 设计单位和审查机构应严格按照国家、地方的相关规范及海绵城市规划建设设计导则进行海绵城市低影响开发设施的设计和审查。施工图设计文件中应包含雨水控制与利用工程说明、竖向设计及雨水控制与利用设施、措施等具体设计内容。施工图设计文件经审查合格后应报市建设行政主管部门备案。对于不符合要求的，不得出具施工图审查合格书，暂不发放施工许可证。

第二十条 施工图设计文件中涉及海绵城市相关内容的部分确需变更设计，按规定程序重新进行施工图审查时，应同时审查海绵城市相关内容，设计变更不得降低原来确定的海绵城市建设目标。

● 明确各类典型用地的海绵城市建设原则

明确绿地建设原则：本土、生态化、与景观结合。

明确道路建设原则：生态排水、透水铺装、行泄通道要求。

明确水体建设原则：自然、生态驳岸。

明确新开发区域建设要求：低影响开发系统、城市雨水灌渠系统及超标雨水径流排放系统匹配耦合。

第二十一条 新区开发应建设雨污分流排水管网，旧城区改造、小区连片开发等建设项目的雨污分流管网系统要与主体项目同步设计、同步施工、同步验收。

● 明确海绵措施的监测要求

第二十二条 市 ×× 局应建立海绵城市一体化管控平台，统一进行海绵城市相关数据特别是水量、水质的数据管理和效能考核。全部建设项目应配套建设外排雨水流量或液位监测设施，并与市海绵城市一体化管控平台进行在线数据传输和管理，对于没有进行雨水流量或液位监测的单位，不予办理排水许可手续。

第六章　施工验收与移交

第二十三条 海绵城市海绵设施的竣工验收应按照相关施工验收规范和评价标准执行，由建设单位组织设计、施工、工程监理及规划、市政园林、水利等单位（部门）验收，对设施规模、竖向、进水口、溢流排水口、初期雨水收集设施、绿化种植等关键环节进行专项验收，并出具核验报告。对于未按审查通过的施工图设计文件施工的，竣工验收应当定为不合格，验收合格后方可交付使用。

第二十四条 海绵城市设施竣工验收后应随主体工程移交。

第七章　运营管理

● 确定海绵城市设施维护的购买服务原则

第二十五条　各低影响开发设施维护管理部门应制定市场化、长效化的管理办法，尽量采用PPP等模式向社会购买服务。

第二十六条　城市道路、立交、公园绿地、广场等公共项目的海绵城市设施由市政、园林等相关部门按照职责分工负责维护监管，鼓励通过采用PPP等模式向社会购买服务的方式进行运营管理。公共建筑与住宅小区等其他类型项目的海绵城市设施由该设施的所有者或其委托方负责维护管理。

● 明确海绵城市设施的维护责任

第二十七条　海绵城市设施维护管理部门（单位）应按相关规定建立健全低影响开发设施的维护管理制度和操作规程，利用先进的技术监测手段，配备专业人员管理。具体制度和规程应报市市政林业局备案，市市政林业局应定期组织检查。

● 明确海绵城市设施长期监测评估的考核要求

第二十八条　海绵城市设施的维护管理部门（单位）应对设施进行监测评估，确保设施功能的正常发挥、安全运行，同时加强海绵城市设施数据库的建立与信息技术应用，通过数字化信息技术手段，进行科学规划、设计，并为低影响开发设施建设与运行提供科学支撑。

第二十九条　各级建设行政主管部门对海绵城市建设内容的市场化管理效果进行监督，制定服务标准，由第三方机构考核评价，按效付费，充分调动管养单位的积极性，提高项目运行的经济效益。

第八章　其他

第三十条　鼓励社会资金多渠道、多形式地参与海绵城市项目建设管理，鼓励各低影响开发设施的建设与维护按政府购买服务的方式引入社会资本，推行PPP 建设模式，提高运营效果和服务水平。

第三十一条　海绵城市试点建设期间，示范区内的海绵城市建设项目应被优先列入城建计划和土地利用年度计划，优先办理出让和报建等手续。

第三十二条　进行雨水收集利用设施或再生水回收利用设施建设的单位可优先增加年度用水计划指标。

第三十三条　任何单位和个人有权对海绵城市建设项目规划建设活动进行监督，发现违反本办法的行为，可向市规划、建设行政主管部门及纪检监察机关报告。规划、设计、施工、监理、施工图审查等有关单位违反本管理办法的，有关主管部门可将其违章行为作为不良记录予以公示或视其情节轻重依法追究责任。

第 4 章　海绵城市低影响开发控制指标体系的构建

低影响开发控制指标体系的构建是落实海绵城市建设管控要求的重要途径，也是海绵城市专项规划编制内容的核心和难点。该指标体系既包含水文学概念上的年径流总量控制指标，也包含为实现年径流总量控制目标海绵城市中各管控单元需要满足的用地指标，如下凹绿地率、透水铺装率等。这有助于城市总体雨洪管理目标化整为零地在城市尺度下的多级管控单元中贯彻实现，也是现代城市雨洪管理分散、源头式管控思想的体现。本章分3节对海绵城市低影响开发控制指标体系的构建进行介绍和阐释。

4.1 低影响开发控制指标体系的定义及组成

低影响开发控制指标体系由对应于不同规划层级的管控指标组成。按照《海绵城市建设技术指南》的要求，在总体规划层级中，年径流总量控制率及其对应的设计降雨量是管控指标，也是海绵城市建设的总体目标；在控制性详细规划层级中，既可采用绿地率、下凹绿地率、透水铺装率、绿色屋顶率等用地单项指标，也可采用单位面积雨水控制容积来落实以年径流总量控制率为代表的海绵城市建设总体目标。因此，年径流总量控制率及其对应的设计降雨量、用地单项指标以及单位面积雨水控制容积共同构成了低影响开发控制的指标体系。

4.1.1 年径流总量控制率

国内外雨洪管理的实践表明，维持、保护并重塑城市开发前良性的水文循环过程是综合解决城市雨洪问题、全面恢复城市水系统健康度的核心。借鉴“自然降雨一部分形成径流汇入河川，未形成径流的部分或被植物截留，或因吸热而蒸发，或通过下渗补给地下水”的自然过程，《海绵城市建设技术指南》从维持区域良性水文循环的角度，给出了年径流总量控制率的定义，为“通过自然和人工强化的渗透、储存、蒸发（腾）等方式，场地内累计全年得到控制（不外排）（包括下渗减排、集蓄或净化后再利用）的雨量占全年总降雨量的百分比”。该指南认为此径流控制目标可通过控制住 80% ～ 85% 的年降雨总量来实现，即通过降雨总量控制完成径流总量控制。

与年径流总量控制率概念相近的是美国环境保护署（USEPA）根据美国《能源独立与安全法》（*Energy Independence and Security Act,* EISA）中第 438 章为联邦政府编制的《雨水径流管控实施技术导则》（*Technical Guidance on Implementing the Stormwater Runoff Requirements*）（简称“438 技术导则”）中提到的降雨场次控制率。438 技术导则认为 95% 的降雨场次所对应的雨水总量能最好地代表自然条件下能够完全下渗的雨水量，应对这部分雨水径流进行源头或项目场地内控制，即以95%作为降雨场次控制百分点来确定径流控制指标。

王家彪、赵建世等（2017）通过对上述概念进行异同比较认为，降雨是产流的直接来源，我国《海绵城市建设技术指南》与USEPA编制的导则《雨水径流管控实施技术导则》均是以降雨控制来实现径流总量控制和LID建设目标的。但我国《海绵城市建设技术指南》强调通过降雨总量控制模式来实现场地内一定比例的累积全年雨量得到控制而不外排；而USEPA编制的导则则采用降雨场次控制模式，要求全年中一定百分比内的降雨事件得到完全控制。换言之，总量控制和场次控制的本质区别在于是统计降雨量还是统计降雨频次。《海绵城市建设技术指南》关注量的统计，关注部分控制雨量占总雨量的比例，而USEPA的导则关注频率的统计，关注多少频率的事件会被控制住。图4-1形象地说明了上述两种模式的区别。

从图4-1（a）中可以看出，降雨总量控制模式需确定特定降雨量值，小于该数的年累计雨量（柱状图中阴影面积）占总雨量（柱状图中所有条形块总面积）的比例为控制百分比。对应于3.6.2节中给出的年径流总量控制率与降雨量对应关系计算公式可知，分母$\sum_{j=1}^{n}P_j$的物理意义即为柱状图所有条形块总面积所代表的总雨量；分子$\sum_{k=1}^{i}P_k+(n-k)P_i$则是图4-1（a）中阴影面积的数字化表达。图4-1（b）中，降雨场次控制模式下需确定的降雨量值则可直接根据降雨次数（柱状图所有条形块数）乘以控制百分比的数值确定某一顺序位对应的降雨量。该图中控制线左侧部分的雨量需得到完全控制。该算法关注的是该场次降雨是否得到完全控制，因此控制线右端不能完全控制的降雨不直接参与计算。

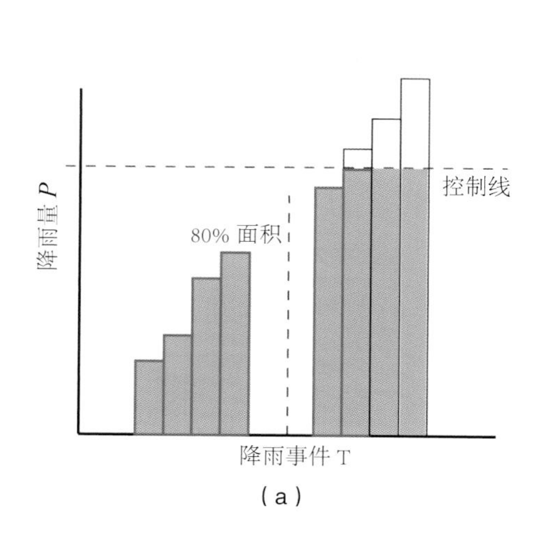

（a）

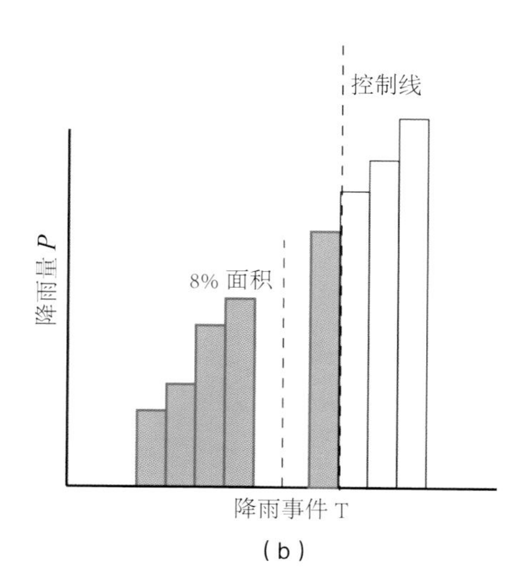

（b）

图4-1　80%控制率下降雨总量控制与降雨场次控制示意
（注：图中统计年所有逐日降雨并按雨量从小到大的顺序进行排列，以柱状体高度示意每天降雨量）
（a）降雨总量控制；（b）降雨场次控制

通过上述概念辨析，不难发现按照降雨总量控制，对于某一城市而言，其年径流总量控制率与设计降雨强度值的对应关系受该地区出现强降雨的大小和频次影响较大。极端降雨事件发生的频次越多，雨量越大，同样管控目标对应的设计降雨强度值就越大，也就是说海绵城市建设的目标就越高。因此，詹姆斯（James）等（1996）、王文亮等（2016）以及王家彪等（2017）先后提出从总量控制针对中小降雨的特点出发，在统计过程中可扣除少数极端暴雨事件。即根据研究对象的特点，在 3.6.2 节中所述的雨量大小排序过程中，扣除频率小于 0.5% 的暴雨事件。

4.1.2　单位面积雨水控制容积

根据地块所在地上位海绵规划对其年径流总量控制率及其对应设计降雨强度的目标要求，将针对该地块下垫面组成计算的地块综合径流系数代入容积法计算公式，由此获得某一径流管控目标下该地块的调蓄总容积。该调蓄总容积与地块面积的商即为该地块的单位面积雨水控制容积。在控制性详细规划阶段进行以径流总量控制为目标的低影响开发措施设计时，一般情况下应满足“单位面积雨水控制容积”这一指标要求。单位面积雨水控制容积计算公式如下：

$$V=\frac{10H\varphi F}{F}=10H\varphi \tag{4-1}$$

式中：V——单位面积雨水控制容积，m^3；

H——设计降雨量，mm；

F——地块总面积，m^2

φ——地块综合雨量径流系数。

其中，地块综合雨量径流系数计算公式如下：

$$\varphi=\frac{\varphi_1 f_1+\varphi_2 f_2+\cdots+\varphi_n f_n}{\sum_{i=1}^{n} f_i} \tag{4-2}$$

式中：f_i——地块中某一种下垫面类型的面积；

φ_n——地块中某一种下垫面类型对应的雨量径流系数。

城市中典型下垫面的雨量径流系数可参考表 4-1 查询获得。

表 4-1 城市中典型下垫面的雨量径流系数

汇水面种类	雨量径流系数 φ
绿化屋面（绿色屋顶，基质层厚度 ≥300 mm ）	0.30~0.40
硬屋面、未铺石子的平屋面、沥青屋面	0.80~0.90
铺石子的平屋面	0.60~0.70
混凝土或沥青路面及广场	0.80~0.90
大块石铺砌路面及广场	0.50~0.60
经沥青表面处理的碎石路面及广场	0.45~0.55
级配碎石路面及广场	0.40
干砌砖石或碎石路面及广场	0.40
非铺砌的土路面	0.30
绿地	0.15
水面	1.00
地下建筑覆土绿地（覆土厚度 ≥500 mm）	0.15
地下建筑覆土绿地（覆土厚度 <500 mm）	0.30~0.40
透水铺装地面	0.08~0.45
下沉广场（50 年及以上一遇）	—

注：以上数据参照了《室外排水设计规范》（GB 50014—2006）和《雨水控制与利用工程设计规范》（DB 11/685—2013）。

4.1.3 用地单项指标定义

下凹绿地率等于广义的下凹绿地面积与绿地总面积的比值。广义的下凹绿地泛指具有一定调蓄容积（在以径流总量控制为目标进行目标分解或设计计算时，不包括调节容积）的可用于调蓄径流雨水的绿地，包括生物滞留设施、渗透塘、湿塘、雨水湿地等。下凹深度指下凹绿地低于周边铺砌地面或道路的平均深度。下凹深度小于 100 mm 的下凹绿地面积不参与计算（受当地土壤渗透性能等条件制约，下凹深度有限的渗透设施除外）。对于湿塘、雨水湿地等设施而言，下凹深度指该设施的调蓄深度。

透水铺装率等于透水铺装面积与硬化地面总面积的比值。

绿色屋顶率等于绿色屋顶面积与建筑屋顶总面积的比值。

4.2 低影响开发控制指标体系的实施模式

海绵城市专项规划构建起的低影响开发控制指标体系应在城市土地使用、场地建造乃至设施配套等环节中具有明确、清晰的指导作用和可实施性，这也是海绵城市专项规划的核心内容。

根据《海绵城市建设技术指南》的要求，年径流总量控制率是海绵城市建设的刚性约束条件，在不同层次的规划阶段，需要将该指标落实到不同的用地尺度中。在总体规划中，首先需要根据城市的地理区位和发展建设情况确定城市总体年径流总量控制目标。在此基础上，将总体目标分解落实到下一级管控分区（该管控分区既可以是排水分区，也可以是行政分区，抑或是土壤适宜性分区等），用以指导海绵分区规划或控制性详细规划的编制。在控制性详细规划阶段，则需要将管控分区的年径流总量控制目标落实到街区、地块，供规划管理部门进行规划管控。在该阶段，还应特别注重年径流总量控制指标到单位面积雨水控制容积、下凹绿地率、透水铺装率等用地指标的转换，并将这些指标纳入地块规划设计要点和土地开发建设的规划设计条件中，以加强指标体系的指导作用。在修建性详细规划中，应根据上位规划的指标要求，结合道路、绿地、竖向等相关专业，落实具体的低影响开发措施的类型和布局。由此可见，低影响开发控制指标体系的实现是一个从宏观到微观、自顶层规划到底层设计分层级落实径流管控指标的过程。低影响开发控制指标体系的实施模式见图 4-2。

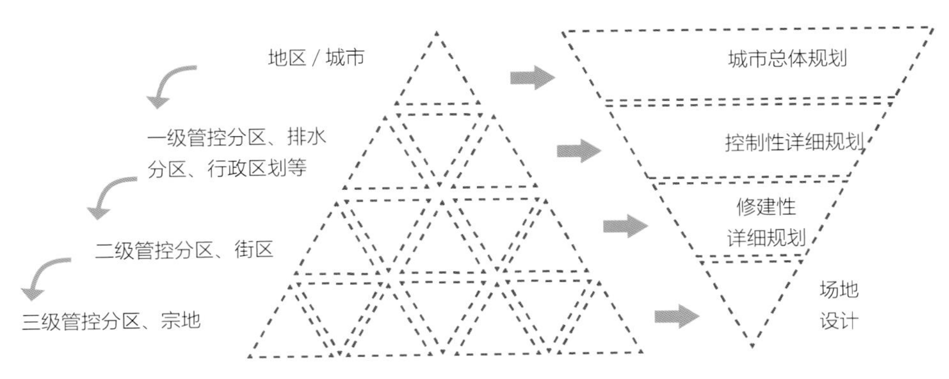

图 4-2　低影响开发控制指标体系的实施模式

从目前全国各地海绵城市专项规划的研究实践来看，受城市自然地理环境特点、用地功能分区特征以及专项规划深度差异的影响，低影响开发控制指标体系构建过程中管控分区的划分依据各有不同，不同层级间管控指标的分解计算方法也略有差异。

4.2.1 昆明市中心城区低影响开发控制指标体系

昆明市中心城区海绵城市专项规划从城市中不同区域地下水位和土壤分组情况的差异入手，引入美国农业部（USDA）提出的水文土壤分组方法，进行一级管控分区的划分，完成城市总体径流管控目标在城市建设区内的分解。

《美国农业部国家工程手册》水文部分根据土壤地质及地下水位的不同将土壤分为 4 类。A 类土壤具有较好的渗水能力，径流产流率很低；B 类土壤在饱和时渗水能力不受影响，具有较低的径流产流率；C 类土壤在饱和时具有较高的径流产流率，渗水能力受到一定限制；D 类土壤饱和时入渗能力受到较大的限制，具有很高的径流产流率。对照上述分类方法，根据中国的土壤地质空间分布数据，昆明市中心城区被划分为 3 个管控分区（图 4-3），即平坝区 B-C 类土壤（以轻黏土为主，地下水水位埋深在 1.0 m 以上）、低山丘陵区 C-D 类土壤（以重黏土为主，地下水水位埋深在 1.0 m 以上）和滨湖区 D 类土壤（地下水水位偏高，入渗条件最不利）。

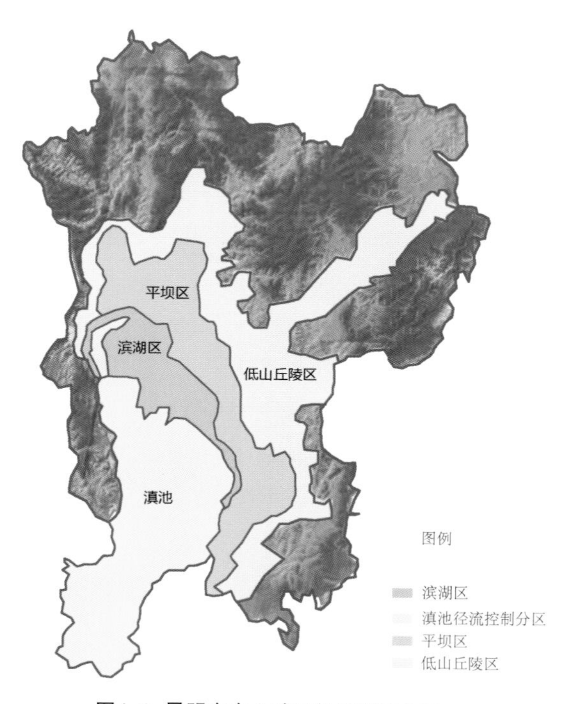

图4-3 昆明市中心城区径流管控分区

针对城市整体年径流总量控制率到 3 个一级管控分区的分解计算，该项目采取了“排序—试算—验证—调整”的计算逻辑和路线。

（1）排序。由于利于径流下渗的地质土壤条件和较少的建设用地占比易于实现较高的年径流总量控制率，因此在此案例中，

（1）排序

结合各管控分区建设用地占比分析及土壤下渗适宜性分析，确定 3 个管控分区预期的径流管控能力排序为平坝区＞低山丘陵区＞滨湖区。

（2）试算。假定具有较高径流管控能力的平坝区的管控指标预计达到 90%，能力最低的滨湖区的管控指标预计达到 80%，则以《海绵城市建设技术指南》对昆明中心城区年径流总量控制率 85% 的最高要求为目标，经面积加权计算可得，低山丘陵区的年径流总量控制率需达到 83.2% 才能保证昆明市中心城区海绵城市建设总体目标的实现。各管控分区与城市总体年径流总量控制率的关系如式（4-3）所示。

（2）试算

$$\partial = \frac{\sum_{i=1}^{n} \partial_i f_i}{\sum_{i=1}^{n} f_i} \tag{4-3}$$

式中：∂_i——第 i 个分区的年径流总量控制率；

f_i——第 i 个分区的面积。

（3）验证。该步骤验算各区参与试算的预计年径流总量控制率目标值在区内实现的可行性。如若可行，则城市到第一级管控分区的指标分解计算终止；如若某一个区或某几个区出现不可行的验算结果，则指标分解过程重新回到试算环节。

（3）验证与调整

从海绵城市建设充分发挥以低影响开发措施为代表的绿色基础设施的作用以实现雨水径流就地管控的策略出发，验证环节以在预计的年径流总量控制目标下，各个管控分区内现有的及潜在的绿地量能否实现径流就地管控为目标进行可行性分析。计算的基本方法为容积法，详见 4.1.2 节。昆明中心城区各管控分区的基本信息见表 4-2，昆明市年径流总量控制率与对应的设计降雨量的关系见图 4-4。

本案例对管控分各区综合径流系数的计算方法考虑了昆明市总体规划对不同类型用

表 4-2　昆明中心城区各管控分区的基本信息

分区	土壤类别	分区内建设用地面积 /km^2	分区建设用地占总建设用地的比例 /%	各分区径流控制目标（预计值）/%	对应的设计降雨强度值 /（mm/d）
平坝区	B-C	175.97	34.5	90	33.00
滨湖区	D	79.65	15.6	80	22.00
低山丘陵区	C-D	254.39	49.9	83.2	24.30
合计	—	510.01	100	85（面积加权值）	—

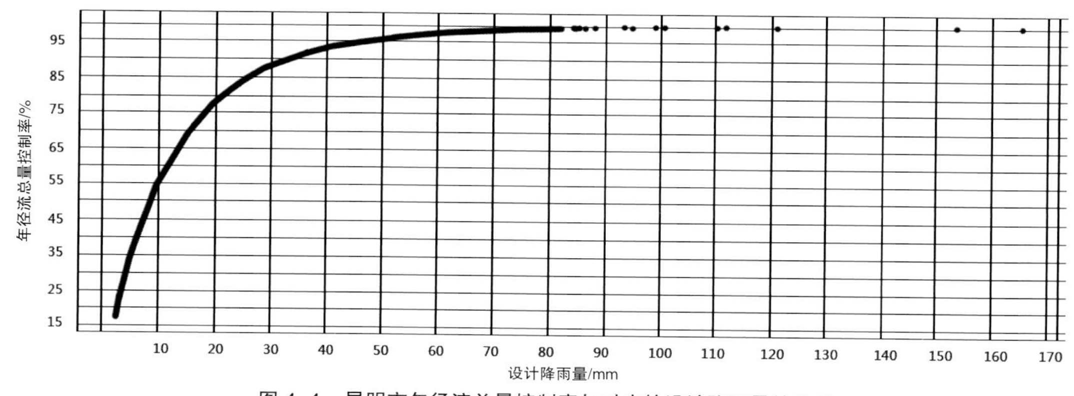

图 4–4　昆明市年径流总量控制率与对应的设计降雨量的关系

地性质的建筑密度上限和绿地率下限的规定，由此可以获得绿地率最低、硬质化率最高的情况下（最不利于径流就地管控的情况下）不同用地性质的雨量综合径流系数（表 4-3）。

表 4–3　昆明中心城区不同用地性质在最不利情况下的雨量综合径流系数

地块类别	建筑密度上限 /%	绿地率下限 /%	雨量综合径流系数
新建居住区	35.0	40.0	0.570
老旧居住区改造用地	35.0	25.0	0.675
商业及娱乐区	60.0	25.0	0.675
商务办公区	40.0	25.0	0.675
公园绿地	5.0	75.0	0.325
防护绿地	1.0	85.0	0.255
广场用地	5.0	60.0	0.430
城市道路	0.0	20.0	0.710
现状小区改造用地	85.0	15.0	0.750
其他用地	40.0	25.0	0.675

由此，通过容积法可以计算获得滨湖区、平坝区以及低山丘陵区内不同用地类型单位面积所需就地调蓄的径流量。该调蓄径流量值除以区内最低绿地率下限值对应的绿地面积，即可获得为达到预设的年径流总量控制率目标情况下（若区内所有绿地均下凹）所需的有效蓄水深度。各区的径流控制指标见表 4-4 ～表 4-6。

根据《海绵城市建设技术指南》，狭义的下凹绿地深度一般为 10 ～ 20 cm。由于表 4-4 ～表 4-6 中各分区计算的有效蓄水深度值绝大部分在 10 cm 以内（除了部分城市道路和

表 4–4　滨湖区不同类型用地的径流控制指标

地块类别	滨湖区所需调蓄容积 / （m^3/hm^2）	滨湖区下凹绿地有效蓄水深度 /cm
新建居住区	126.0	4.0
老旧居住区改造用地	149.0	6.0
商业及娱乐区	149.0	6.0
商务办公区	149.0	6.0
公园绿地	72.0	1.0
防护绿地	57.0	1.0
广场用地	95.0	2.0
城市道路	157.0	8.0
现状小区改造用地	164.0	11.0
其他用地	149.0	6.0

表 4–5　平坝区不同类型用地的径流控制指标

地块类别	平坝区所需调蓄容积 / （m^3/hm^2）	平坝区下凹绿地有效蓄水深度 /cm
新建居住区	189.0	5.0
老旧居住区改造用地	223.0	9.0
商业及娱乐区	223.0	9.0
商务办公区	223.0	9.0
公园绿地	108.0	1.0
防护绿地	85.0	1.0
广场用地	142.0	2.0
城市道路	235.0	12.0
现状小区改造用地	246.0	17.0
其他用地	149.0	6.0

现状小区改造用地外），滨湖区、平坝区以及低山丘陵区在全部绿地（按最低绿地率计算）均采用下凹绿地的建设模式时，其分别可以达到 80%、90% 以及 83.2% 的年径流总量控制率。自此，试算成立，完成了从城市总体海绵建设指标到分区指标的分解。

需要说明的是，为实现简便计算，该方法虽然以所有绿地均下凹作为前提条件进行可

表 4-6 低山丘陵区不同类型用地的径流控制指标

地块类别	低山丘陵区所需调蓄容积 / (m^3/hm^2)	低山丘陵区下凹绿地有效蓄水深度 /cm
新建居住区	139.0	4.0
老旧居住区改造用地	165.0	7.0
商业及娱乐区	165.0	7.0
商务办公区	164.0	7.0
公园绿地	79.0	1.0
防护绿地	62.0	1.0
广场用地	105.0	2.0
城市道路	173.0	9.0
现状小区改造用地	182.0	13.0
其他用地	149.0	6.0

行性分析，但这并不代表在实际海绵建设和改造过程中要求所有绿地均下凹。在实际操作中，可结合场地的具体情况，灵活采用下凹绿地、绿色屋顶、透水铺装、雨水湿地等措施的组合模式来达到相当于全部绿地均下凹的径流管控效果。例如城市道路可在部分采用下凹式绿化带的同时，增加透水铺装的使用率，从而达到甚至超过预定的年径流总量控制目标。

综上所述，昆明市中心城区低影响开发控制指标体系的构建根据城市中不同区域地下水水位情况和土壤水文分组情况，采用试算法，建立了从城市中心规划区到一级管控分区的年径流总量控制率的指标分解过程。指标分解的过程充分考虑了不同性质用地对低影响开发措施就地管控径流能力的限制，有效提高了一级管控分区指标落实和执行过程中的可操作性。但是，在我国很多城市，特别是中心城区范围内，土壤和地下水等天然条件无较大区别，且整体地势平坦，各片区无显著差异，在此情况下也可根据行政区划等建立指标分解体系，如郑州市的海绵城市专项规划。

4.2.2 郑州市低影响开发控制指标体系

郑州市海绵城市专项规划根据逐级细化的原则，将 1 945 km^2 的规划区域首先按照行政管理分区划分出一级管控分区，每个分区范围为 60 ～ 550 km^2；二级管控分区按照汇水流域划分，每个分区范围为 15 ～ 220 km^2；三级管控分区按照排水分区划分，每个分区范围为 1 ～ 50 km^2。

在年径流总量控制目标从城市到三级管控分区的分解计算过程中，郑州市低影响开发控制指标体系构建采用了自底向上的思路，即从海绵措施建设难度的评价入手，首先估算各个三级分区能够实现的年径流总量控制率，然后通过面积加权逐级确定上一级管控分区的年径流总量控制率要求，最终将加权计算得到的城市年径流总量控制率与城市总体目标设定的年径流总量控制率进行比较。若设定的目标得到满足，则分解过程停止；否则需重新对三级管控分区的指标进行调整。郑州市低影响开发指标体系的管控层级及划分方法见图 4-5。

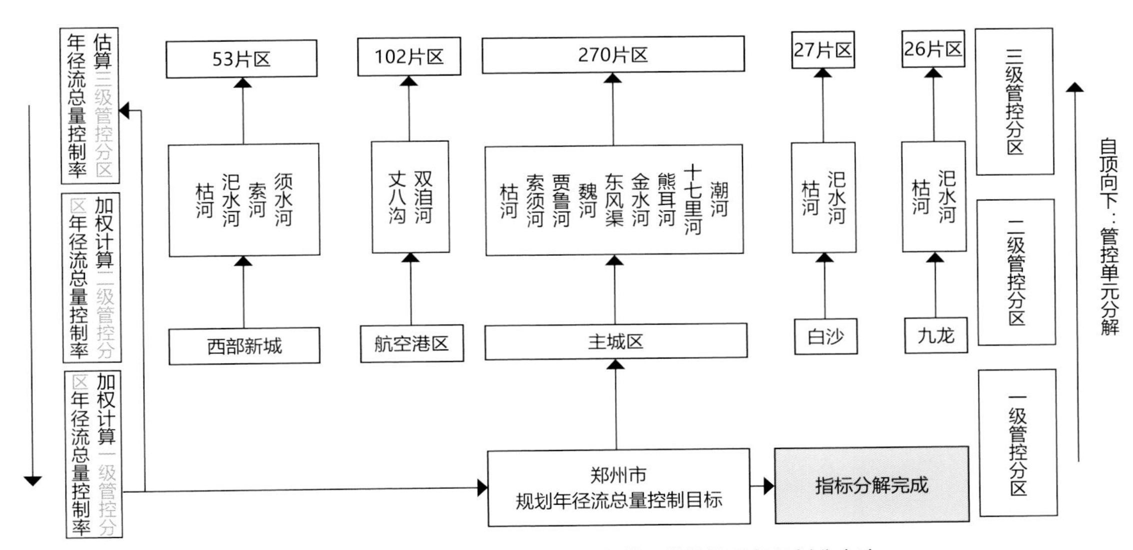

图 4-5　郑州市低影响开发指标体系的管控层级及划分方法

在本案例中，选取建成区比例、绿地率、水面率、建设强度 4 个主要因子作为各三级管控分区海绵建设难度的评价因素；同时针对老旧城区，加入易涝点分布、水环境质量等评价指标，突出老城区以问题为导向的建设思路。郑州市海绵城市建设适宜性评价指标体系见表 4-7。评价值越高，说明进行海绵化建设或改造的条件越充分，越易于实现。

由规划、市政、园林、水利等相关领域学者、工程师、工程建设人员组成的海绵城市建

表 4-7　郑州市海绵城市建设适宜性评价指标体系

因子分值评级	1	2	3	4	5
绿地率 /%	< 15	15~30	30~50	50~70	> 70
水面率 /%	< 2	2~10	10~20	20~30	> 30
建成区比例 /%	> 75	50~75	25~50	5~25	< 5
建设强度	高	中高	中	中低	低

设适宜性评价组讨论确定了上述 4 个因子的权重值（表 4-8）和三级管控分区年径流总量控制率调整值（表 4-9）。经加权计算，以各个三级管控分区海绵建设综合评分为依据，对照三级分区年径流总量控制率调整值表，可以逐级确定各级管控分区的径流管控目标值。综合评分值越高，说明越利于海绵化建设或改造，该分区对应的年径流总量控制率值越大。

表 4-8　郑州市海绵城市建设适宜性评价因子权重值

因子	绿地率	水面率	建成区比例	建设强度
权重	2.5	2	3.5	2

注：综合评分 =（绿地率 ×2.5+ 水面率 ×2+ 建成区比例评级 ×3.5+ 建设强度评级 ×2）/10

表 4-9　三级管控分区年径流总量控制率调整值表

综合评分	年径流总量控制率 /%
1.0~1.5	57~62
1.5~2.0	62~67
2.0~2.5	67~72
2.5~3.0	72~75
3.0~3.5	75~80
3.5~5.0	80~85

综上所述，郑州市低影响开发控制指标体系的构建是在城市中各片区自然环境条件无显著差异的情况下，充分考虑城市中各管控分区海绵化建设或改造的难易程度，采用多因子权重综合评分法，建立起“城市总体—行政管理分区—流域汇水分区—排水分区”的多级年径流总量控制率指标分解方法和体系。在指标分解的过程中，针对一些具有共性问题的三级管控分区，如老旧片区，还通过增加评价因子（积水点数量、改造成本、影响人群数量等），突出不同区域不同海绵化建设的策略差异。由此可见，多因子权重评分法对于提高指标分解过程的灵活性具有重要作用。

此外，除了对于建设难度的考虑，由于我国南北地区城市面临的主要雨洪管理问题有所差异，故南北方城市在进行低影响开发控制指标体系构建时所考虑的控制因素也应有所不同。北方城市常年缺水，地下水严重超采，海绵城市建设多以恢复健康的水资源循环为主要目标，强调雨水的资源化利用。而南方的城市雨量充沛、水系发达，其海绵城市的规划建设更关注面源污染的控制效果。这种管理目标的差异也同样体现在低影响开发控制指标体系的构建方面。如武汉市提出的年径流总量控制目标分解方法就充分考虑了径流管控的面源污染削减效应。

4.2.3　武汉市低影响开发控制指标体系

根据《武汉市水资源公报》，2014 年武汉市一级水功能区水质达标率仅为 33.8%，水环境状况形势严峻。近年来武汉市采取了一系列沿湖截污的措施，并修建了一定数量的初期雨水调蓄池以应对面源污染问题，湖泊污染有所缓解。海绵城市建设的源头性、广泛性和自然性为面源污染治理提供了更好的途径。《武汉市海绵城市规划设计导则》明确提出“武汉市海绵城市规划、设计应综合考虑地区排水防涝、水污染防治和雨水利用的需求，并以内涝防治与面源污染削减为主、雨水资源化利用为辅”。因此，武汉市低影响开发控制指标体系的构建综合考虑了《海绵城市建设技术指南》对该市年径流总量控制率的目标要求和武汉市水环境污染负荷要求，并取相对严格者作为管控指标。

武汉市低影响开发控制指标体系面向排水分区、街区和宗地三级管控分区，在排水分区控制指标的确定过程中引入了受纳水体及水质管理目标。这里以武汉市港西排水分区年径流总量控制率的确定为例展开阐述。港西排水分区总面积为 9 km^2，其直接受纳水体为长江。长江在该地区段的水质管理目标为江河地表水Ⅲ类，根据《地表水环境质量标准》，江河地表水Ⅲ类的 TP（总磷）含量限制为 0.12 mg/L。另据相关研究，武汉建成区次设计降雨量与地表径流 TP 污染负荷模数的关系如式（4-4）所示。

$$M_{TP}=0.273H-0.044\,5 \tag{4-4}$$

式中：M_{TP}——地表径流 TP 污染负荷模数，kg/（km^2• 次降水）；

H——设计降雨量，mm。

以武汉市不同年径流总量控制率对应的设计降雨量（表 4-10）为依据，将该市多年日降雨量划分为 9 个雨量段，将每个雨量段的多年日均降雨量代入式（4-4），再乘以年均日（次）数，即可获得每个雨量段单位平方千米产生的年均地表 TP 负荷量（表 4-11）。

根据我国海绵城市年径流总量控制率“雨量控制”的物理意义，本规划对降雨量小于或等于某一设计降雨强度值的降雨所产生的径流全部就地管控，而针对大于该设计降雨强度的降雨，仅对设计降雨强度值对应的雨水径流进行管控（图 4-1）。根据表 4-11 中的不同雨量段年均地表径流 TP 负荷值，可以计算出不同年径流总量控制率对应的设计降雨强度下，通过低影响开发系统构建可以实现的面源 TP 就地削减量以及随之产生的外排量（表 4-12）。

表 4-10　武汉市年径流总量控制率与设计降雨量的对应关系

年径流总量控制率 /%	55	60	65	70	75	80	85
设计降雨量 /mm	14.9	17.6	20.8	24.5	29.2	35.2	43.3

表 4-11　武汉市不同雨量段对应径流的 TP 负荷量

日雨量段 /mm	年均日数 / 次	年均雨量 /mm	日（次）均雨量 /mm	面源 TP 负荷 /（kg/km²）
2~10	39.7	196.4	4.9	—
10~14.9	9.79	119.71	12.2	32.2
14.9~17.6	4.27	69.34	16.2	18.7
17.6~20.8	3.5	68.4	19.5	18.5
20.8~24.5	3.5	78.4	22.4	21.2
24.5~29.2	2.8	73.3	26.6	20.2
29.2~35.2	3	96.9	32	26.1
35.2~43.3	2.4	94.8	39.1	25.5
≥43.3	6.8	490.6	72.3	133.9

表 4-12　不同年径流总量控制率下面源 TP 的就地削减量和外排量

年径流总量控制率 /%	设计控制雨量 /mm	面源 TP	
		削减量 /（kg/km²）	外排量 /（kg/km²）
55	14.9	199.74	96.72
60	17.6	214.76	81.70
65	20.8	230.60	65.86
70	24.5	247.56	48.90
75	29.2	266.94	29.52
80	35.2	272.71	23.75
85	43.3	278.55	17.90

在此基础上，进一步根据港西排水分区内绿地和硬质下垫面（道路、建筑与小区）的面积、径流系数，分别计算该区不同年径流总量控制率下，硬质下垫面和绿地产生的年面源 TP 外排量与年外排径流量的比值，即全年外排 TP 平均浓度（表 4-13）。将该浓度值与直排长江地表水Ⅲ类的 TP 极限值（0. 12 mg/L）进行比较，即可获得以满足长江地表水排入要求为前提的，港西排水区和硬质下垫面的年径流总量控制率。

通过表 4-13 可知，当该区硬质下垫面（包括道路、建筑与小区）年径流总量控制率为 70% 时，全年外排 TP 平均浓度（0. 119 mg/L）小于长江地表水Ⅲ类的 TP 限值（0. 12 mg/L）。对港西排水分区内硬质下垫面（包括道路、建筑与小区）70% 年径流总量控制率与绿地 85%

表 4-13　年径流总量控制率与 TP 排放浓度的对应关系

硬质下垫面（道路、建筑与小区）年径流总量控制率 /%	建筑与小区年径流系数	绿地年径流系数	全年外排 TP 平均浓度 /（mg/L）
100	0	0.15	0.000
85	0.15	0.15	0.083
80	0.2	0.15	0.085
75	0.25	0.15	0.085
70	0.3	0.15	0.119
65	0.35	0.15	0.139
60	0.4	0.15	0.152
55	0.45	0.15	0.160
0	1	0.15	0.226

年径流总量控制率进行面积加权，得到该排水分区年径流总量控制率为 71.6%，满足《海绵城市建设技术指南》对武汉市年径流总量控制率为 70% ～ 85% 的要求。

以排水分区年径流总量控制率为基准，武汉市海绵城市专项规划进一步提出了综合考虑建设或改造难度、地块建设阶段、内涝风险等级和用地性质等因素的街区年径流总量控制率调整值表（表 4-14）和宗地年径流总量控制率调整值表（表 4-15），即在确定街区年径流总量控制目标时，以该街区所属排水分区的年径流总量控制率为基准，根据街区内已建保留用地占比和内涝风险等级，通过加、减调整值确定该街区的年径流总量控制率。其中，内涝风险等级的确定依据为：50 年一遇设计暴雨下积水深度小于 40 cm 的为低风险区，20 年一遇设计暴雨下积水深度小于 40 cm 的为一般风险区，10 年一遇设计暴雨下积水深度大于 40 cm 的为高风险区。以此类推，宗地控制指标的确定以街区年径流总量控制率为基准，综合考虑用地性质和建设阶段。

表 4-14　街区年径流总量控制率调整值表

已建保留用地占比	内涝风险		
	低风险	中风险	高风险
≥ 60%	-10%	-5%	0
30%~60%	-5%	0	+5%
≤ 30%	0	+5%	+10%

表 4-15　宗地年径流总量控制率调整值表

建设阶段 用地占比	用地性质						
	居住	工业	公共管理与 公共服务	商业服务	公用设施	物流仓储	交通设施
已建保留	−5%	−5%	−5%	−5%	−5%	−5%	−5%
在建	−5%	−5%	0	−5%	−5%	0	−5%
已批未建	0	0	0	−5%	−5%	0	0
已建拟更新	+5%	+5%	+5%	0	0	+5%	0
未批未建	+5%	+5%	+5%	0	0	+5%	+5%

注：表中用地性质均为简称。

在确定了同一排水分区内各宗地年径流总量控制率后，还需进行回归计算，即对各宗地的年径流总量控制率进行面积加权计算，将结果与街区的基准年径流总量控制率进行比较，若等于或优于基准值，则从街区到宗地的指标分解计算终止，否则还需对宗地指标进行再调整。同理，同一排水分区内所有街区的年径流总量控制率还需通过面积加权与其上级排水分区管控指标比较后方可最终确定。

综上所述，对昆明、郑州、武汉 3 个城市 3 种不同低影响开发控制指标体系的构建思路和方法进行比较，不难发现以下两点。

（1）在满足《海绵城市建设技术指南》对各城市总体年径流总量控制率的要求下，上述 3 种方式的管控指标分解过程虽从不同的角度入手（昆明案例从水文地质角度入手、郑州案例从建设难度入手、武汉案例从水质达标入手），但都特别关注了城市建成环境对各分区所能承担的年径流总量控制能力指标的影响。在昆明案例中，城市建成环境通过影响各管控分区所具有的调蓄容积决定了城市到分区指标分解的可行性。郑州案例更为直接地将以表征城市建成环境的绿地率、建成区比例、建设强度等作为综合评价各管控分区径流管控能力的评价因子。武汉项目则以城市建成环境的特征作为设定街区、宗地年径流总量控制率调整值的依据。由此可见，城市，特别是中心城区作为人为活动高度影响下的建成环境，海绵城市年径流总量控制率自顶向下的分解计算需要对其进行充分衡量，以达到“能力”和“目标”的均衡匹配。这是避免过高的指标要求造成过度的建设投资和水生态系统保护性破坏的重要途径。

（2）3 个城市的 3 种指标分解方法虽然充分考虑并体现了城市的特点，并给其他海绵城市低影响开发控制指标体系的构建以启发，但均具有一定的适用范围。例如，对于各分区土壤、地下水以及地形地势等天然条件均无明显差别的郑州而言，就难以采用昆明的方法实现第一层级的指标分解，而且昆明的方法本身也不适用于第一级分区数量较多的规划对象。而在武汉案例中，建成区次降水量与地表径流 TP 污染负荷关系的数学表达式是该规划中低影响开发指标体系构建的关键环节，但是很多城市在海绵城市专项规划的研究与编制过程中难以获得上述关系的数学式，也进一步引发人们对低影响开发控制指标体系的构建如何兼顾水量与水质双重目标的思考。因此，随着我国海绵城市规划与建设的不断深入，各地亟须在《海绵城市建设技术指南》提出的控制指标分解方法的基础上，借鉴各地现行方法的特点，了解各方法的局限性，形成一套平衡管控目标与调蓄能力、兼顾水量控制与水质达标的海绵城市低影响开发控制指标体系构建方法。

4.3 海绵城市低影响开发控制指标体系构建的改进

4.3.1 海绵城市低影响开发控制指标体系构建的原则

海绵城市低影响开发控制指标体系构建的原则有如下 4 个。

1. 差异性原则

城市的自然环境和人工环境共同决定了城市的年径流总量控制能力。但城市作为人为活动高度影响下的建成环境，其发展建设阶段和土地利用方式通过改变城市下垫面径流系数而对城市的雨洪调节能力产生显著的影响。城市发展建设阶段与海绵措施的建设途径、改造难度息息相关。对于尚未建设的地块，海绵措施的应用和推广易于实现；而对于已经建设成熟的地块，改造难度大，雨洪调控水平难以改变。在土地利用方式方面，海绵改造则大多通过绿地率对地块的就地调蓄能力产生影响。如城市居住区的绿地率标准明显高于道路用地和仓储用地的绿地率标准，故一般情况下居住区需达到的年径流总量控制率要高于道路和仓储用地的。由此可见，海绵城市低影响开发控制指标体系的构建应尊重城市中不同区块的环境差异，本着能者多劳、灵活调整的原则，避免区块指标与区块能力不匹配问题的出现。

• 差异性原则

2. 兼顾性原则

海绵城市作为一种针对城市水问题的综合治理模式，应当充分体现对城市水安全、水资源、水生态等问题的综合考量。在水资源方面，海绵城市强调城市开发建设后对雨水径流增量的低环境影响化管控；在水生态方面，则关注相关措施及措施组合对面源污染的削减效果。因此，

• 兼顾性原则

海绵城市低影响开发控制指标体系的构建需要兼顾水量管控和水质改善的双重需求，寻求彼此间的均衡点，从而实现海绵城市建设效益的最大化。

3. 易应用原则

海绵城市所提出的径流和污染物总量控制率是表征城市雨洪调控能力的特征指标，由于无法对用地规划提出直接而明确的要求，而给指标的落实带来障碍，具体表现在：一方面，城市规划管理部门难以判断某一地块的规划设计方案是否满足控规对该地块年径流总量控制率的要求；另一方面，地块的开发和建设方对如何落实年径流总量控制率也存在较多疑惑。因此，科学合理地将表达水文物理意义的指标进一步转化为可对接城市规划的空间指标（如绿地率、透水铺装率、下凹绿地率等），对于显著提高低影响开发控制指标体系的实操性、可落地性具有重要意义。

• 易应用原则

4. 经济性原则

海绵城市低影响开发控制指标体系中的各级指标均应在一个合适的范围内，避免过高或过低目标的出现。指标制定得过高，具体实施过程中会产生过高的经济投入；相反，则无法充分发挥海绵措施就地源头径流管控的能力，不利于城市水环境的改善。

• 经济性原则

4.3.2　海绵城市低影响开发控制指标体系构建方法的改进思路

《海绵城市建设技术指南》提出的控制指标分解方法（详见 3.6.3 节）明确了低影响开发控制指标体系构建的基本思路，可以概括为“确定城市总体目标、核算地块调蓄能力、加权城市调蓄能力、目标比较及调整”4 项内容。该思路在各地海绵城市专项规划的低影响开发指标体系构建中得到广泛的应用和体现，但在具体操作过程中也暴露出一些有待改进、完善的环节。

首先，在确定城市总体年径流总量控制率时，可根据城市的地理位置查询其所属的年径流总量控制率分区，进而获得该市应达到的年径流总量控制率区间（详见 3.6.1 节）。除Ⅰ区、Ⅱ区外，其余 3 区的参考值取值范围较大，如Ⅴ区的上下限值差可达 25%，这常给城市总体径流控制指标的确定带来决策困难。此外，位于同一年径流总量控制率分区的城市，虽然其自然气候条件相近，但是城市发展建设情况往往存在明显差异。例如，同位于Ⅲ区的北京、天津、廊坊，其年径流总量控制率的目标取值就应体现出城市发展建设水平的差异。

这就需要在《海绵城市建设技术指南》给定的区间中确定与城市雨洪调控能力相匹配的目标年径流总量控制率。

其次，如前文所述，《海绵城市建设技术指南》提出的指标分解方法在“核算地块调蓄能力—加权城市调蓄能力”的环节中存在难点。首先城市与地块两者在用地规模方面存在过大差距，并且由于地块的低影响开发措施的雨水系统和下垫面参数一般在详细规划和设计阶段才能确定，这导致参与试算的目标地块综合径流系数和调蓄能力难以估计。因此，需要在城市与地块之间增加具有共性特征的管控分区等级，且该共性特征应能够对参与试算的低影响开发控制指标的选取具有一定的限定作用，从而一方面减少试算的次数，另一方面保障分解指标的可落地性。

再有，现有的控制指标分解方法难以体现部分地区或城市对径流污染控制的需求。虽然径流污染控制目标大多可通过径流总量控制来实现，但是现有的低影响开发控制指标体系构建过程缺少对径流污染控制目标的直接响应，故需在现有控制指标分解方法的基础上，增加与径流量控制指标分解并行的径流污染控制指标分解核算环节，进而为有需要的城市或地区的低影响开发控制指标体系构建提供参考。

针对以上待改进的方面和需求，本书以《海绵城市建设技术指南》提出的控制指标分解方法为基础（图 4-6），形成海绵城市低影响开发控制指标体系构建的改进思路（图 4-7）。

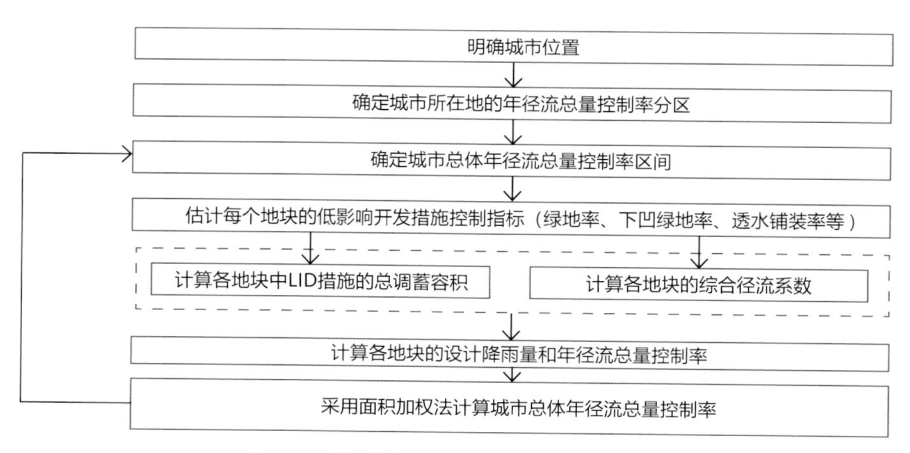

图 4-6 《海绵城市建设技术指南》提出的控制指标分解方法

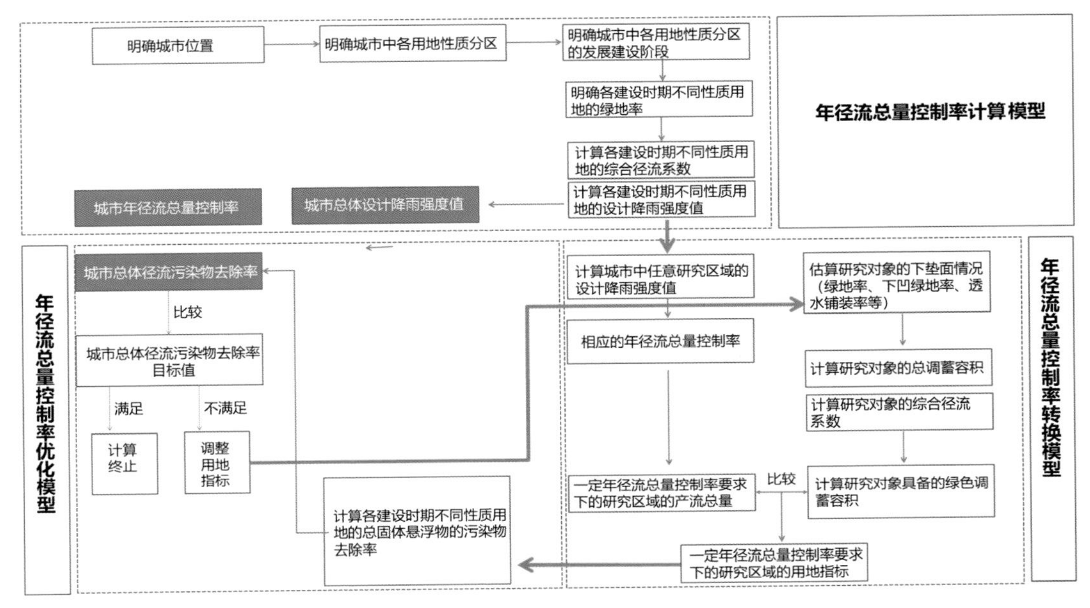

图 4–7　海绵城市低影响开发控制指标体系构建的改进思路

4.3.3　海绵城市低影响开发控制指标体系构建的改进方法

海绵城市低影响开发控制指标体系构建的改进方法由年径流总量控制率计算模型、年径流总量控制率转换模型和年径流总量控制率优化模型 3 部分组成，以期从城市总体年径流总量控制能力的评估、径流控制指标到用地指标的转化路径以及径流量与径流污染控制的兼顾 3 个方面完善现行的控制指标分解方法。该方法利于海绵城市专项规划过程中对降雨条件和用地情况的双向统筹思考，现分述如下。

一、城市年径流总量控制率计算模型

海绵城市强调充分利用绿色基础设施进行针对中小降雨的径流管控，绿地率作为表征城市土地利用强度和径流就地管控能力的指标，对于城市所能达到的年径流总量控制率具

有重要影响。因此，城市年径流总量控制率计算模型的建立从绿地率这一因子入手展开，共包括以下 5 个步骤。

（1）明确海绵城市建设的目标、《海绵城市建设技术指南》对于该城市 / 地区径流控制指标提出的要求，并确定适合于该地自然条件的适宜下凹绿地的下凹深度值。

（2）根据用地性质（居住用地、公共管理与公共服务设施用地、商业服务业设施用地、工业用地、物流仓储用地、道路与交通设施用地、公用设施用地、绿地、广场）和建设阶段（在建、改建、未建）对城市 / 地区进行用地划分，明确每一种类型用地的绿地率范围或限制。

（3）代入绿地率值，采用面积加权法，计算每种类型用地的综合径流系数。

（4）计算所有类型用地的就地管控雨水径流能力及该能力对应的设计降雨强度值，并进一步通过面积加权获得城市总体的设计降雨强度值。

（5）计算设计降雨强度值对应的年径流总量控制率，确定城市径流总量控制指标。

城市年径流总量控制率计算路线和过程见图 4-8。

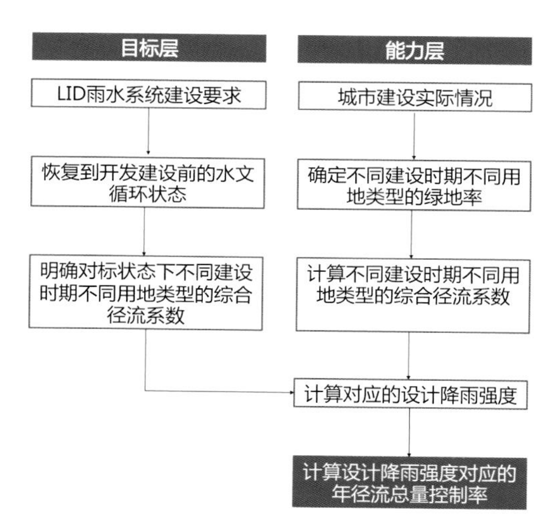

图 4-8　城市年径流总量控制率计算路线和过程

1. 明确海绵城市的建设目标

无论是我国的海绵城市、美国的低影响开发策略，还是澳大利亚的水敏性城市设计以及英国的可持续排水系统策略等均认为从维持区域水环境良性循环的角度出发，现代城市的雨洪管理应以恢复、模拟城市开发建设前的水文特征为目标。这意味着径流总量控制目标并不是越高越好，一方面，雨水的过量收集、减排会影响城市水环境的良性循环，甚至会导致现有地表水体的萎缩；另一方面，过高的径流控制率往往意味着更多的绿地空间需求和较大的建设投资。相反，较低的管控目标则会导致城市所具有的径流源头管控潜力无法充分发挥。因此，海绵城市建设目标的合理制定既要充分尊重城市开发建设前该地区的水文循环特征，又要与城市当前所具有的径流管控能力相匹配。城市当前所具有的径流管控能力与城市现状、规划用地的绿地率和下凹绿地的适宜深度值直接相关。由此，海绵城市径流管控目标的设定可以从以下两个方面进行描述。

（1）从径流管控的需求出发，需对某一特定降雨条件下，城市开发建设前后雨水径流的增量进行管控，见式（4-5）。

（2）从径流管控的能力出发，应充分发挥城市中所有绿地的径流管控能力，见式（4-6）。

$$\Delta h = H \times [\varphi(\gamma) - \varphi_0] \tag{4-5}$$

$$\Delta h = \gamma \times \Delta\bar{h} \times \alpha \tag{4-6}$$

式中：φ_0——城市开发建设前的综合径流系数；

$\varphi(\gamma)$——以绿地率 γ 为自变量的城市现状综合径流系数；

H——设计降雨强度（设计降雨量），mm；

Δh——径流管控目标，即需要就地管控的径流深度，mm；

$\Delta\bar{h}$——该地区适宜的下凹绿地深度值，mm；

α——下凹绿地有效调蓄容积的修正系数，本书中 α =0.5，即将下凹绿地横断面等效为三角形，则其有效径流调蓄容积等于其下凹深度与地表面积乘积的 50%（图 4-9）。

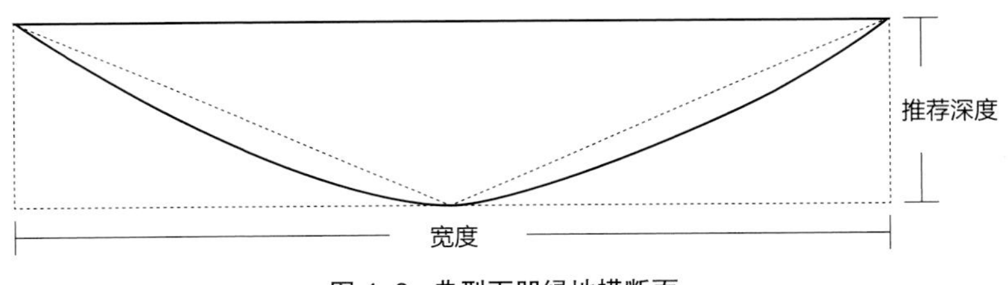

图 4-9　典型下凹绿地横断面

2. 明确下凹绿地率

根据城市用地的性质（居住用地、公共管理与公共服务业设施用地、商业服务设施用地、工业用地、物流仓储用地、道路与交通设施用地、公用设施用地、绿地、广场）和建设阶段（在建、改建、未建），将城市分为若干类型的用地。根据城市的实际建设情况和不同时期的城市总体规划要求，明确各种类型用地的绿地率区间（$\gamma_{min} \sim \gamma_{max}$）。例如，新建居住区的绿地率一般为 30% ～ 40%，而老旧居住区的绿地率一般为 25% ～ 30%。

3. 计算不同类型用地的综合径流系数

每种类型用地的综合径流系数采用面积加权法计算获得，计算公式如下：

$$\varphi(\gamma)=\varphi_1-\gamma(\varphi_1-\varphi_0) \tag{4-7}$$

式中：φ_1——城市中硬质下垫面（包括沥青、水泥路面或建筑屋面等）的综合径流系数。

4. 计算城市海绵建设的设计降雨强度值

对式（4-5）～式（4-7）进行联立，可获得兼顾径流管控需求与径流管控能力双重目标下的每种类型用地的设计降雨强度值，计算公式如下：

$$H=\frac{\Delta\bar{h}\times\gamma\times\alpha}{(\varphi_1-\varphi_0)(1-\gamma)} \tag{4-8}$$

由于每种类型用地的绿地率值为区间值（$\gamma_{\min}\sim\gamma_{\max}$），故代入式（4-8）获得的每种类型用地设计降雨强度值亦为区间值，可表示为（$H_{\min}^{\text{type}}\sim H_{\max}^{\text{type}}$）。

通过面积加权，可以获得整个城市的设计降雨强度区间值，计算公式如下：

$$H^{\text{city}}=\frac{\sum_{j=1}^{m}H_j^{\text{type}}A_j^{\text{type}}}{A^{\text{city}}} \tag{4-9}$$

式中：H^{city}——兼顾径流管控需求与径流管控能力双重目标下的城市设计降雨强度区间值；

H_j^{type}——每种类型用地的设计降雨强度区间值；

A_j^{type}——每种类型用地的面积；

A^{city}——城市总面积；

m——划分的用地类型数量。

5. 计算城市海绵建设年径流总量控制率

城市设计降雨强度值与年径流总量控制率间的转换公式如下：

$$VCRAR^{\text{city}}=\frac{\sum_{j=1}^{k}H_j+(n-k)H^{\text{city}}}{\sum_{j=1}^{n}H_j}\times100\% \tag{4-10}$$

式中：$VCRAR^{\text{city}}$——城市总体年径流总量控制率区间；

n——该市 30 年间，日降雨量大于 2 mm 的降雨次数；

k——该市 30 年间日降雨量小于设计降雨强度值的降雨次数；

H_j——逐日降雨强度值。

将式（4-9）的计算结果（$H_{\min}^{\text{city}}$和$H_{\max}^{\text{city}}$）代入式（4-10），并与《海绵城市建设技术指南》的建议区间进行比较，取其交集，由此获得城市年径流总量控制率区间。该区间不仅满足《海绵城市建设技术指南》的要求，而且由于在整个计算过程中充分评估了城市所具有的径流管控能力并考虑了开发建设前的径流管控需求，故该区间值均符合“自然资源禀赋”和“发展建设水平”的双重要求。相关规划设计人员可根据城市的具体情况，如海绵城市示范等级、推行力度、经济投入等在区间取值，确定城市低影响开发系统构建的总体目标。

二、城市年径流总量控制率转换模型

如前文所述，虽然年径流总量控制率能够表达海绵城市建设所要达到的效果，但是该指标难以在实际应用中指导土地的规划、利用和管理，故需要寻求能够将年径流总量控制率转化为等效用地指标的方法。

厘清年径流总量控制率、综合径流系数与用地指标间的关系是建立转换模型的基础。从式（4-8）和式（4-10）可知，年径流总量控制率由设计降雨强度值和综合径流系数共同决定。而综合径流系数作为城市用地情况的表征成为年径流总量控制率与用地指标间转换的重要纽带。鉴于绿地、透水铺装和下凹绿地不仅是海绵城市建设中适用范围最广的措施，且其直接影响城市下垫面的综合径流系数和调蓄能力，故选取绿地率 γ、透水铺装率 ω 和下凹绿地率 θ 作为反映城市年径流总量控制能力的用地指标。

城市年径流总量控制率的转换模型采用循环迭代的计算方法，其基本计算单元应是具有某些共性的管控单元，且该共性特征应能够对绿地率 γ、透水铺装率 ω 和下凹绿地率 θ 的取值具有一定的限制作用，以降低迭代计算的难度。由于相同建设阶段（新建区、更新区、改造区、扩建区）相同性质的用地可实现的绿地率、透水铺装率取值区间相近（例如新建区居住用地管控单元的绿地率一般为 30% ～ 40%，老城区居住用地管控单元的值为 25% ～ 30%），故可以建设阶段和用地性质双因子为依据进行管控单元的划分。这类管控单元作为城市宏观指标到地块指标分解过程的过渡单元，一方面因用地情况的共性特征能够有效减少参与试算的单元数量和往复次数，简化迭代计算过程；另一方面所得的试算结果（某一城市总体年径流总量控制率要求下，某一建设阶段某一性质用地需达到的用地指标）易于直接与控规地块低影响开发系统构建的需求对接。

该循环迭代的计算过程见图 4-10，首先是根据上位规划和实际建设情况为不同建设阶段中每种类型用地设定用地指标向量 (γ, ω, θ)；其次，各个管控单元假设的绿地率和透水铺装率参与相应管控单元综合径流系数的计算，见式（4-11），并根据城市年径流总量控制目标对应的设计降雨强度值，计算各个管控单元需就地管控的径流量总和 $V_{\text{runoff}}^{\text{Total}}$（节流量），见式（4-12）；第三步，根据下凹绿地率计算各个管控单元中能够就地管控的径流量（调蓄量）总和 $V_{\text{s}}^{\text{Total}}$，见式（4-13）；最后，比较 $V_{\text{runoff}}^{\text{Total}}$ 和 $V_{\text{s}}^{\text{Total}}$ 的大小。如果前者大于后者，则 (γ, ω, θ) 需要被重新调整，如果前者小于后者，则试算停止，城市年径流总量控制率向用地指标（绿地率、透水铺装率、下凹绿地率）的转换完成。

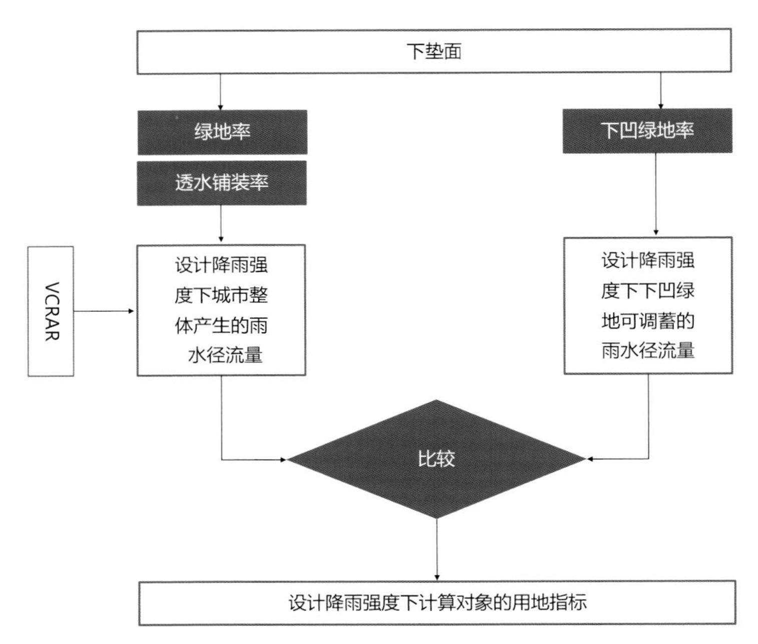

图 4-10　城市年径流总量控制率转换模型的计算过程和路线

$$\varphi=\frac{\sum_{j=1}^{m}[\varphi_{\mathrm{G}}\cdot\gamma_{j}A_{j}+\varphi_{\mathrm{P}}\cdot\omega_{j}(1-\gamma_{j})A_{j}+\varphi_{\mathrm{H}}\cdot(1-\omega_{j})(1-\gamma_{j})A_{j}]}{A^{\mathrm{city}}}\tag{4-11}$$

式中：φ——城市的综合径流系数；

φ_{G}——绿地的径流系数；

φ_{P}——透水铺装的径流系数；

φ_{H}——城市硬质下垫面的综合径流系数，包括沥青、混凝土道路铺装、建筑屋顶等；

ω_j——管控单元 j 的透水铺装率；

γ_j——管控单元 j 的绿地率；

A_j——管控单元 j 的面积 ；

A^{city}——城市总面积；

m——管控单元数量。

$$V_{\mathrm{runoff}}^{\mathrm{Total}}=\frac{1}{1\ 000}(\varphi-\varphi_0)AH\tag{4-12}$$

式中：$V_{\mathrm{runoff}}^{\mathrm{Total}}$——各个管控单元需就地管控的径流量总和，即城市中需低影响开发雨水系统就地管控的径流总量。

$$V_{\mathrm{s}}^{\mathrm{Total}}=\frac{1}{1\,000}\sum_{j=1}^{m}\theta_j\gamma_j A_j\Delta h \tag{4-13}$$

式中：$V_{\mathrm{s}}^{\mathrm{Total}}$——各个管控单元内下凹绿地调蓄量的总和；

θ_j——管控单元 j 的下凹绿地率；

Δh——下凹绿地深度值。

三、城市年径流总量控制率优化模型

通过前文所述的城市年径流总量控制率计算模型和转换模型，已可以构建起从城市尺度到地块尺度年径流总量控制率自顶向下逐级分解、涵盖雨量控制指标和用地指标的城市低影响开发控制指标体系。但是，在此过程中，雨量调控是整个计算的核心。鉴于径流面源污染控制同样是海绵城市建设主要的预期效果之一，因此，有必要提出兼顾径流污染控制目标的城市年径流总量控制率优化模型，校核各级低影响开发控制指标，统筹径流量与质的双重管控需求。

国内外已有大量研究提出了下凹绿地、透水铺装、绿色屋顶等常见的低影响开发措施的径流污染物去除效果，如美国康涅狄格州环境保护署 2004 年颁布的《康涅狄格雨水水质手册》（*Connecticut Stormwater Quality Manual*）、美国国家研究委员会 2008 年出版的《美国城市雨水管理》（*Urban Stormwater Management in the United States*）、我国住建部颁布的《海绵城市建设技术指南》以及德哈拉（Dhalla，2010）、亨特（Hunt，2003）、戴维斯（Davis，2007）、罗森（Roseen，2009）、李美玉（2018）、赵庆俊（2018）等人的研究成果。这些研究成果为城市年流总量控制率优化模型的计算提供了重要参数。

城市年径流总量控制率优化模型的计算单元与转化模型的计算单元一致，根据转化模型计算出的各个管控单元的绿地率、透水铺装率和下凹绿地率，计算每个管控单元的径流面源污染物去除率，经面积加权，可以获得全市年径流污染物去除率，见式（4-14）。

$$PRPAR^{\mathrm{city}}=1-\frac{\sum_{j=1}^{m}\{\gamma_j\varphi_{\mathrm{G}}[1-\beta_{\mathrm{G}}+\theta_j(1-\beta_{\mathrm{s}})]+(1-\gamma_j)\omega_j\varphi_{\mathrm{P}}(1-\beta_{\mathrm{P}})A_j+A_{\mathrm{W}}\}}{A^{\mathrm{city}}} \tag{4-14}$$

式中：β_{G}——普通绿地（非下凹绿地）针对目标污染物的去除率；

β_{s}——下凹绿地针对目标污染物的去除率；

β_{P}——透水铺装针对目标污染物的去除率；

A_{W}——全市水域面积（包括河湖）；

$PRPAR^{\mathrm{city}}$——城市年径流污染物的去除率。

需要指出的是，低影响开发措施针对目标污染物的去除率首先需查询当地或与其具有相似自然环境特点的地区有关低影响开发措施污染物处理率的指南或文献。

将根据式（4-14）计算获得的城市年径流污染物去除率与城市径流面源污染物去除目标值进行比较。如果计算所得数值大于或等于目标值，则各管控单元的用地指标及相应的年径流总量控制率值不需要调整，所形成的指标体系能够兼顾径流量与质的双重管控要求；反之，则需根据各管控单元的功能定位、开发强度以及经济发展水平等因素，筛选部分单元的用地指标进行调整，按公式（4-14）重新进行核算，直至达到城市的径流面源污染物去除目标值。

综上所述，海绵城市专项规划低影响开发控制指标体系构建的一个重点、难点便是如何建立起城市雨洪管理要求与城市建设发展情况间的良性关系，既要充分发挥低影响开发源头径流管控对于城市水文循环的积极作用，又要合理认识到城市发展建设水平、土地利用强度等对于低影响开发措施雨洪管理功效发挥的影响。无论是《海绵城市建设技术指南》，还是各地方规划采取的控制指标分解方法均体现出了建设强度、建筑密度、绿地率、建设年代等现状或既有规划控制指标对于低影响开发控制指标体系构建的影响。

《海绵城市建设技术指南》明确“应根据城市控制性详细规划阶段提出的各地绿地率、建筑密度等提出各地块的低影响开发控制指标”。郑州市海绵城市专项规划选取绿地率、建成区比例、建设强度等因子作为海绵建设适宜性的评价因子，根据适宜性综合评分的高低决定年径流总量控制率值的大小。武汉市海绵城市专项规划则综合考虑用地性质和建设阶段制定年径流总量控制率调整值表，以此完成城市总体年径流总量控制率从城市到街区、宗地自顶向下的指标分解过程。但不难发现，在上述方法中，虽然城市的规划建设情况被充分考虑，但由于其涉及的影响因子数量多，且其度量方式（量纲）各不相同，故难以使表征城市建设发展情况的因子参与到指标分解的定量计算中，各规划仅以定性分析的方式对控制指标进行主观的高低调整，指标分解的主观性较强。特别是适宜性分析中的权重赋值环节和指标调整值表的制定环节，不仅与项目所在地的具体特点关系密切，而且受评分主体的主观认识影响较大，方法的普适性和可推广性不强。

在本书介绍的低影响开发控制指标体系构建的改进方法中，鉴于建成区比例、建设强度、用地性质等各种城市建设要素对于低影响开发措施落地难易程度和规模大小的主要影响均可归因于绿地空间的大小（例如，居住区的绿地率普遍高于工业区、商业区的，易于实现较高的年径流总量控制率目标），因此在城市年径流总量计算模型、转换模型中，统一以“绿地率”表征城市建设情况对年径流总量控制率取值大小的影响；以“下凹绿地适宜下凹深度”表征当地的自然环境禀赋对年径流总量控制率取值大小的影响。由此，可将城市建设情况和自然环境禀赋所涵盖的多种影响因子均融入年径流总量控制率的定量分解计算中，在提高低影响开发控制指标计算分解科学性的同时，显著简化了计算的思路和过程。

此外，鉴于我国各地各个时期的城市总体规划、控制性详细规划针对不同性质用地的绿地率均有较为明确的规定，且通常情况下相同建设时期相同性质用地所能达到的下凹绿地率、透水铺装率数值相近，因此在改进方法中，选取相同建设时期相同性质的用地作为指标计算、分解、转换的计算单元，或者说是城市雨洪管理的一级管控单元，其优势在城市年径流总量计算模型和转换模型中均有所体现。在城市年径流总量计算模型中，此类计算单元首先可为在《海绵城市建设技术指南》给定的年径流总量控制率区间中定量化确定与城市径流源头管控能力相匹配的年径流总量控制目标值提供支撑；其次，由于城市中任何分区（行政分区、排水分区、功能分区等）均是由各种不同时期建设的不同性质用地组成，故改进方法通过各管控单元（相同建设时期相同性质用地）的设计降雨强度值可以直接计算获得城市中任何分区的设计降雨强度值及相应的年径流总量控制率。

相比而言，现行方法中针对城市下级分区年径流总量控制率的分解计算由于是以目标为导向的，故采用试算法，不仅试算的工作量大，而且试算参数的起始取值较难确定。而本书改进的计算方法，遵循能力导向的计算思路，无论是计算城市整体年径流总量控制率，还是计算城市中各分区的年径流总量控制率，均以相同建设时期相同性质用地的设计降雨强度值为依据，可有效避免各分区指标的加权值与城市整体值不符情况的发生。而在城市年径流总量控制率转换模型中，相同建设时期相同性质的用地在绿地率、透水铺装率以及下凹绿地率取值方面所具有的共性建设特征和取值约束，一方面能够在一定程度上减少从径流管控指标到用地指标转换过程中的试算单元和试算次数，提高计算方法的可操作性；另一方面，指标转换后所得的与用地性质和建设时期相对应的绿地率、下凹绿地率以及透水铺装率值能够与控制性详细规划土地管控指标赋值和土地出让设置的建设要求很好地衔接。

第 5 章　海绵城市建设指引

海绵城市专项规划建设的指引部分作为城市中各地块低影响开发雨水系统具体实施方案形成的上位规划要求，是城市进行海绵建设贯彻执行的重要依据，关乎城市各管控单元乃至城市总体雨洪管理目标的有效落实。因此，对接在地低影响开发雨水系统规划设计的实际需求，海绵城市建设指引应从现状问题和具体目标出发，提出涵盖场地布局规划和措施选择等不同尺度层面的建设建议，以为城市海绵化设计的落地提供指导性框架。虽然各城市具体的雨洪管理问题和目标各有不同，但其低影响开发雨水系统的规划设计策略和准则存在共性特点。本章分别从海绵城市低影响开发系统构建的规划策略和措施选择两方面提出海绵城市的建设指引。前者以保护场地开发前水文循环过程为初衷，具体从保护场地自然特征和合理规划硬质下垫面布局两方面提出规划策略；后者聚焦具体的低影响开发措施，通过明确“渗、蓄、滞、净、用、排”等不同技术措施的适用性，为场地低影响开发系统的措施选择提供参考，具体内容框架见图 5-1。

需要说明的是，本章所述的规划策略和措施选择依据主要以新建城区或地块为对象提出，针对旧城区的海绵化改造内容详见《既有居住区海绵化改造的规划设计策略与方法》一书。

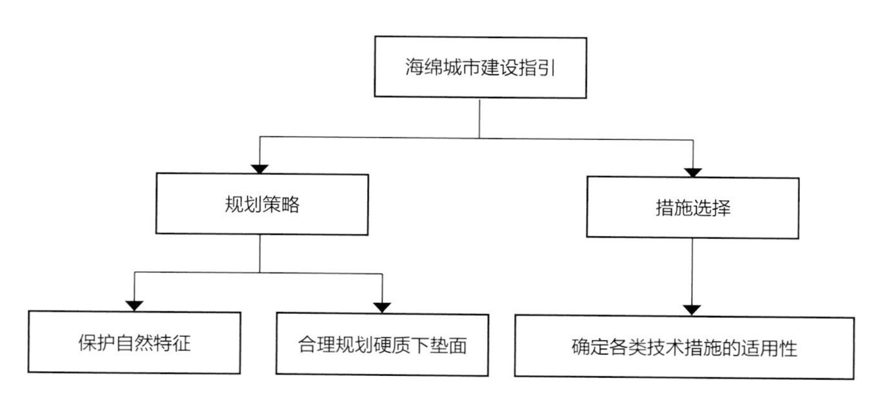

图 5-1　海绵城市建设指引框架

5.1　海绵城市低影响开发系统构建的规划策略

5.1.1　规划策略：针对自然特征的保护性规划

针对场地自然特征的保护性规划策略是低影响开发系统构建的重要基础。其包括两个方面：其一，识别和保护对区域水文循环、生物多样性具有重要意义的生态敏感区；其二，通过保护性规划设计方法削弱甚至避免土地建设对场地水文循环过程产生的负面影响。保护性规划策略的内容见表 5-1。

表 5-1　保护性规划策略的内容

规划策略	描述
保护生态敏感区	明确划定应受到永久保护的自然林、原生植被区、河流、湿地、自然地形等
保护滨水缓冲区	保护河川溪流、滨海地区以及湖泊、湿地沿线的自然植被缓冲带
减少土地整理	尽量减少因道路、公用设施、地基以及雨水管理设施建设而产生的大规模土地平整、清理情况
对建设项目进行合理选址	避免在生态敏感区，如陡坡、滨河消落带、土壤易侵蚀区域、土壤渗透性强的区域以及重要的栖息地等区域规划、开发、建设项目
保护性设计	采用集约式布局，减少硬质下垫面占比
土壤修复	根据需要，通过深层耕作或堆肥改良，局部恢复、改良场地土壤的渗透性和孔隙度，减少产流，提高场地开发建设后的减流效果

1. 保护生态敏感区

1）保护对象

保护对象为自然林、原生植被区、河流、湿地、自然地形等具有重要生态价值的自然区域。

2）保护作用

- 对生态敏感区的保护有利于维持场地原有的自然水文循环过程及水资源平衡关系。

● 生态敏感区作为非人工化的天然雨洪调控要素可以有效促进雨水的过滤和下渗，从而减少人工化雨洪管理设施的建设。

● 对生态敏感区的保护有利于当地自然景观风貌的保留和呈现，有利于相邻可开发地块土地价值的提升。

● 生态敏感区可作为参照样本，为该地区开发建设项目提供原始的水文情况参考。

3）保护方式

● 在进行场地规划设计之前，需要明确划定生态敏感区的范围，同时查询当地有关生态敏感区的保护法律或条例规范。

● 为避免对生态敏感区的干扰，新建开发项目的空间布局、建设密度应与生态敏感区的特性、边界范围相匹配。任何建设项目均不能穿越生态敏感区的轮廓线，如图 5-2 所示。

2. 保护滨水缓冲区

1）保护对象

保护对象为河川溪流、滨海地区以及湖泊、湿地沿线的自然植被缓冲带。

2）保护作用

● 滨水缓冲区是重要的非人工化的天然雨洪调控要素，是阻隔面源污染进入自然水体的最后一道防线。它可以改善入流水质，对于保护或改善自然水体水质有重要作用。

● 滨水缓冲区能够减少甚至避免开发建设对生态核心区、敏感区的影响。

● 滨水缓冲区对于防洪安全具有重要意义，极端降雨条件下可以作为洪水行泄通道。

图 5-2 展示建设项目与生态敏感区良好布局关系的航拍图 [来源：阿伦特（Arendt），1996]

● 滨水缓冲区对于生物多样性、滨水游憩具有重要价值。

3）保护方式

● 在进行场地规划设计之前，需要划定滨水缓冲区的范围、限定缓冲区的宽度，明确区内重点保护植被的名目。缓冲区的宽度应根据河川溪流、湖泊、湿地的规模及周边环境确定。《纽约雨洪管理设计手册》（*New York Stormwater Management Design Manual*）认为即使是宽度很小的非季节性河流，其缓冲区的宽度亦应不小于 7 m，20 m 以上则更为理想。

● 对于已受到局部破坏或严重破坏的滨水植被缓冲区应进行修复，重建包含乔木、林下灌木和地被的多层次植被群落。

● 滨水植被缓冲区的宽度不必沿程不变，但其沿程必须是连续的，不可被不透水下垫面打断，否则雨水径流会携带面源污染直接汇入天然水体，使得缓冲区的屏障作用丧失。

● 理想的滨水植被缓冲区的横断面由 3 部分组成，分别是近水区、过渡区和外围区（图 5-3）。各部分的宽度建议、植被种植方式以及土地利用方式各有不同（表 5-2）。其中，近水区又可称为消落带，受季节性水位涨落影响周期性地淹没于水下，故是滨水生物的重要栖息地，而且其对于保护河湖岸线的岸坡稳定性具有重要作用。过渡区位于外围可适度利用区与消落带之间，林下应具有可促进雨水径流过滤、下渗的绿色雨洪管理设施。外围区作为城市建设区与滨水缓冲带、生态敏感区间的隔离带，最为主要的功能是将从城市建设区汇入的集中径流转变为坡面漫流，以增加雨水径流与绿地的接触面积，促进径流的过滤和下渗。

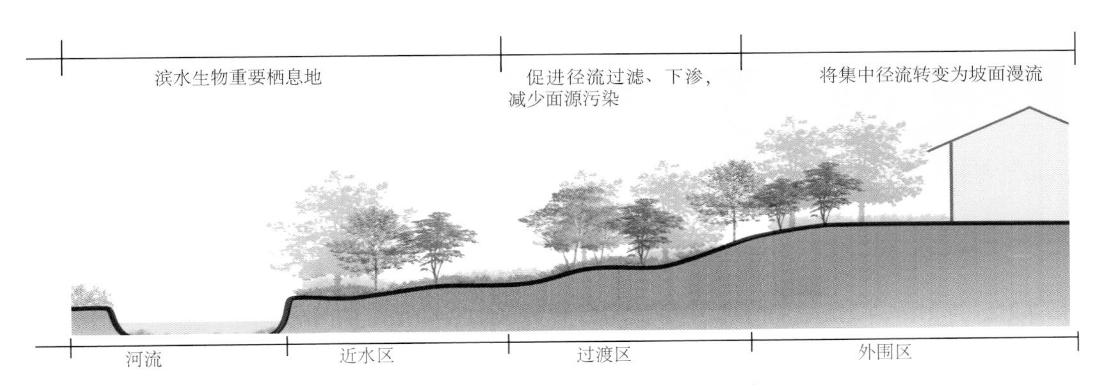

图 5-3　理想的滨水植被缓冲区组成

表 5-2　滨水植被缓冲区各部分组成特征 [来源：舒勒（Schueler）,1995]

	近水区	过渡区	外围区
宽度	建议最小宽度值为 7 m，局部可根据目标生物的需要适当扩大宽度，以符合栖息地要求	宽度较为灵活，可根据河道等级、防洪要求以及当地土壤的边坡系数共同确定	建议最小宽度为 7 m
植物种植方式	边坡上有多年生草本、灌木植物，有成熟的天然林，必要时可进行林地修复	以人工林为主，建议穿插一些空地	以草本植物、灌木丛为主，以乔木林为辅
土地利用	土地利用受到严格管控，禁止一切建设活动，仅允许有步行小路	土地利用受到管控，允许一些雨洪管理设施、慢行系统的加入	可进行公园、游憩空间的开发；可增建非结构性建筑小品

3. 减少土地整理

1）内容

土地开发利用过程应尽可能避免土方的填挖，减少土地平整工程量。

2）作用

● 利于场地原始水文循环过程和特征的保护和维持。

● 减少环境改造成本，保留本土景观风貌。

● 减少土壤移动，减少水土流失，降低泥沙控制成本。

3）方式

● 避免大规模、大面积的土地整理。如有需要，将该区域划分为若干子区域，分区进行土地整理，以降低开发建设活动对土地的干扰。

● 采用集约式布局，减少道路占地，争取更多的开放空间以减少开发活动对土地的干扰。

● 规划设计方案应与项目所在地的地形相适应，因地制宜，减少土地整理。

● 应尽量避免在场地中坡度较大、土壤渗透性条件较好的区域进行土地整理。

4. 对建设项目进行合理选址

1）内容

开发建设项目的选址需要避开生态敏感区，如滨水消落带、湿地、陡坡、土壤易侵蚀区域、土壤渗透性强的区域、自然林以及重要的栖息地等；建筑、道路、停车场应选在与其建设、功能要求相匹配的地形上，以减少开发建设对场地的影响。

2）作用

● 避免在滨水消落带区域进行开发建设，这是实现水安全的前提，同时也是保护滨水地区生态环境和生物多样性的必要条件。

● 避免在陡坡、土壤渗透性强的区域进行开发建设，以减少水土流失，减少场地径流产生量。此外避免在陡坡地形处进行开发建设，这有助于场地地形的稳定，减少土地填挖和整理。

● 选择在与建设项目要求匹配度高的场地上进行开发建设，这有助于保护场地的自然水文地质现状，利于自然排水，减少土地开发对土地的扰动。

3）方式

● 陡坡上的土地开发不可避免地需要对坡地进行土地整理，这不利于地形稳定性的保持和维护，也难以避免水土流失的风险，从而对场地原有的水文过程产生较强干扰。因此，如果可能，应避免在坡度大于等于 15% 的坡面上进行开发建设，以防止过量径流的产生（对于相同材质的下垫面，随着下垫面坡度的增加，其径流系数提高）。对于坡度大于 25% 的坡面，应禁止在坡面上进行地形整理和植被砍伐等活动，应尽可能使之不受干扰，维持自然稳定状态（图 5-4）。

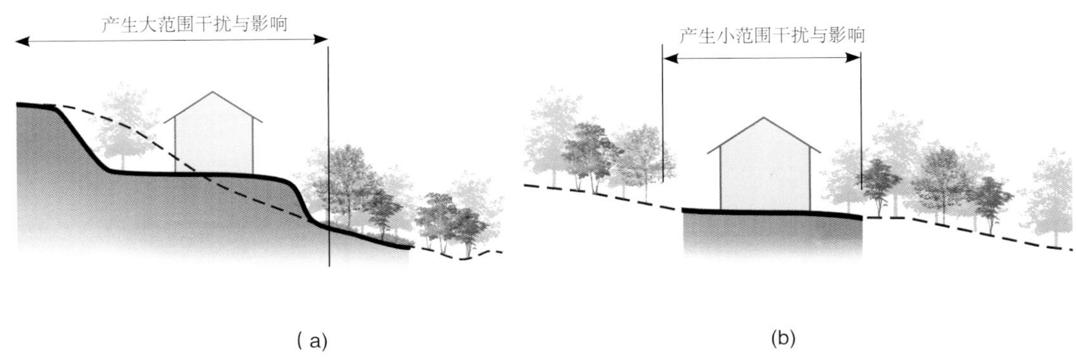

图 5-4 坡度越陡，其上的开发建设对水文地质现状的影响就越大
(a) 干扰大；(b) 干扰小

● 应尽可能地避免在场地中土壤透水性强的区域（如沙土和沙壤土）进行开发建设。对这些区域，或者以自然状态保留，或者将其作为室外活动场地、开放区域进行规划设计，保留场地中天然的“透水铺装”；相反，对土壤渗透性差的区域则建议进行集中建设。

● 场地内的道路和建筑物布局应与场地地形相适应。合理的道路和建筑物布局能够使场地中的自然排水路径和河流滨水缓冲区得到保护。建筑的选址应充分利用地形条件，尽量实现重力排水，并避免对场地的植被和土壤产生不必要的干扰。在地形高低起伏明显的地区，街道应沿着地形等高线布置；而在平坦的场地中，常见的网格形街道则更适宜。

为满足上述规划要求，《芝加哥暴雨雨水管理手册》提供了一种在规划设计前期进行的场地分析方法，以指导建筑和道路的规划、布局。该方法将影响水文过程的主要因素（如坡度、土壤渗透性、生态敏感区等）标于地图上，明确划定可开发建设区、适宜作为非结构性自然雨洪调节要素的开放空间以及受到严格保护的生态敏感区，以此指导场地内建筑和道路的规划和布局，从而将开发建设对场地原本水文过程的影响降至最低（图 5-5）。

5. 保护性设计

1）内容

保护性设计又被称为开放空间设计，即一方面将建筑、道路等不透水硬质下垫面以组团形式集中于场地一隅，进行集约化建设；同时将场地中利于雨洪管理、场地排水、生物多样性保护的区域以开放空间的方式保留、保护下来（图 5-6）。这也是生态设计的重要方法之一。

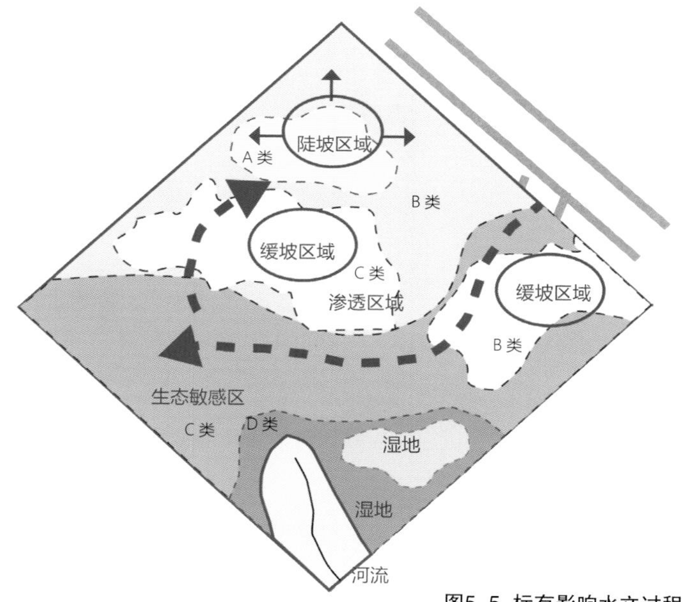

A 类土壤：具有较好的渗水能力，径流产流率很低。

B 类土壤：土壤在饱和时渗水能力不受影响，具有较低的径流产流率。

C 类土壤：土壤在饱和时具有较高的径流产流率，渗水能力受到一定限制。

D 类土壤：土壤饱和时入渗能力受到较大限制，具有很高的径流产流率。

图5-5 标有影响水文过程的要素、用以指导建筑和道路布局的场地分析图（摘自：《芝加哥暴雨雨水管理手册》，2001）

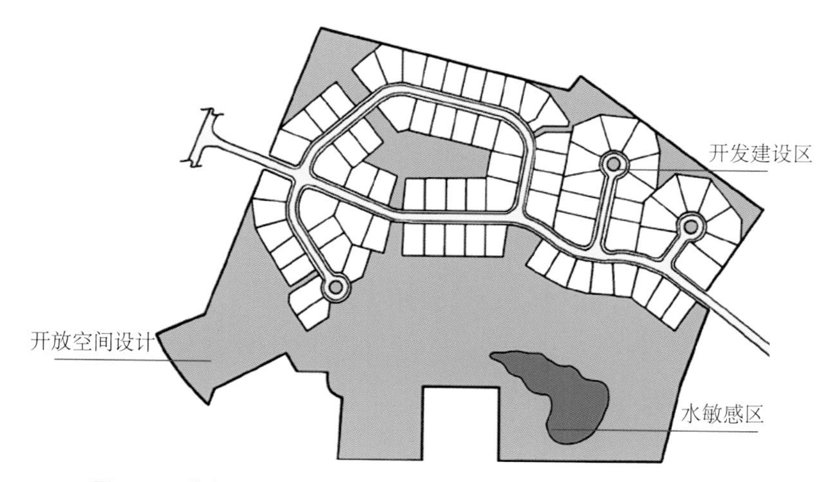

图5-6 开放空间设计图示（摘自：《芝加哥暴雨雨水管理手册》，2001）

2）作用

将场地中对水文循环过程有重要意义的土地以开放空间的方式保留下来，不仅可以为场地的规划设计提供创作思路和灵感，塑造出灵活多样的场地空间，还可以对场地原有的水文循环过程予以保护、对场地中部分自然排水通道予以保留、保护场地自然景观风貌；

同时减少不透水硬质下垫面的面积、面源污染、土方填挖量和建设成本。

3）方式

● 开发建设区以组团的方式集中布置于场地中水生态敏感性最弱的区域，如土壤渗透性较差、地形平缓的区域；开放空间位于生态敏感区与开发建设区之间，起到屏障保护的作用。

● 以居住区为例，灵活地布局建设地块中的建筑体块（图 5-7），在光照等条件允许的前提下适当缩小建筑间的距离，由此可赢得更多的绿地空间；适当缩小建筑间步行道路的宽度，可实现更加紧凑的场地设计。

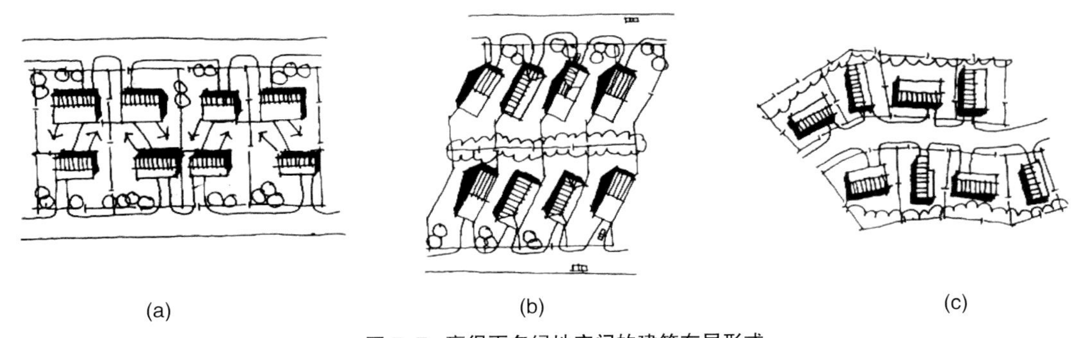

(a) (b) (c)

图 5-7 赢得更多绿地空间的建筑布局形式
(a)“拉链”式布局；(b) Z 形布局；(c) 宽度多变的布局

6. 土壤修复

1）内容

在雨洪管理中，径流的下渗依赖于良好的土壤渗透性。渗透性好的、健康的土壤不仅利于雨水径流的减少，降低水土流失的风险，而且有助于面源污染的削减和植物的生长。因此，在拟安排促进雨水下渗措施的区域建议首先进行土壤孔隙度的恢复，以恢复土壤的孔隙度等。土壤修复一般与景观施工同步进行，以修复土壤结构为目标，具体包括翻土、机械分解、堆肥改良等。

2）作用

土壤修复以提高土壤孔隙度为主，一方面利于促进雨水下渗，补充地下水、减少面源污染等，进而减少场地对于人工雨洪管理措施的需求；另一方面利于各种植物的良好生长，减少作物对于化肥的需求。

3）方式

翻土可使已被压实的土壤与空气充分接触，改善土壤疏松度；但对于地下水位较高

（0 ～ 30 cm）或者如黏土等自身渗透性较差的土壤，则需掺入有机肥料从而改善土壤的蓄水能力。土壤受干扰程度与土壤修复方式见表 5-3。

表 5–3 土壤受干扰程度与土壤修复方式

<table>
<tr><th>土壤受干扰程度</th><th colspan="2">土壤修复方式</th><th>其他</th></tr>
<tr><td>未受干扰</td><td colspan="2">不需要进行土壤修复</td><td>尽可能保持其自然特性</td></tr>
<tr><td>受轻微干扰</td><td colspan="2">不需要进行土壤修复</td><td>简单清理表面杂物</td></tr>
<tr><td>表土被剥离或压实，但是地形坡度未被改变</td><td colspan="2">建议覆土 15 cm 厚</td><td>避免在建项目的施工对其进行干扰破坏</td></tr>
<tr><td rowspan="2">地形坡度已发生改变</td><td>渗透性好的土壤</td><td>渗透性差的土壤</td><td>—</td></tr>
<tr><td>翻土通风，并建议覆土 15 cm 厚</td><td>包括翻土通风、掺入肥料以及覆土等各种方法</td><td>—</td></tr>
<tr><td>规划作为径流下渗区域或拟安置低影响开发措施的土壤</td><td colspan="2">根据径流管控目标，适当进行翻土、堆肥掺入的处理</td><td>禁止大流量交通的干扰，避免机动车甚至施工机械车辆碾压穿过</td></tr>
</table>

注：有机肥料的厚度建议达到7 cm左右，掺入深度至少应达到30 cm；翻土的过程中应将直径大于10 cm的石子挑出；场地中已有乔、灌木树冠的垂直投影范围内不可进行翻土；在地下公用设施如电缆、管道等埋深小于60 cm的区域禁止进行翻土。

5.1.2 规划策略：合理规划硬质下垫面

在对场地中的生态敏感区以及影响场地水文循环过程的关键自然要素进行保护控制的前提下，下一步措施则应立足于削弱硬质下垫面对场地产汇流过程的不利影响。其实现途径包括 3 种方式：①减少不透水下垫面面积；②断接不透水下垫面与市政管网；③选用利于雨洪管理的道路布局。鉴于有关“利于雨洪管理的道路布局”鲜有研究，5.1.3 节对该方式进行详述。

1. 减少不透水下垫面面积

现代城市在雨洪管理方面暴露出来的各种问题（如雨水径流增加、雨水径流汇集速度加快、面源污染严重、地下水难以得到回补、河道基流减少等）均可归因于城市不透水下垫面面积的激增。因此，在条件允许的情况下，海绵城市规划设计应首先尝试减少场地中的硬质下垫面面积，具体途径详述如下。

- 在符合国家和当地建设规范标准的前提下，尽可能采用中、高层建筑形式，减少单座建筑的占地面积，采用集约化的布局模式，适当缩小楼间距，增加开放空间的面积。

● 在符合国家和当地建设规范标准的前提下，采用较小的机动车道宽度值，尽可能减少道路路面停车。

● 在符合国家和当地建设规范标准的前提下，可根据道路的通行需求，仅在道路一侧设置人行便道（不适用于交通繁忙的中心城区，也不适用于车行道宽度较大或交通繁忙、行人难以穿过的情况）。

● 在符合国家和当地建设规范标准的前提下，对于通行强度较低的低等级道路或停车场建议采用透水铺装。

2. 断接不透水下垫面与市政管网

场地中不透水下垫面与市政管网的直接连接不利于从产流源头进行低环境影响的雨洪管理，极易造成径流量增加、径流汇集速度加快以及面源污染累积。因此，应通过断接设计，尽可能使各种不透水下垫面（建筑、不同等级的道路、停车场等）产生的雨水径流优先导入近旁的低影响开发措施内而非直接汇入市政管道。据美国波特兰市低影响开发雨洪管理的实践数据显示，该市通过“断接（Disconnect Downspouts）”项目，每年可减少近 57 亿 L 的径流进入市政管网。

1）建筑屋面雨水径流的断接设计

建筑屋面雨水径流应首先在位于雨落管下缘的断接措施处受到源头管控，包括消能、过滤、沉淀以及滞留、蓄积。当降雨强度较大时，从雨落管下缘断接措施中溢流出的径流或通过地面的有组织汇流系统被引入场地中的集中绿地或广场的低影响开发措施中进行二级管控，或直接排入市政雨水管渠。建筑屋面雨水径流断接的典型流程见图 5-8，建筑屋面雨水径流断接模式见图 5-9 ～图 5-11。

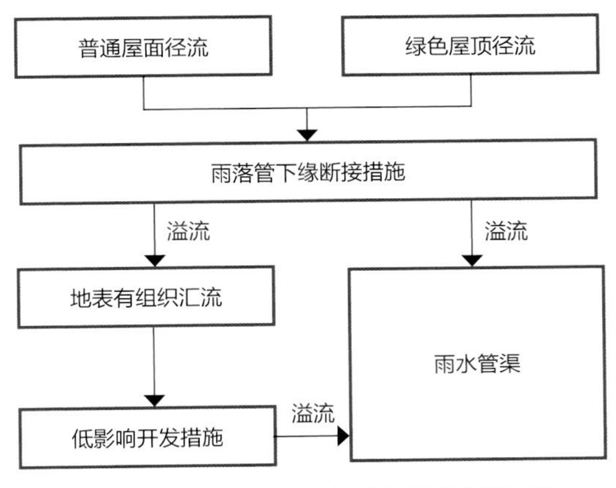

图 5-8　建筑屋面雨水径流断接的典型流程

图 5-9 建筑屋面雨水径流断接模式一（组图）
（摘自 https://www.aiatopten.org/node/439）

图 5-10 建筑屋面雨水径流断接模式二

图 5-11 建筑屋面雨水径流断接模式三

2）道路雨水径流的断接设计

城市道路雨水径流应通过有组织的汇流与传输，经道路雨水径流断接措施引入道路红线内外的低影响开发措施中，进行渗透、滞蓄、调节等处理。当降雨强度较大时，雨水径流可直接或通过低影响开发措施溢流至雨水管渠内。道路雨水径流断接的典型流程见图 5-12。道路雨水径流断接模式见图 5-13 ～图 5-16。

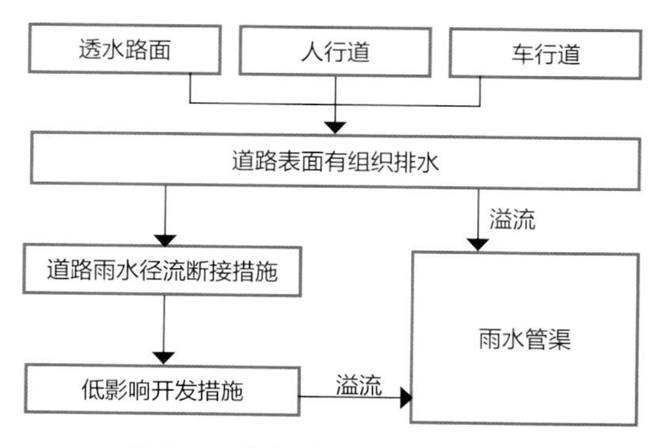

图 5-12 道路雨水径流断接的典型流程

图 5-13　道路雨水径流断接模式一

图 5-14　道路雨水径流断接模式二

图 5-15　道路雨水径流断接模式三

图 5-16　道路雨水径流断接模式四

3）大面积硬质铺装的雨水径流断接设计

城市广场等大面积硬质铺装产生的雨水径流应通过地表有组织的汇流与传输，经铺装断接措施引入城市广场、绿地内的低影响开发措施中，进行渗透、储存、调节等集中处理。当降雨强度较大时，雨水径流可直接或通过低影响开发措施溢流至雨水管渠内，大面积硬质铺装雨水径流断接的典型流程见图 5-17。大面积硬质铺装雨水径流断接模式见图 5-18 和图 5-19。

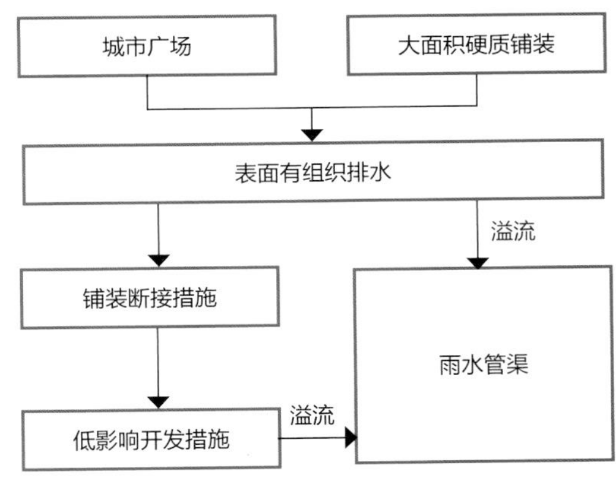

图 5-17　大面积硬质铺装雨水径流断接的典型流程

图 5–18 大面积硬质铺装雨水径流断接模式一
（摘自 https://www.ironagegrates.com/gallery/）

图 5–19 大面积硬质铺装雨水径流断接模式二

3. 选用利于雨洪管理的道路布局

在城市化进程中，道路作为城市建设发展的重要组成部分成为导致城市硬质化面积激增、内涝灾害频发的根本因素之一。据统计，在 1981 年到 2011 年，我国城市建成区道路（不包含内部道路）面积率从不足 4% 增长至 13.8%；而在我国大城市的典型街区中，道路面积率（包含公共道路和内部道路）已达到 36%。在道路交通需求和国家、地方道路规划设计标准及规范的约束下，道路建设所产生的硬质化面积难以通过缩小道路宽度而减少。因此，鉴于空间布局对于城市雨水的产汇流过程具有结构性作用，城市各地块建设选用利于雨洪管理的道路布局对于海绵城市建设具有重要意义。

下节将以居住小区道路布局为例，结合我国典型居住小区的实际情况，综合采用描述空间布局的图像数字化技术和模拟产汇流过程的 SWMM 仿真技术，通过量化不同降雨强度下居住小区典型道路布局模式与其产汇流过程间的关系，明确不同的道路布局模式对产流量、汇流量、汇流速度的影响，进而探讨利于雨洪管理的居住区道路系统布局。

5.1.3 道路布局选择示例

1. 研究对象

1）研究样本

天津市作为我国四大直辖市之一，城市常住人口数量约 1 500 万，城市发展建设历史长，具有较为完备的城市规划管理技术规定和城乡规划条例，这为以天津中心城区居住小区为研究范围，从中获得足够的样本类型和数量提供了保障。为便于横向比较，本书从天津市中心城区 20 世纪 90 年代后建成的（除正兴里）数千居住小区中筛选出 46 个道路布局模式特点清晰且路网密度和道路面积比相似性高的居住小区为样本库。参考索思沃斯（Southworth）及王雪松等人在居住小区道路上的分类方法，并特别关注了居住小区内路网形式与排水管网主次管的位置关系，本研究将 46 个居住小区的道路布局划分为网格型、尽端型、环型 3 种模式。此外，调查发现，环型道路布局模式常与网格型或尽端型结合，形成环网型和环尽型，在调研样本中其数量相近。具体而言，在调研样本中，网格型、尽端型、环网型和环尽型这 4 类居住小区的道路模式和代表案例信息见图 5-20 和表 5-4。

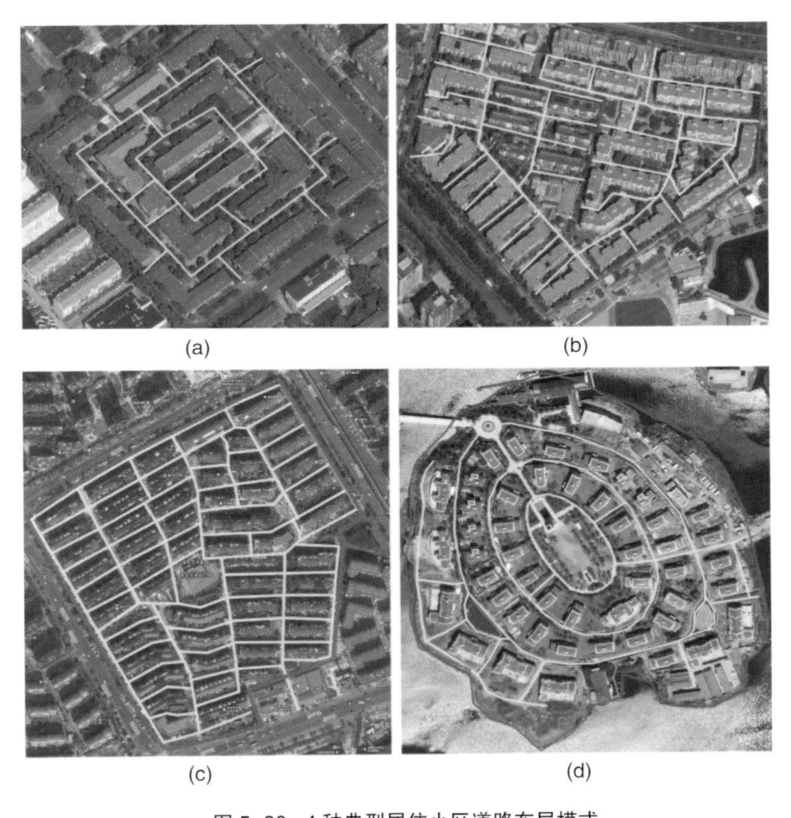

图 5-20　4 种典型居住小区道路布局模式
(a) 环尽型——正兴里；(b) 尽端型——明华里；
(c) 网格型——玉水园；(d) 环网型——美墅金岛

网格型：这类居住小区的道路在平面上呈现横纵交叉的网格形态，网格四周由交叉互通的道路围合，如紫瑞园、玉水园、蓉东温泉花园等。

尽端型：这类居住小区的道路网络中存在较多单向的、不回环的断头路，道路间连通性较差，如利德公寓、明华里、中山门东里等。

表 5-4 天津部分小区道路布局情况表

道路布局类型	居住小区	总面积 /hm^2	容积率	路网密度 / (km/km^2)	道路面积比 /%	建设时间	缩略图
网格型	萦东温泉花园	22.82	0.8	33.78	13.51	2002 年	
	玉水园	13.70	1.2	35.47	14.19	2002 年	
	紫瑞园	16.15	1.65	35.76	14.30	2007 年	
尽端型	利德公寓	6.92	1.25	29.35	11.74	1997 年	
	明华里	9.97	1.96	24.43	9.77	2002 年	
	中山门东里	7.84	2.2	28.69	11.48	1995 年	
环尽型	正兴里	5.98	1.2	27.68	11.07	1985 年	
	彩虹花园	5.60	1.23	34.55	13.82	2012 年	
	瑞丰花园	16.27	0.48	15.71	6.28	2002 年	
环网型	新园村	6.19	2.10	41.48	16.59	2001 年	
	时代奥城	17.87	3.5	22.57	9.03	2009 年	
	美墅金岛	19.70	0.43	20.80	8.32	2017 年	

环型道路布局在整体上存在明显的环形结构，这一环形结构作为主干与其他道路相连接，包括环网型和环尽型。

环网型：其由作为主干路的环形结构和作为附属部分的网格结构组合而成，道路间交叉互通，如梅江美墅金岛、天津大学新园村、时代奥城等。

环尽型：其由作为主干路的环形结构和作为附属部分的尽端路结构组成，除与主环连接的部分外，大部分道路呈现单向、不回环的特性，如彩虹花园、正兴里、瑞丰花园等。

2）研究区域的降雨情况

天津地处华北平原、海河支流汇流处，四季分明，年均降雨量为 574.9 mm。中心城区 2 年一遇 24 h 降雨量为 89.0 mm，10 年一遇 24 h 降雨量为 166.8 mm。另据气象记录，近 10 年天津市每年都会遭受单次降雨 150 mm 以上的重大暴雨事件。天津市 24 h 设计降雨雨型分配见图 5-21。

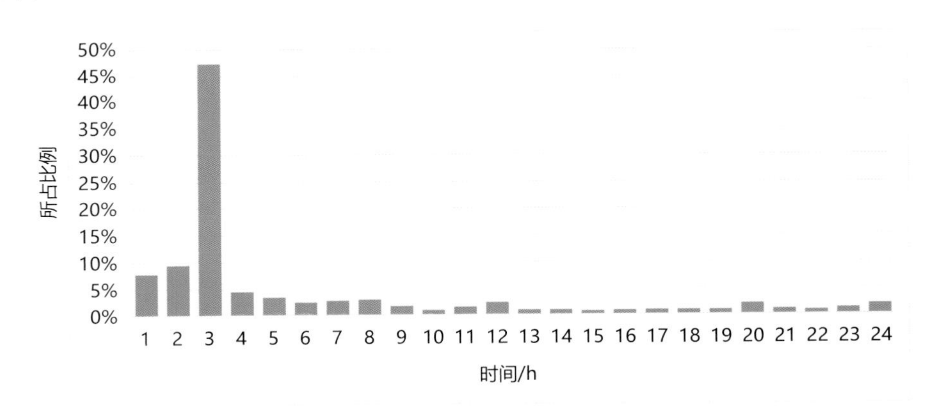

图 5-21　天津市 24 h 设计降雨雨型分配

2. 研究方法

1）图像数字化技术及典型居住小区空间信息概化模型提取

图像数字化技术以复杂多变的图像信息为对象，将其转变为可以由计算机识别的数字、数据，再以这些数字、数据在计算机中建立起适当的数字化模型，进行统一处理。这一技术在城市规划、测绘学、摄影测量、遥感等领域已获得广泛应用。本节采用图像数字化技术处理小区卫星影像，提取道路的矢量空间布局信息，以此获得描述道路布局的相关数据指标。

天津典型居住小区概化模型由住宅建筑、住宅组团级道路（宽 3 ～ 5 m）以及绿地组成。为便于对比试验结果，控制模型容积率不变，假设：住宅建筑均为 6 层普通居民楼，规模为常见尺寸 75 m（长）×15 m（宽）×20 m（高）；道路为 4 m 宽的住宅组团级道路；绿地占据场地内除建筑和道路以外的全部空间。

概化模型提取过程包括 3 步。首先，确定居住小区概化模型的面积规模。天津中心城区居住小区面积多为 16 hm^2 左右，故概化模型为 400 m×400 m 的正方形场地。其次，提取路网布局，采用图像数字化技术，以小区卫星影像为对象，提取道路矢量空间布局信息，选取能够反映居住小区道路布局特点的“长边特征值”“短边特征值”“平均长宽比”“平均路网密度”“交叉点比值”“环面积占比”等作为描述居住小区道路平面形态的几何参数。利用 ArcGIS，分别计算分属 4 类道路布局模式的 46 个居住小区路网的几何参数，获得不同道路布局模式的空间几何指标（表 5-5）。据此在 400 m×400 m 的正方形场地中确定 4 种路网模式的概化模型，并进一步采用网络分析法，利用表示拓扑关系的道路指数如

表 5-5　居住小区道路布局概化模型的几何指标

		参数	指标值
网格型		长边特征值 /m	46.72
		短边特征值 /m	93.43
		平均长宽比	2:1
		居住小区平均面积 / 万 m^2	18.54
		平均路网密度 / （km/km^2）	35.72
尽端型		长边特征值 /m	102.31
		短边特征值 /m	42.36
		居住小区平均面积 / 万 m^2	10.46
		平均路网密度 / （km/km^2）	26.63
		交叉点比值	1:2:3
		单位面积交叉点数 / （个 / 万 m^2）	3.41
		非尽端路长短边比值	2:1
环型	环网型	居住小区平均面积 / 万 m^2	12.95
		环面积占比 /%	23.56
		平均路网密度 / （km/km^2）	30.58
	环尽型	居住小区平均面积 / 万 m^2	11.43
		平均路网密度 / （km/km^2）	24.75
		环面积占比 /%	23.56

注：表中，平均长宽比为长边与短边的比值；非尽端路长短边比值为尽端型路网中网格长宽比；交叉点比值为四支交叉点、三支交叉点、单支点的比值；环面积占比为环结构面积占居住小区总面积的比值。

连接度指数 J、回路性指数 α、节点通达度 β 验证模型的准确性。最后，确定居住小区内建筑的空间布局。参考《城市居住区规划设计标准》（GB 50180—2018），6 层住宅楼的楼间距最小为 9 m，侧面楼间距最小为 6 m，以排布最多建筑数为原则进行建筑空间布局绘制，从而获得网格型、尽端型、环尽型和环网型居住小区的概化模型（图 5-22）。

由概化模型可知，不同道路布局模式的道路密度不同。但由于相同场地中较少的道路面积可以产生较多的建筑占地面积，故 4 个场地内总硬化面积差异较小，场地综合径流系数值相近。

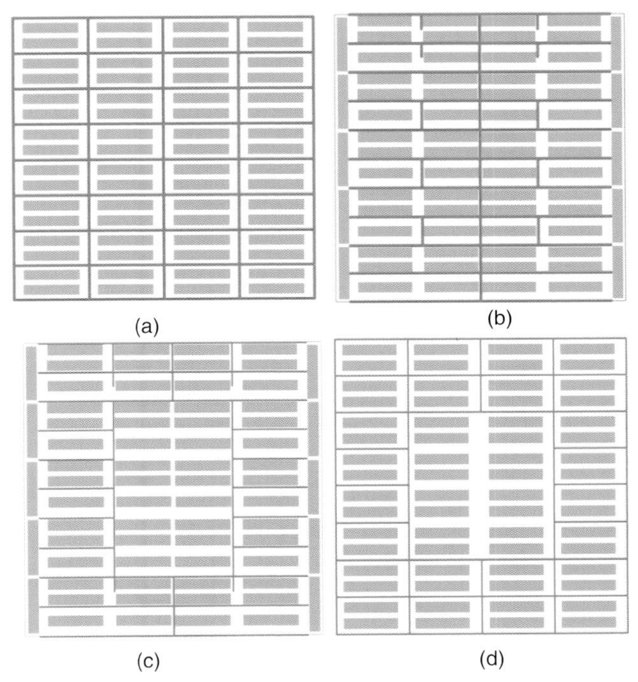

图 5-22 居住小区 4 种道路类型的概化模型
(a) 网格型；(b) 尽端型；(c) 环尽型；(d) 环网型

2）SWMM 产汇流过程模拟技术及典型居住小区水文过程模拟模型建立

雨洪管理模型（Storm Water Management Model，简称 SWMM）是美国环境保护署（US EPA）开发的动态降水 - 径流模拟模型，主要用于城市某一单一降水事件模拟以及长期的水量和水质模拟。在世界范围内它被广泛应用于城市地区雨水径流、合流管道、污水管道和其他排水系统的规划、分析和设计。为便于横向比较，本研究为概化场地的水文过程模拟设定了相同的地形水文条件。

（1）模型地势北高南低，中部轴线沿线低而东西边缘线高，其中南部边缘中心点高程最低，设为整个场地对外的排水口，其高程设为基准点。南北与东西两侧坡度均为0.1%，1 000倍放大效果的场地地形示意见图5-23。

图5-23 1 000倍放大效果的场地地形示意

（2）设定模型场地内非道路区域地势高于道路地势，道路路牙高度为0.1 m。

（3）模型中曼宁系数取值：不渗透性粗糙系数为0.012，渗透性粗糙系数为0.6，渗入参数计算均选用哈通（Horton）算法。

（4）为剖析居住小区道路布局模式对于地表产汇流过程的影响，故在SWMM构建中将道路布局作为影响地表产汇流过程的唯一因素。在下垫面处理方面，设各模型硬质化率相同（场地中硬质下垫面由建筑和道路共同组成，道路均为不透水路面），场地综合径流系数值相近。此外，由于居住小区中道路是影响产汇流过程的源头要素，而雨水管网是末端要素，且在居住小区规划设计过程中，道路布局规划先于场地排水规划，且常规情况下排水规划的布局是以道路布局为依据确定模式后，再核算管道规格的。即道路布局是管网规格和布局设计的上位边界条件，故此处模型不考虑市政雨水管网信息。

基于以上设定，建立典型居住小区水文过程模拟模型，居住小区4种路网布局的SWMM见图5-24。分别计算4种道路布局场地概化模型的连续性误差，结果均在SWMM指导手册中提出的允许连续性误差区间内，故判断上述模型模拟结果可信。

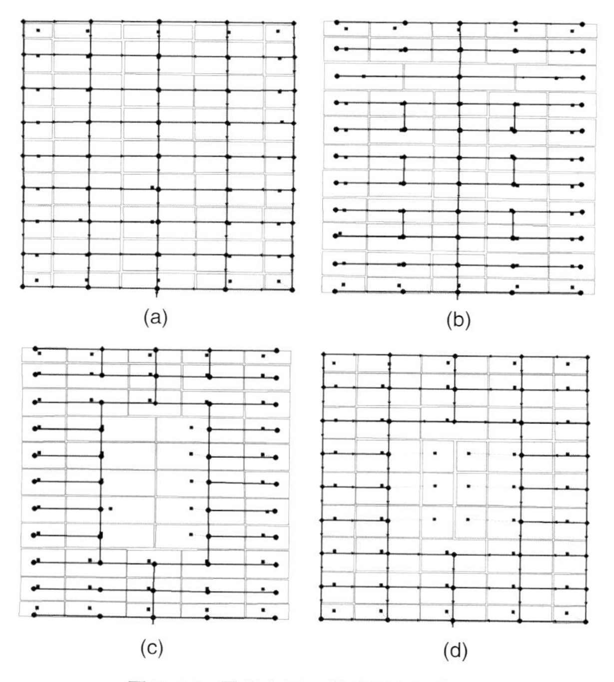

图5-24 居住小区4种路网布局的SWMM
(a) 网格型；(b) 尽端型；(c) 环尽型；(d) 环网型

3. 模拟结果分析

1）10 年一遇暴雨工况

10 年一遇 24 h 降雨情况下，产汇流过程模拟结果显示，4 种场地的地表产流量均在 2.59×10^6 L 左右，这与 4 个场地综合径流系数相近直接相关。在产流总量基本相同的情况下，分别对 4 种场地的对外出流量、内部积水量以及汇流速度进行比较，探讨道路布局对居住小区产汇流过程的影响。

(1) 场地对外出流量分析如下。

强降雨情况下，场地产流一部分向场地外排出，另一部分滞留于场地内形成积水。在产流量相同的情况下，外部出流量越大，场地的排水能力越强，则说明强降雨情况下场地具有较好的适应性。本节提出适应性指数，即用外部出流量与场地总产流量的比值来表征强降雨情况下 4 种道路布局的适应性。计算公式如下：

$$F_n=V_{n外}/V_{n总} \tag{5-1}$$

式中：F_n——第 n 种路网布局类型的适应性指数；

$V_{n外}$——场地外部出流量；

$V_{n总}$——场地总产流量。

结果显示（表 5-6），4 种道路布局概化场地的外部出流量排序为网格型＞环网型＞环尽型＞尽端型，表明强降雨情况下网格型路网的排水能力明显强于尽端型，环型的排水能力介于上述二者之间。环网型与网格型二者的排水能力相差不大，相比之下，环型路网的加入可有效提高尽端型路网布局的排水能力。

表 5-6 SWMM 计算结果

类型	地表径流 /×10⁶ L	外部出流量 /×10⁶ L	内部出流量 /×10⁶ L	适应性指数
网格型	2.582	2.144	0.472	0.83
尽端型	2.587	1.657	0.963	0.64
环网型	2.597	2.114	0.512	0.81
环尽型	2.579	1.768	0.844	0.69

（2）场地内部积水情况分析如下。

此处以节点积水指数和路段积水指数表征不同类型道路布局场地内部的积水情况。

节点积水指数反映道路交叉口处的积水程度。该值为正，说明该道路交叉口存在积水情况，数值越大则积水越严重；若该值为负，说明该道路交叉口不积水。计算公式为：

$$E_i=(V_i/V_c-1)\times 100 \tag{5-2}$$

式中：E_i——第 i 个节点的节点积水指数；

V_i——第 i 个节点的进流量；

V_c——第 i 个节点的出流量。

路段积水指数综合考虑路段积水时长和积水深度来反映路段积水情况，其数值越大说明路段积水情况越严重。计算公式为：

$$S_n=[a\times(t_n/t_0)+b\times(V_n/V_0)]\times 100 \tag{5-3}$$

式中：S_n——路段 n 的路段积水指数；

t_n——路段 n 的超载时间，总降雨时长 t_0 取 24 h；

V_n——路段 n 的积水量；

V_0——场地产流总量；

a、b——路段积水时长和积水深度对居民出行影响程度的权重值，假定上述两因素具有相同的影响程度，权重取值 0.5。

在 SWMM 模拟结果的基础上，计算 4 种概化场地中各路段和各道路交叉点的路段节点积水指数和路段基水指数，得到分布图，见图 5-25。

从积水点、路段的空间布局看，受地形影响，网格型和尽端型场地的积水集中于中部轴线；而环网型和环尽型的积水则集中于环形结构。进一步对网格型、尽端型中轴线上的对于节点积水指数和路段积水指数与环网型、环尽型中环形结构上的指数比较发现，环形结构具有明显的“坦化效应”，可有效降低网格型和尽端型轴线上的排水压力，显著缓解强降雨条件下积水对居民生活和出行的影响。

从积水点、路段的积水程度看，受累积效应影响，无论网格型、尽端型的轴线还是环网型、环尽型的环形结构，越靠近场地出水口的交叉点、路段，其指标值越高，排水压力越大。节点积水指数和路段积水指数，环尽型的值最高，尽端型的值最低，环网型和网格型的值居中。由此可见，环形结构具有缓解小区内部积水情况、同时加大小区对外排水流量的能力，并在与尽端型路网组合时作用突出。

（3）汇流速度分析如下。

以场地排水口处的峰值大小、峰值起始时间和峰值持续时长为指示指标，表征场地道路的汇流速度，模拟结果（图 5-26、表 5-7）显示，在峰值流量方面，网格型的峰值流量明显大于尽端型，且环形结构的加入对峰值大小的影响较小；在峰值起始时间方面，尽端型最早出现峰值，网格型和环网型滞后；峰值持续时长方面，尽端型＞环尽型＞网格型＞环网型。由此可知，在强降雨条件下，网格型道路布局不仅能够延缓峰值流量的出现，而且雨水径流一旦达到峰值流量，可以较大的出流流速在较短的时间内完成外排水过程，表

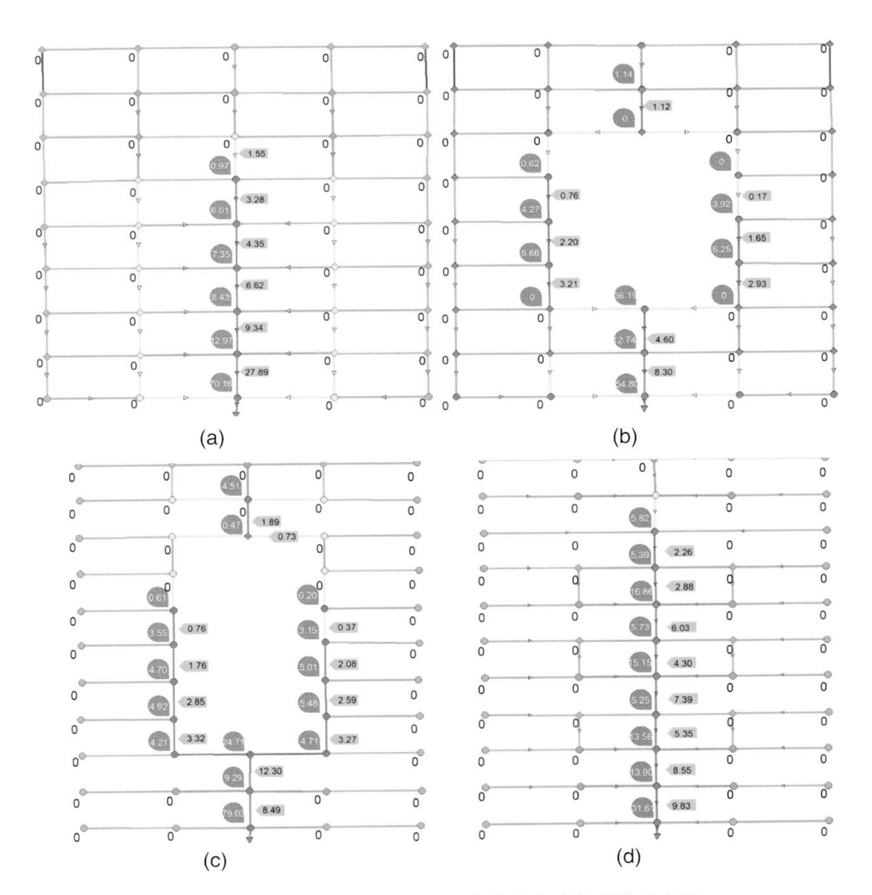

图 5-25　4 种道路布局内部积水节点与路段积水分布图
(a) 网格型；(b) 环网型；(c) 环尽型；(d) 尽端型

注：红色圆点表明该道路交叉节点存在积水问题，其上数值为节点积水指数；黄色箭头表明该路段存在积水问题，其上数值为路段积水指数。其余未标注的节点和路段表明该处无积水现象

现出较好的雨洪管理弹性。此外，模拟发现，环形结构无论与网格型还是尽端型路网叠加均表现出减少峰值持续时间、延缓峰值出现时间的作用。

综上所述，在强降雨条件下，对比尽端型布局，网格型布局具有对外排水量大、排水速度快的特点，利于减轻场地内部的排水压力；而环形道路结构因具有降低场地内部排水压力的特点，无论与网格型还是与尽端型路网结合，均具有增强场地雨洪管理弹性的作用。

2）中小降雨工况

以 80% 年径流总量控制率对应的设计降雨强度作为常降雨工况进行 SWMM 模拟可知，4 种道路布局概化场地的地表产流量均为 0.417×10^{6}L 左右，且地表产流量与外部出流量相等，

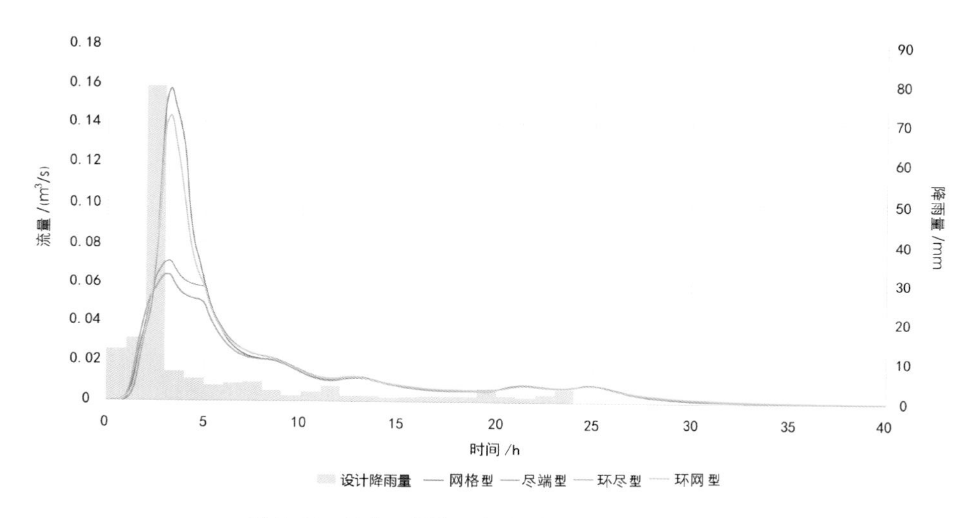

图 5-26　10 年一遇降雨事件下模型排放口流量图

表 5-7　10 年一遇降雨事件下模型汇流特征表

类型	峰值流量 /(m³/s)	峰值起始时间 /h	持续时长 /min	排尽时间 /h
网格型	0.1504	3	60	31
尽端型	0.0631	2	195	31
环网型	0.1429	3	45	32.5
环尽型	0.0700	2.5	180	32.25

即内部积水量为零，场地内不存在积水现象。4 个模型出水口峰值流量大小排序为：尽端型＞网格型＞环尽型＞环网型（图 5-27）。

进一步对道路汇流速度进行比较，见表 5-8，在峰值起始时间方面，各类型间差异很小。而在持续时长方面，峰值持续时长排序为环网型＞环尽型＞网格型＞尽端型。环形结构的加入可有效延长网格型和尽端型道路布局场地峰值持续的时长，即雨水可以较低的峰值流量在较长的时间内排出，滞水效果较好，为中小降雨强度下“渗”“滞”“净”等低影响开发雨洪管理策略创造了条件和可能。

综上，中小强度降雨条件下，网格型和尽端型道路布局对场地产汇流过程的影响差异很小。但是环形结构无论与网格型还是与尽端型路网进行结合，均具有促进雨水滞留于场地的效果，为雨水径流的“就地处理”创造有利条件。

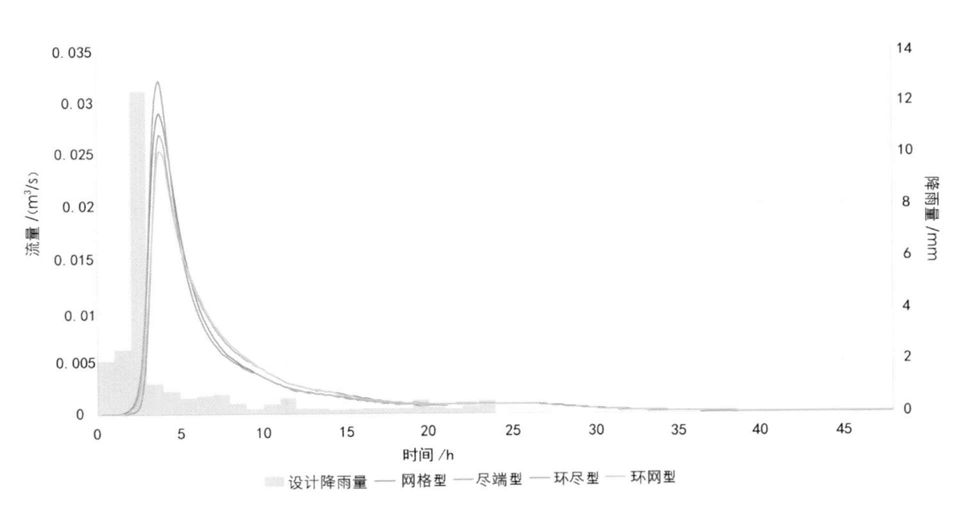

图 5-27 中小降雨事件下（30.4 mm 降雨）模型排放口流量图

表 5-8 中小降雨事件下模型汇流特征总结表

类型	峰值流量 / (m^3/s)	峰值起始时间 /h	持续时长 /min	排尽时间 /h
网格型	0.028 9	3.00	180	17.75
尽端型	0.032 0	3.00	165	18.25
环网型	0.025 2	3.00	375	19.25
环尽型	0.026 8	3.25	285	19.25

4. 新建居住小区道路布局选用策略

● 新建居住小区的道路系统布局尽可能采用环网型，融合“小社区、密路网”的建设模式，增大城市中环型、环网型居住小区的比例。

● 鉴于环网型布局结构在强降雨情况下外排水量大的产汇流特点，建议环网型居住小区对外排水口处应配置与排水需求相符的排水管道或泵站。

● 环网型居住小区应充分利用环形结构沿线的可利用空地，布设分散化的低影响开发措施，包括灰色与绿色基础设施。绿色基础设施利于中小降雨强度下促进雨水滞留、净化、下渗；灰色基础设施可在强降雨情况下收集过量雨水径流，降低出水口排水压力的同时以备它用。

● 在城市中集中连片的居住区内，少量居住小区可采用环尽型。在强降雨情况下，环网型与环尽型道路雨水峰值出现时间和峰值持续时长的差异，可有效降低大规模居住区给城市排水管网带来的排水压力。

5.2 海绵城市低影响开发系统构建措施的选择依据

不同的场地约束条件会对低影响开发措施的选择及其组合模式产生直接影响。鉴于《海绵城市建设技术指南》以及各地方的海绵城市建设导则已对众多典型的低影响开发措施的功能和构造特点进行了详细介绍，故海绵城市总体规划的建设指引部分应结合城市的自身情况和特点重点明确低影响开发措施在该地的适用性和经济性等，以便为规划设计人员进行低影响开发系统设计提供措施选择的依据和准则。本节以列表的形式分别从管理目标、用地性质、自然环境特点、社会影响因素等几方面对低影响开发措施的适宜性进行比选，以此作为海绵城市宏观总体规划措施层面建设指引的重要组成部分。

5.2.1 从管理目标出发的低影响开发措施选择

表 5-9 从不同低影响开发措施所能发挥的雨洪管理功能出发进行各措施的比选，可以帮助规划设计者筛选出与场地预先制定的雨洪管理目标相匹配的某一单项或一组措施。

表 5-9 从管理目标出发的低影响开发措施比选表

类别	低影响开发措施	径流总量控制	径流峰值控制		径流污染物控制			
			高重现期降雨（2 年一遇降雨）	低重现期降雨（15 年一遇降雨）	TSS（总可溶性固形物）	N（氮）	重金属	细菌
绿色屋顶	简易式绿色屋顶	●	◎	○	70% ~ 80%	> 30%	> 60%	> 70%
	花园式绿色屋顶							

续表

类别	低影响开发措施	径流总量控制	径流峰值控制		径流污染物控制			
			高重现期降雨（2 年一遇降雨）	低重现期降雨（15 年一遇降雨）	TSS（总可溶性固形物）	N（氮）	重金属	细菌
雨水收集再利用措施	雨水收集再利用措施	●	◎	○	—	—	—	—
断接措施	雨落管断接	◎	◎	○	○	○	○	—
	不透水道路铺装断接							
透水铺装	透水沥青	◎	◎	○	80% ~ 90%	○ *	○ *	—
	透水混凝土	◎						
	碎石铺装	●						
	透水砖	●						
生物滞留池	典型生物滞留池	●	◎	○	70% ~ 95%	> 30%	>60%	>70%
	线形道路生物滞留池							
	生态树池							
	高位植台							
渗透设施	渗井	●	◎	○	—	> 30%	>60%	> 70%
	渗透塘				70% ~ 80%			
过滤设施	表面砂滤器	○	○	○	75% ~ 95%	> 30%	>60%	35% ~ 70%
	腔式地下砂滤器							
	旁式砂滤器							
传输设施	植草沟	●	○	○	35% ~ 90%	15% ~ 30%	> 60%	○
	砾石干沟	○			○		—	
	渗渠	◎			35% ~ 70%		> 60%	

续表

类别	低影响开发措施	径流总量控制	径流峰值控制		径流污染物控制			
			高重现期降雨（2年一遇降雨）	低重现期降雨（15年一遇降雨）	TSS（总可溶性固形物）	N（氮）	重金属	细菌
储水设施	湿塘	●	●	●	50%～80%	＞30%	＞60%	＞70%
	雨水湿地				50%～80%	＞30%	＞60%	
	干塘				35%～90%	—	—	—
	雨水罐				80%～90%	—	—	—
	地下储水设施				80%～90%	—	—	—
调节设施	调节池	○	●	●	—	◎ *	◎ *	◎ *

注：(1) ●—— 能效强，◎—— 能效较强，○—— 能效弱或很小。
(2) * 表示与措施的构造设计或水力停留时间的关系较大。
(3) 数据来源于《海绵城市建设技术指南》、*New York State Stormwater Management Design Manual*、*District of Columbia Stormwater Management Guidebook*。

5.2.2 从用地性质出发的低影响开发措施选择

表5-10从不同低影响开发措施适用的用地性质角度出发进行各措施的比选，可以帮助规划设计者筛选出与场地利用方式相匹配的某一单项或一组措施。

表5-10 从用地性质出发的低影响开发措施比选表

类别	低影响开发措施	居住区（中、高容积率）	商业区	道路（主干路、快速路）	绿地与广场
绿色屋顶	简易式绿色屋顶	◎	●	—	—
	花园式绿色屋顶				

续表

<table>
<tr><th>类别</th><th>低影响开发措施</th><th>居住区（中、高容积率）</th><th>商业区</th><th>道路（主干路、快速路）</th><th>绿地与广场</th></tr>
<tr><td>雨水收集再利用措施</td><td>雨水收集再利用措施</td><td>●</td><td>●</td><td>○</td><td>●</td></tr>
<tr><td rowspan="2">断接措施</td><td>雨落管断接</td><td>●</td><td>●</td><td>—</td><td>—</td></tr>
<tr><td>不透水道路铺装断接</td><td>●</td><td>●</td><td>●</td><td>●</td></tr>
<tr><td rowspan="4">透水铺装</td><td>透水沥青</td><td>◎</td><td>◎</td><td>◎</td><td>◎</td></tr>
<tr><td>透水混凝土</td><td>◎</td><td>◎</td><td>◎</td><td>◎</td></tr>
<tr><td>碎石铺装</td><td>●</td><td>●</td><td>○</td><td>●</td></tr>
<tr><td>透水砖</td><td>●</td><td>●</td><td>○</td><td>●</td></tr>
<tr><td rowspan="4">生物滞留池</td><td>典型生物滞留池</td><td rowspan="4">●</td><td rowspan="4">●</td><td rowspan="4">●</td><td>●</td></tr>
<tr><td>线形道路生物滞留池</td><td>◎</td></tr>
<tr><td>生态树池</td><td>●</td></tr>
<tr><td>高位植台</td><td>●</td></tr>
<tr><td rowspan="2">渗透设施</td><td>渗井</td><td rowspan="2">●</td><td rowspan="2">●</td><td rowspan="2">◎</td><td rowspan="2">●</td></tr>
<tr><td>渗透塘</td></tr>
<tr><td rowspan="3">过滤设施</td><td>表面砂滤器</td><td rowspan="3">◎</td><td rowspan="3">◎</td><td rowspan="3">◎</td><td rowspan="3">◎</td></tr>
<tr><td>腔式地下砂滤器</td></tr>
<tr><td>旁式砂滤器</td></tr>
<tr><td rowspan="3">传输设施</td><td>植草沟</td><td rowspan="3">●</td><td rowspan="3">●</td><td rowspan="3">●</td><td rowspan="3">●</td></tr>
<tr><td>砾石干沟</td></tr>
<tr><td>渗渠</td></tr>
<tr><td rowspan="5">储水设施</td><td>湿塘</td><td>●</td><td>◎</td><td>◎</td><td>●</td></tr>
<tr><td>雨水湿地</td><td>●</td><td>●</td><td>◎</td><td>●</td></tr>
<tr><td>干塘</td><td>●</td><td>●</td><td>◎</td><td>●</td></tr>
<tr><td>雨水罐</td><td>●</td><td>○</td><td>○</td><td>○</td></tr>
<tr><td>地下储水设施</td><td>●</td><td>●</td><td>○</td><td>●</td></tr>
<tr><td>调节设施</td><td>调节池</td><td>◎</td><td>◎</td><td>◎</td><td>◎</td></tr>
</table>

注：(1) ●—— 适应性强，◎—— 适应性较强，○—— 适应性弱或很小。
(2) 数据来源于《海绵城市建设技术指南》、*New York State Stormwater Management Design Manual*、*District of Columbia Stormwater Management Guidebook*。

5.2.3 从自然环境特点出发的低影响开发措施选择

场地的自然环境特点如土壤、地下水水位、坡度、排水分区规模等都会对低影响开发措施的适应性、功效发挥以及设计规模产生影响甚至制约。表 5-11 和表 5-12 列出了不同措施适宜的自然环境要素参数，可以帮助规划设计者筛选出与场地自然环境特征相匹配的措施。

表 5-11 从自然环境特点出发的低影响开发措施比选表

类别	低影响开发措施	土壤条件	地下水水位	坡度	服务面积
绿色屋顶	简易式绿色屋顶	—	—	1%~2%[a]	≤绿色屋顶面积的 1.25 倍
	花园式绿色屋顶				
雨水收集再利用措施	雨水收集再利用措施	—	—	—	没有限制，仅与设计相关
断接措施	雨落管断接	没有限制	—	<5%	每个雨落管服务面积小于 100 m^2
	不透水道路铺装断接				断接措施间距小于 25 m
透水铺装	透水沥青	没有限制（若土壤渗透率 <0.2 mm/min，则需要预埋多孔排水管）	>60 cm	<5%	透水铺装面积的 2~5 倍
	透水混凝土				
	碎石铺装				
	透水砖				
生物滞留池	典型生物滞留池	没有限制（若土壤渗透率 <0.2 mm/min，则需要预埋多孔排水管）	>60 cm	<1%	<10 000 m^2
	线形道路生物滞留池				<4 000 m^2
	生态树池				<4 000 m^2
	高位植台				<4 000 m^2
渗透设施	渗井	土壤渗透率 >1.27 cm/h 为宜	>60 cm	<1%	<8 000 m^2
	渗透塘				<20 000 m^2
过滤设施	表面砂滤器	没有限制	>60 cm	—	<20 000 m^2
	腔式地下砂滤器				<1 000 m^2
	旁式砂滤器				<8 000 m^2

续表

类别	低影响开发措施	土壤条件	地下水水位	坡度	服务面积
传输设施	植草沟	没有限制（若土壤渗透率<0.2 mm/min，则需要预埋多孔排水管）	>60 cm	<4%	<10 000 m^2
	砾石干沟	没有限制（若土壤渗透率<0.2 mm/min，则需要预埋多孔排水管）			
	渗渠	土壤渗透率>0.2 mm/min 为宜			
储水设施	湿塘	土壤渗透率>0.2 mm/min 则需要进行衬砌	与地下水连通，否则需要做防渗	<1%	40 000~1 000 000 m^2
	雨水湿地	土壤渗透率>0.2 mm/min 则需要进行防渗处理	与地下水连通，否则需要做防渗	<1%	1 000 000 m^2
	干塘	没有限制	>60 cm	<1%	>40 000 m^2
	雨水罐	—	—	—	没有限制
	地下储水设施	—	—	—	没有限制
调节设施	调节池	土壤渗透率>0.2 mm/min 则需要进行防渗处理	与地下水连通，否则需要做防渗	<1%	40 000~1 000 000 m^2

注：（1）a—— 在增加一定防护设计的情况下，绿色屋顶的坡度可以增大到 25%。
（2）本数据来源于 *District of Columbia Stormwater Management Guidebook*。

表 5-12 以土壤渗透性为依据的低影响开发措施比选表

土壤渗透性区间	<0.1 mm/min	0.1~0.2 mm/min	>0.2 mm/min
低影响开发措施	生物滞留池、砾石干沟以及透水铺装的使用需要配合地埋多孔排水管使用; 渗井、渗塘不宜使用	生物滞留池、砾石干沟以及透水铺装的使用需要配合地埋多孔排水管使用; 渗井、渗塘不宜使用，若采用，需对构造做法进行改良设计	生物滞留池、砾石干沟、透水铺装以及渗井、渗塘均适宜使用，且不需要预埋多孔排水管

5.2.4 从社会环境因素角度出发的低影响开发措施选择

除了自然环境特点，包括社会接受度、建造成本、占地空间、安全风险、维护成本等在内的社会环境因素也会对低影响开发措施的选择产生影响。表 5-13 从社会环境因素角度出发，列出了各低影响开发措施的适应性，以供规划设计人员进行选择参考。

表 5-13 从社会环境因素角度出发的低影响开发措施比选表

<table>
<tr><th>类别</th><th>低影响开发措施</th><th>安全风险</th><th>占地空间 [a]</th><th>建设成本</th><th>维护成本 [b]</th><th>其他</th></tr>
<tr><td rowspan="2">绿色屋顶</td><td>简易式绿色屋顶</td><td rowspan="2">L</td><td rowspan="2">L</td><td rowspan="2">H
(100~300 元 /m²)</td><td>M</td><td rowspan="2">增加建筑结构负荷</td></tr>
<tr><td>花园式绿色屋顶</td><td>L</td></tr>
<tr><td>雨水收集再利用措施</td><td>雨水收集再利用措施</td><td>L</td><td>L</td><td>M</td><td>L</td><td>—</td></tr>
<tr><td rowspan="2">断接措施</td><td>雨落管断接</td><td>L</td><td>L</td><td>L</td><td>L</td><td>—</td></tr>
<tr><td>不透水道路铺装断接</td><td>L</td><td>L</td><td>L</td><td>L</td><td>—</td></tr>
<tr><td rowspan="4">透水铺装</td><td>透水沥青</td><td rowspan="4">L</td><td rowspan="4">L</td><td rowspan="4">—</td><td rowspan="4">—</td><td>—</td></tr>
<tr><td>透水混凝土</td><td>—</td></tr>
<tr><td>碎石铺装</td><td>—</td></tr>
<tr><td>透水砖</td><td>—</td></tr>
<tr><td rowspan="4">生物滞留池</td><td>典型生物滞留池</td><td rowspan="4">L</td><td>M</td><td>H
(150~800 元 /m²)</td><td>M</td><td rowspan="4">景观审美价值突出</td></tr>
<tr><td>线形道路生物滞留池</td><td>M</td><td>H</td><td>H</td></tr>
<tr><td>生态树池</td><td>L</td><td>M</td><td>M</td></tr>
<tr><td>高位植台</td><td>L</td><td>L</td><td>L</td></tr>
</table>

续表

类别	低影响开发措施	安全风险	占地空间 *a*	建设成本	维护成本 *b*	其他
渗透设施	渗井	L	M	M	M	及时清理，避免堵塞
	渗透塘					
过滤设施	表面砂滤器	L	M	L	M	—
	腔式地下砂滤器	L	L	H	H	—
	旁式砂滤器	L	M	M	M	—
传输设施	植草沟	L	M	L (20~200 元 /m^2)	L	—
	砾石干沟			L	M	及时清理，避免堵塞
	渗渠			M	M	及时清理，避免堵塞
储水设施	湿塘	M	H	H (400~600 元 /m^2)	L	景观审美价值突出；有蚊虫隐患
	雨水湿地	M	H	H (500~700 元 /m^2)	M	景观审美价值突出；有蚊虫隐患
	干塘	L	H	M	L	—
	雨水罐	L	L	M	L	—
	地下储水设施	L	L	H	H	—
调节设施	调节池	M	H	H (200~400 元 /m^2)	M	—

注：（1）H——高，M——中等，L——低或较少。

（2）本数据来源于《海绵城市建设技术指南》、*District of Columbia Stormwater Management Guidebook*。

（3）*a*——强调因低影响开发措施使用而导致其他功能无法利用的空间大小，而非指单纯意义上的措施所占据的空间大小。

（4）*b*——指包括清淤、植物浇灌和设备疏通、更换等需要长期进行的维护、检修和监管工作。

第 6 章 海绵城市专项规划案例——以冀州中心城区为例

6.1 城市概况

6.1.1 区位条件与经济社会概况

1. 区位条件

冀州区位于河北省东南部、衡水市西南，地处华北平原腹地，东与枣强县（隶属衡水）为邻，南与南宫市、新河县（隶属邢台）接壤，西与宁晋县（隶属邢台）、辛集市相连，北隔衡水湖与桃城区相望。冀州中心城区紧临衡水湖南侧，处在106国道、省道郑昔线交会处。

2. 现状用地

冀州中心城区现状用地情况见图6-1。冀州中心城区的现状用地以居住用地、公共服务用地和工业用地为主。其中现状居住用地占现状建设用地的53.18%，由居住小区、单位家属院和城中村组成，多为多层、小高层和高层建筑。城中村分布在现状建设区的外围。2010年以前建设的小区以多层建筑为主，容积率为1.0～1.6，建筑密度为30%～40%；

图6-1 冀州中心城区现状用地情况

2010年以后建设的居住区以小高层、高层建筑为主，容积率为2.0～3.0，建筑密度为25%～30%。公共管理与公共服务设施现状用地占现状建设用地的6.62%，以行政办公、教育科研、医疗卫生设施为主。工业用地占现状建设用地的13.03%，主要分布在规划区的东南部、西南部，此处存在部分工业用地与居住用地交织的情况。

3. 经济社会概况

冀州区辖冀州镇、官道李镇、南午村镇、周村镇、码头李镇、西王镇、门家庄乡、徐家庄乡、北漳淮乡、小寨乡等乡镇。其中心城区人口指在古城社区、春风社区、温泉社区、滏阳社区、长安社区、迎宾社区、信都花园社区等社区居住的常住人口、现状建成区包含的村庄人口以及规划区内建设用地覆盖的其他村庄人口。中心城区的产业布局相对集中，采暖铸造、玻璃钢加工等优势产业发展良好，已在冀州经济技术开发区内形成一定程度的规模经济的集聚效应。

6.1.2 气候与地形条件

1. 气候条件

冀州中心城区属于暖温带半干旱地区，大陆季风气候显著，春季干燥多风，夏季炎热多雨，秋季天高气爽，冬季寒冷少雪，四季分明，光照充足，寒旱同期，雨热同季，光热资源比较丰富。自1958年到2007年，该城区年平均气温为11.5 ℃，1月平均气温为-3.4 ℃，7月平均气温为27.1 ℃，极端最高气温为42.7 ℃（2002年7月15日），极端最低气温为-21.7 ℃（1972年1月26日）；年平均降水量为415.9 mm，年最大降水量为917 mm（1964年），年最小降水量为205.2 mm（1992年），降水四季分布不均，主要集中在夏季。土壤稳定冻结在11月底；土壤解冻一般在2月下旬到3月初，解冻日期为2月中旬，最大冻土深度为53 cm。冀州区多年平均风速为3.40 m/s，4月风速最大，为4.70 m/s；8月风速最小，为2.50 m/s。盛行风向为南风，频率为14%，偏西风最少，频率为2%。

2. 降水条件

冀州中心城区属于东亚温带季风气候，易出现春旱夏涝现象，严重大旱、大涝年份不多，降水的主要特点如下。

（1）降水量季节分配不均（图6-2）。雨量集中于夏季，平均为342.50 mm，占全年降水总量的67%；冬季降水平均只有12.40 mm，占全年的2%；秋季和春季降水分别为98.80 mm和56.20 mm。该区最长连续降水日数为10 d，出现在2004年7月9日至18日，降水量达170.60 mm，大部分年份连续降水日数为4～7 d。最大单日降水为234.50 mm，出现在1989年7月21日。最长无降水期为106 d，出现在1999年12月2日至2000年3月17日，大部分年份无降水期在 30 ～ 50 d 之间。

（2）干湿季节分明。冀州中心城区夏季高温多雨，冬季寒冷干燥，雨热同期对农业生产十分有利；适量降水日数少，降水利用价值低。全区年降水日数平均为 67.80 d，适量降

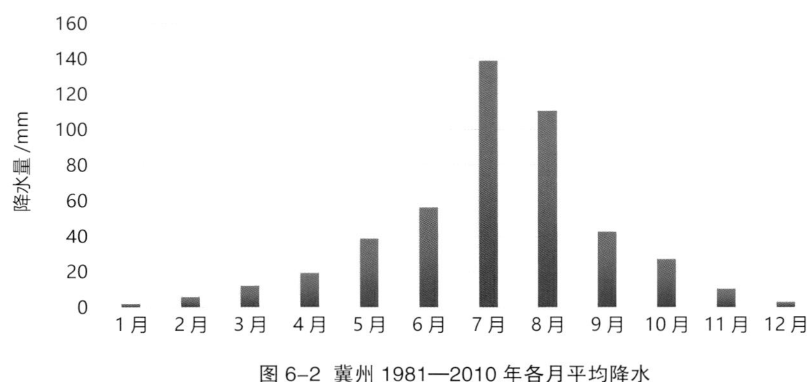

图 6-2 冀州 1981—2010 年各月平均降水

水日数为 23.10 d，仅占总降水日数的 34.07%。小于 10 mm 的降水多被植物所截留，不能入渗到植物根部。大于 50 mm 的降水，多失于径流。

（3）所在的冀州区降水量年际变化大（图 6-3 和表 6-1）。冀州区多年平均降水量为 448 mm，年降水相对变率为 23%，春夏秋冬四季降水相对变率分别为 59%、26%、37%、63%。年降水量最多的 1964 年降水为 917 mm；1992 年降水最少，约为 205 mm。由于降水量年际变化大，易出现旱涝灾害。

（4）干旱程度越来越严重。在 1958—1978 年的 21 年间，年降水量大于 600 mm 的年

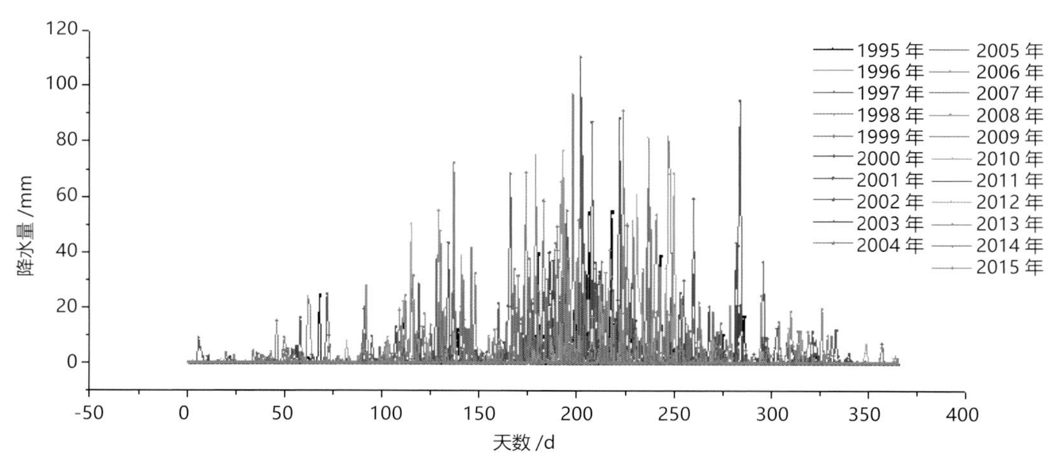

图 6-3 冀州区 1995—2015 年场次降水量分布

表 6-1　冀州区 1951—2006 年降水总量统计表

年份	年降水量 / mm	年份	年降水量 / mm	年份	年降水量 / mm	年份	年降水量 / mm
1951	601	1965	420	1979	493	1993	541
1952	207	1966	308	1980	393	1994	534
1953	853	1967	442	1981	549	1995	462
1954	677	1968	345	1982	413	1996	429
1955	620	1969	469	1983	457	1997	218
1956	677	1970	374	1984	461	1998	416
1957	355	1971	504	1985	578	1999	252
1958	537	1972	256	1986	307	2000	560
1959	621	1973	763	1987	501	2001	527
1960	450	1974	554	1988	402	2002	302
1961	442	1975	444	1989	541	2003	630
1962	581	1976	503	1990	640	2004	496
1963	643	1977	741	1991	570	2005	425
1964	917	1978	487	1992	205	2006	411

份有 5 年，年降水量小于 400 mm 的年份有 4 年；而 1988—2006 年的 19 年间，年降水量大于 600 mm 的年份只有 2 年，年降水量小于 400 mm 的年份却有 4 年，说明由于全球气温升高，气候越来越干旱。

3. 日照及蒸发量

冀州中心城区历年平均光照时数为 2 571. 20 h，5 月日照时数最多为 275. 20 h，全年平均日照百分率为 58%，5 月日照最多，日照百分率为 63%；7 月日照最少，日照百分率为 49%。7、8 两月多阴雨天气，云量多，湿度大，使日照时数和太阳辐射量减少。冀州中心城区多年平均蒸发量为 1 157 mm。

4. 地形

1）地貌

冀州地处华北平原腹地，全境东南部和西北部稍高，东北部较低，地势较为平坦。冀州区在历史上属于黄河、漳河、滹沱河相互沉积区，是 3 条古河流冲积而成的低洼平原。由于河流冲积作用，其基本形成了西南—东北倾斜的地势，一般地区海拔高度为 22 ～ 27 m；最高处是东南部的索泸河两岸沙岗地，海拔为 34 m 左右；最低处是中心城区东北部的衡水湖，海拔为 17 m 左右。受古河流的迁徙泛滥的影响，此区域地势屡有变化，但全区多为平地。冀州中心城区位于衡水湖南侧，地势平坦，无大的起伏。冀州中心城区坡度分析见图 6-4，冀州中心城区高程分布见图 6-5。

2）地层

冀州区地层从老至新为：寒武系、奥陶系、石炭系、二叠系、三叠系、侏罗系、白垩系、第三系、第四系。其中第四系为冲洪积、湖积成因的棕色、褐色黏土、亚黏土和砂层互层，厚 450 ～ 480 m，自下而上分为下更新统、中更新统、上更新统、全新统。

图 6-4　冀州中心城区坡度分析

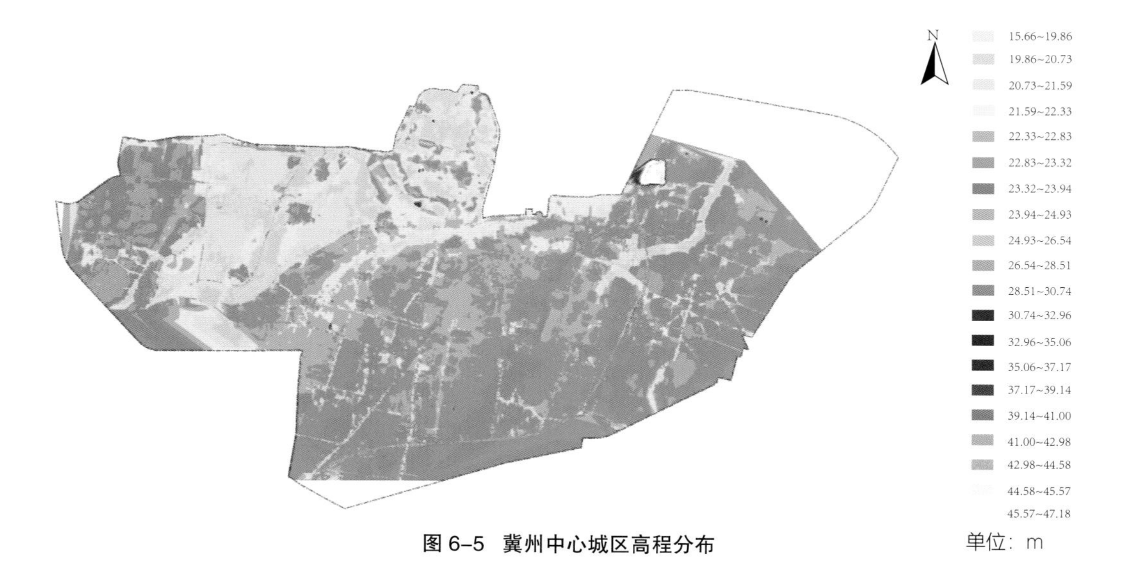

图 6-5　冀州中心城区高程分布

6.1.3 土壤水文特征

1. 土壤类型

冀州的土壤分为中壤质潮土、轻壤质潮土、砂壤质潮土 3 类（图 6-6）。中心城区以中壤质潮土为主，轻壤质潮土及砂壤质潮土占量少。

图 6-6 冀州中心城区土壤类型分布

2. 土层分布特征及渗透性

测点位于冀州中心城区冀新东路与府苑街交叉口东南角。该场地钻探深度内揭露地层除第一层填土外，其余均为第四系全新统冲积、沉积地层，自上而下分层，土层分布及土壤渗透系数等具体数据见表 6-2，土层分布特征见图 6-7。

3. 地下水分布

冀州区位于太行山东麓山前倾伏冲积扇的前缘，水文地质条件比较复杂。该区地下水可划分为浅层淡水、咸水和深层淡水。

（1）浅层淡水。浅层淡水主要分布在冀州的东部及东南部，为潜水或微承压水，厚度为 10 ～ 40 m。

（2）咸水。咸水主要分布在冀州的西部，咸水层厚度由西北向东南逐渐加厚，厚度为 60 ～ 120 m，局部可达 140 m。

（3）深层淡水。深层淡水为承压水，水温高、水质好、单井单位涌水量大，含水层富水性好，为目前冀州地下水的主要开采层。

表 6-2　冀州中心城区土层分布及土壤渗透系数

层级	名称	厚度 /m	埋深 /m	土壤渗透系数
1	黏土	1~2.2	1~3	0.05
2	黏土	1.5~2.4	3~4	0.10
3	黏土	0.5~1.5	3.7~5.5	0.15
4	黏土	2.1~4.1	6.5~8.1	0.20
5	黏土	1.4~2.7	9~10	0.05
6-1	粉土	0.4~1.8	9.4~11.4	0.30
6	细砂	0.8~9.6	19.2	3.0
7	细砂	1~6.5	25	3.0
8	粉质黏土	3.7	25.4	0.33
9	细砂	7.3	32.7	2.5
10	粉质黏土	2~2.2	30~34.8	0.05
11	粉土	5.5	35~40	3.0

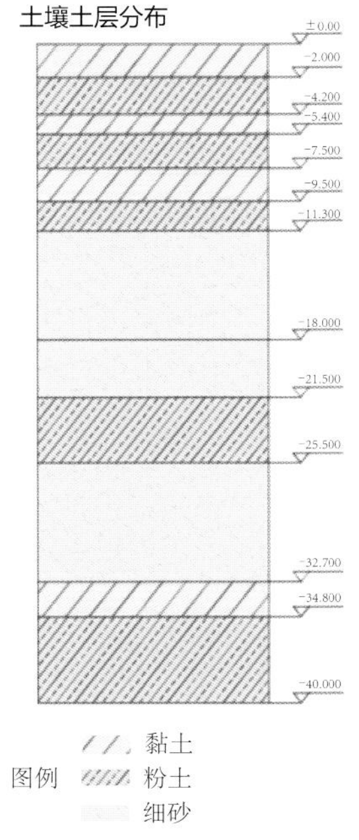

图 6-7　土层分布特征

6.1.4　地表径流

冀州的河流属海河水系，地处平原，河流落差小，水流平稳，汛期水量大。河流在冬季有结冰现象。冀州中心城区北临衡水湖，区内有冀码渠、冀南渠、冀吕渠、冀午渠、冀枣渠以及盐河故道穿过。冀州中心城区现状水系基本情况见表 6-3，冀州中心城区现状水系分布见图 6-8。

衡水湖位于冀州区和衡水市交界处的一片自然洼地，南靠冀州中心城区，北接滏阳河，曾称为千顷洼，东西向平均宽约 12.5 km，南北长约 15 km，海拔为 17 ～ 23 m。衡水湖是华北平原第二大淡水湖，面积和蓄水量仅次于白洋淀。其生物多样性和完整的淡水湿地生态系统在华北内陆地区具有典型代表性。2003 年 6 月，衡水湖自然保护区被批准为国家级自然保护区（国办发〔2003〕54 号）。

目前，衡水湖包括东西两个湖区，最大蓄水量达 1.88 亿 km^3。西湖又叫滞洪区；东湖又叫蓄水区。西湖面积为 32.50 km^2，平均海拔为 19 m，其中西岸海拔为 23 m，地势较高，高程较一致，可容水 0.65 亿 km^3，除丰水年份外，一般不蓄水或短时间蓄水，无水时种植五谷或一季小麦；东湖面积为 42.50 km^2，平均海拔 18 m，其中东岸海拔为 22.50 m，担负着较大的引、排、蓄、灌任务。

表 6–3 冀州中心城区现状水系基本情况

水系	长度 /km	底宽 /m	挖深 /m	河底高程 /m	设计水深 /m	设计流量 / (m^3/s)	边坡系数比	纵坡坡度	防洪标准
冀码渠	16.2	32~40	—	16.8~18.0	3	199.3~219.5	1:3	1/10 000	10 年一遇
冀南渠	23	4~12.5	6~8	17.0	3	56.2	1:3	无	5 年一遇
盐河故道	12.4	5~8	4.5	17.6~18.8	3	26.5~50	1:2	1/10 000	10 年一遇
冀午渠	12.4	5~6	6~8	17	3	27	1:3	无	5 年一遇
冀枣渠	14	0.8~1.5	4	19.2~22.9	2.5	8	1:2	1/6 000~1/5 000	5 年一遇
冀吕渠	23	1~4	4~5	18.36~22.22	2.5	15.2	1:2	1/7 000~1/5 000	—

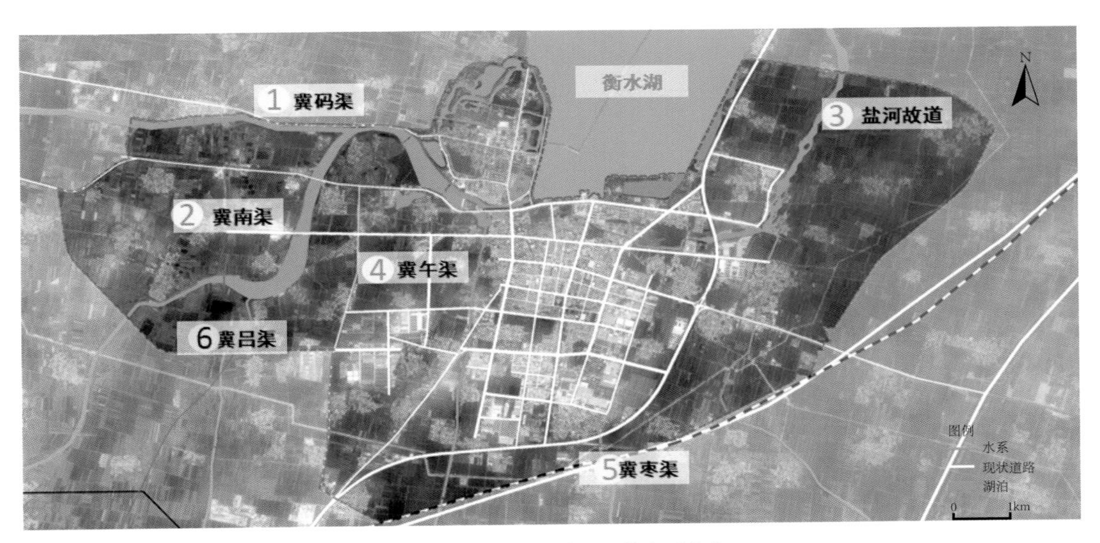

图 6–8 冀州中心城区现状水系分布

6.1.5 上位规划概要

1. 空间布局结构

冀州中心城区规划结合城市滨水特征和空间发展态势，形成“一轴、双心、多组团”

的空间布局结构，见图 6-9。

一轴：指环湖城市发展轴。

双心：包括主城中心和东部新区中心。

多组团：指西部新区组团、老城区组团、主城区组团、南部产业区组团和东部新区组团。

图 6-9 冀州中心城区空间布局结构

● 东部新区组团——东拓拥湖。此组团以现代休闲、商务办公、教育科研、旅游会展等功能为主，结合商业购物、餐饮、娱乐等休闲游憩产业综合发展的特色城市功能区，主要布置行政文化、旅游服务、商务商业和居住等功能的用地。

● 西部新区组团——西游养生。西部新区位于衡水湖自然保护区试验区范围内，现状为村庄与未利用土地。《河北衡水湖国家级自然保护区总体规划（2011—2020）》规定，该区域允许适度开展生态旅游业、牧草业、畜牧业等与保护区相容性较高的生态型产业活动;《冀州区土地利用总体规划（2010—2020）》确定该区域为风景旅游用地。因此，本规划确定西部新区以旅游服务、科研展示、养生度假、养老产业为主导功能，打造特色湿地生态主题公园。

● 主城区组团——中兴主城。此组团是以综合商贸、旅游服务、居住和配套服务为主体的综合性城市功能区，主城区组团进行更新改造，腾出工业用地，增加公园绿地，加强旧城改造，补充公共服务设施，完善道路系统，提升城市品质，主要布置商贸、居住、公共服务设施等用地。

● 老城区组团——北承古风。此组团为以旅游服务、教育为主导的历史城区，体现“汉风水韵”风貌特色。老城以更新改造为主，优化生活环境，维护老城风貌格局，主要布置教育、文化、宗教、商贸和居住等用地。

● 南部产业区组团——南聚产业。此组团是以现代铸造、复合新材料、精细化工、商贸物流等为主体的产业集聚区，主要布置工业、物流、商贸、研发和配套居住等用地。

2. 规划绿地系统结构

规划方案以冀州中心城区现状山水结构为基底，规划“五水汇聚、绿道林荫、蓝绿共交织”的绿地系统结构，形成以滨水廊道为骨架，结合带状绿廊、点状公园的城市绿色开放空间网络。冀州中心城区绿地系统布局见图 6-10。

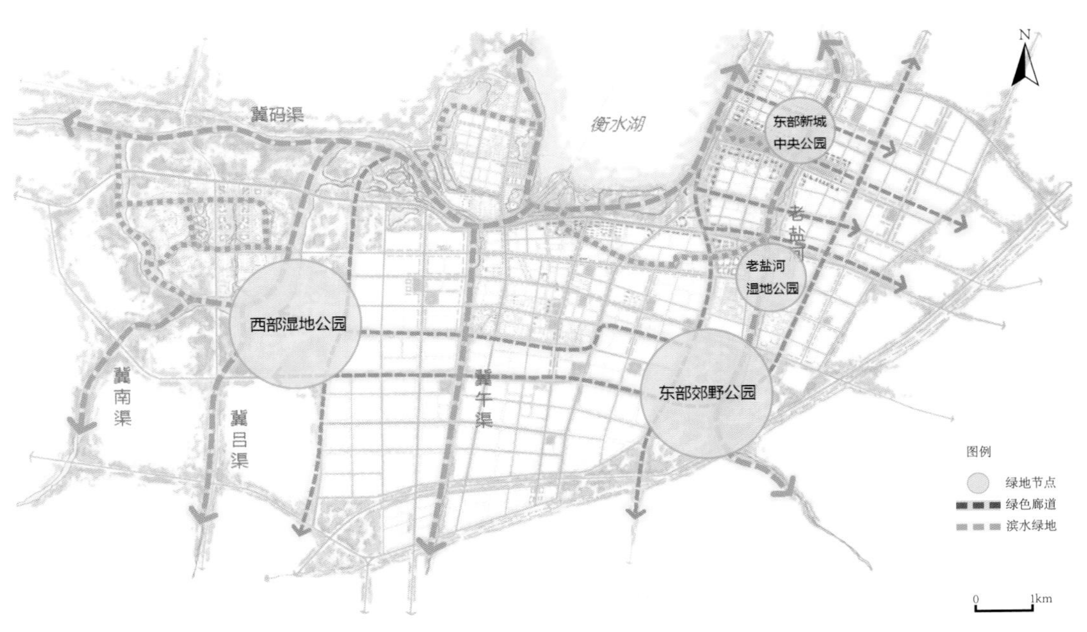

图 6-10 冀州中心城区绿地系统布局

6.2 冀州中心城区海绵建设条件分析

6.2.1 划定区域范围

1. 规划区域范围

本次海绵城市专项规划的范围是冀州中心城区，其北临衡水湖、南临106国道，包括主城区、东部新区、南部产业区、老城区以及西部新区，规划用地面积约为75 km²，规划范围见图6-11。

2. 研究区域范围

冀州中心城区地势平坦，流域划分简单。但鉴于冀州中心城区地表水系除老盐河外均汇入衡水湖，且衡水湖对于规划区乃至更大范围地区的雨洪调控模式和能力具有突出影响，故本规

图6-11 冀州中心城区海绵城市专项规划范围

划的研究区域除总规界定的冀州中心城区范围外，还包括衡水湖。

6.2.2　问题识别

1. 水资源问题

随着冀州中心城区的快速建设和人口增加，中心城区局部不透水面面积高达 90% 以上，雨水径流通过市政管道的快速排放显著减少了区域地表水资源的可利用量和下渗量，从而加大了区域对深层地下水的开采强度。冀州中心城区的深层地下水开采强度属于严重超采，高强度的开发造成地下水水位连年下降，形成大范围的地下水水位降落漏斗，并引发地面沉降等严重的地质环境问题。资源性缺水问题受到高度关注，雨水回用需求较高。

2. 水安全问题

1）暴雨集中，内涝风险加大

冀州中心城区属于暖温带半干旱地区，四季冷暖干湿分明，降雨集中在 6—9 月，雨季极易产生内涝风险和灾害。据最新资料显示，受全球气候变化和热岛效应影响，冀州中心城区暴雨、洪水发生频率呈上升趋势。

2）防洪排涝标准偏低

冀州中心城区，特别是已建区的排水管网设计标准仍以 1 年以下为主，标准明显偏低，并且规划范围内排水体制以雨污合流为主，管道混接乱接、破损严重，高程竖向混乱，淤积严重，排水能力明显不足。此外，城区河道堤防同样存在设计标准偏低、河道排水断面被侵占、堤岸损坏等问题。

6.3 项目目标

6.3.1 项目建设目标

冀州中心城区海绵城市建设的目标有3个。一是提高弹性，提高冀州中心城区防洪排涝能力，实现小雨不积水、大雨不内涝，加大雨水资源利用率，丰富水生态环境。二是增强韧性，提高城市应对突发水状况的能力，一方面完备应急预案，引入智慧水务；另一方面采用景观设计途径，提高系统自我恢复力。三是突出地域性，注重人文地理表达和自然生态呈现。顶层规划在对冀州中心城区“湖—城—河”关系的深入理解上，进行冀州中心城区海绵空间格局设计，形成水生态环境改善和城市发展提升良性共促的模式。底层设计针对冀州中心城区的实际情况，提出不同性质用地的雨洪控制指标和低影响开发系统规划要求。

在明确冀州中心城区生态本底、原有山水林田湖格局和自然水文循环特点的基础上，设计团队系统分析规划中存在的水问题、寻求海绵城市建设需求与目标之间的契合点，从而提出海绵化建设的主导方向；建立海绵城市的指标体系，合理确定海绵城市建设的总体控制目标，保障宏观控制指标到分区组团控制指标的分解落实，对接城市控规；合理确定以小规模的分散化源头生态控制技术为引导的低影响开发模式；提出冀州区海绵城市建设的规划和建设保障措施。

6.3.2 项目建设指标要求

1. 强制性指标要求

综合考虑《海绵城市建设技术指南》、国务院办公厅及河北省关于推进海绵城市建设的指导意见要求，鉴于冀州中心城区是面临内涝与径流污染防治、雨水资源化利用等多种需求的地区，且径流污染控制、雨水资源化利用目标大多可通过径流总量控制实现，因此本规划选择年径流总量控制率作为规划建设的强制性指标。冀州中心城区位于《海绵城市建设技术指南》给出的我国年径流总量控制率分区图中的Ⅲ区，年径流总量控制率目标制定的指导区间为 75% $\leqslant \alpha \leqslant$ 85%。综合考虑《国务院办公厅关于推进海绵城市建设的指导意见》（国办发〔2015〕75 号）及《河北省人民政府办公厅关于推进海绵城市建设的实施意见》（冀政办发〔2015〕48 号）、《衡水市人民政府办公室关于推进海绵城市建设的实施意见》（衡政办发〔2016〕13 号）以及冀州区各建设组团的调蓄能力分析结果，本规划将 80% 的年径流总量控制率作为冀州市中心城区海绵城市专项规划和建设的核心指标要求。本规划基于冀州气象局提供的 1958—2010 年逐日降雨数据，获得冀州年径流总量控制率与设计降雨量对应关系图，明确了 80% 的年径流总量控制率对应的设计降雨量值为 27.5 mm（图 6-12）。

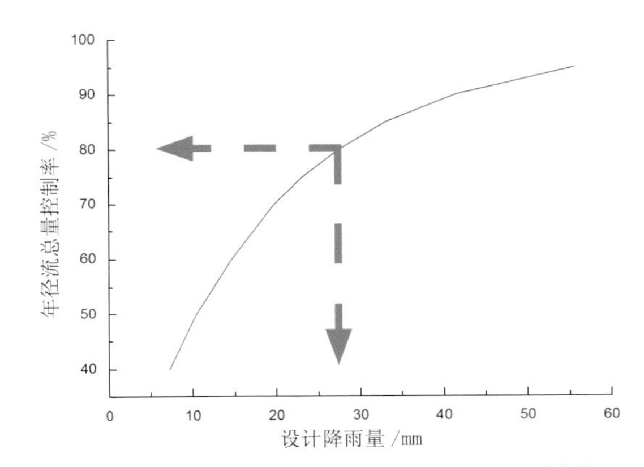

图 6-12　冀州年径流总量控制率与设计降雨量对应关系

2. 其他指标要求

冀州中心城区海绵城市建设指标要求见表 6-4。

表 6-4　冀州中心城区海绵城市建设指标要求

类别	项	指标	2020 年目标	2030 年目标	性质
水生态	1	年径流总量控制率	75%	80%	定量（约束性）
	2	生态岸线恢复率	70%	90%	定量（约束性）
	3	海绵城市达标面积比例	50%	90%	定量（约束性）
	4	地下水水位	年均地下水潜水位保持稳定	年均地下水潜水位保持稳定，较 2020 年的有所上升	定量（约束性）

续表

类别	项	指标	2020年目标	2030年目标	性质
水环境	5	水环境质量	海绵城市建设区域内水体功能区达标率80%以上，不得出现黑臭现象	海绵城市建设区域内的河湖水系水质不低于《地表水环境质量标准》Ⅳ类标准，且优于海绵城市建设前的水质	定量（约束性）
	6	城市面源污染控制	年SS削减率40%	年SS削减率60%	定量（约束性）
水资源	7	污水再生利用率	30%	50%	定量（约束性）
	8	雨水资源利用率	30%	50%	定量（约束性）
	9	管网漏损控制率	≤12%	≤10%	定量（鼓励性）
水安全	10	城市暴雨内涝灾害防治	积水点消除率达到80%	积水点消除率达到100%	定量（约束性）
	11	饮用水安全	龙头水达标率100%	龙头水达标率100%	定量（鼓励性）
制度与文化建设	12	规划建设管控制度	建立海绵城市建设的规划（土地出让、两证一书）、建设（施工图审查、竣工验收等）方面的管理制度和机制		定性（约束性）
	13	蓝线、绿线划定与保护	在城市规划中划定蓝线、绿线并制定相应的管理规定		定性（约束性）
	14	技术规范与标准建设	制定较为健全、规范的技术文件，能够保障当地海绵城市建设的顺利实施		定性（约束性）
	15	投融资机制建设	制定海绵城市建设投融资、PPP（政府和社会资本合作）管理方面的制度机制		定性（约束性）
	16	绩效考核与奖励机制	建立按效果付费的绩效考核机制、与海绵城市建设成效相关的奖励机制		定性（约束性）
	17	产业化	制定促进相关企业发展的优惠政策等		定性（鼓励性）
	18	水文化	结合旅游文化活动，每年开展一次水文化专题活动		定性（鼓励性）
显示度	19	连片示范效应	50%以上的城市建成区达到海绵城市建设要求	90%以上的城市建成区达到海绵城市建设要求	定性（约束性）

6.4　项目总体思路与策略

6.4.1　规划定位

本规划用于解决海绵城市建设过程中的雨水源头控制问题，主要对应于城市雨水在市政排水管网之前的渗滞、净化与利用。市政管网排水、城市水资源、供水、污水、再生水等方面的规划不在本项规划中，但需要考率本规划与它们之间的对接。

6.4.2　规划思路

在城市总体规划框架下，从城市空间特点和水文特性两方面入手，本项目提出“以海绵系统为基础、以指标体系为支撑、以技术措施为先锋”的规划策略，具体思路分述如下。

1. 针对格局建设，提出“自顶向下，蓝绿耦合”策略

涵盖空间布局、土地利用以及蓝绿道系统的城市结构具有明显的对自然与人工水循环系统“自顶向下”的干预和驱动能力；单一模式下独立运行的狭义的雨水管理措施作为“自底向上”的要素，难以有效解决城市水文循环这一庞大且复杂的系统问题。因此，本规划强调从整体化、系统化的方法入手，构建蓝绿基础设施耦合的海绵城市空间格局，从而增强城市雨洪调控系统的综合承载能力，提高城市水环境的弹性。

2. 针对控制要求，提出“结构指引，指标控制”策略

“一刀切”的雨洪管控指标不仅会造成工程建设规模的不合理，更会危及规划对象乃至更大范围的水生态和防洪排涝安全。因此，本规划以海绵城市建设总体目标为依据，以平衡、协调城市中各组团 / 片区的年径流总量控制率、面源污染物削减率为原则，以对接控规需求为目标，将城市总体年径流总量控制率分解到各组团 / 片区；另外，进一步细化、特色化控制指标，将年径流总量控制率这一强制性指标转化为下凹绿地率、透水铺装率、水面率等对接地块建设标准的引导性指标，以此确保海绵城市建设总体目标的分级实施，在体现场地特性的同时，便于对地块海绵体建设进行监管考核。

3. 针对实施需求，提出“异化分类，措施落地”策略

以冀州中心城区现状自然条件和总规定位两方面为基础依据，本项目分别针对旧城区和新城区（不同发展建设阶段），居住区、道路、公园等（不同用地性质）以及水源区和产流区等提出差异化的海绵建设思路、管控标准和技术方法，从而使规划在明确场地差异的基础上，提出实操性强、落地性强的海绵城市建设措施和步骤，保障海绵城市建设工作循序渐进地完成。

6.5 海绵城市总体格局构建

6.5.1 冀州中心城区海绵建设压力分析

1. 冀州中心城区各建设组团综合径流系数计算与分析

根据冀州的城市总体规划（2013—2030 年），冀州中心城区的建设面积将在现状基础上扩大 2.5 倍，建成包括老城区、东部新区、主城区、南部产业区以及西部新区在内的 5 个建设组团。快速增加的硬质地面面积将不可避免地给城市雨洪调蓄带来压力。对比各建设组团现状与规划后的综合径流系数，可以更为直观地了解冀州中心城区内不同建设组团建设低影响开发系统并达到控制指标要求的难易程度。

各建设组团综合径流系数的计算以《建筑与小区雨水控制及利用工程技术规范》（ GB 50400—2016）和“建成区不同功能用地综合径流系数参考值”为依据。由此，计算得出冀州中心城区各建设组团现状与规划后的综合径流系数，详见表 6-5。

由此可见，除西部新区外，其他建设组团的综合径流系数均明显上升。随着城区的发展建设，城区的雨洪调控及防洪排涝压力将明显增大，其中以主城区组团和南部产业区组团最为突出。

表6-5　冀州中心城区各建设组团现状与规划后的综合径流系数

	西部新区组团	老城区组团	主城区组团	南部产业区组团	东部新区组团
现状综合径流系数	0.2	0.42	0.48	0.38	0.23
规划后的综合径流系数	0.16	0.53	0.69	0.65	0.44

2. 冀州中心城区各建设组团单位绿地径流深度控制分析

以冀州中心城区年径流总量控制率对应设计降雨量的关系为依据（表 6-6），以上述各建设组团的综合径流系数为基本参数，采用调蓄容积法，计算获得不同年径流总量控制目标下，各建设组团需要管控（不外排）的径流总量，计算结果见表 6-7。

表 6-6　冀州中心城区年径流总量控制率对应设计降雨量值

年径流总量控制率 /%	60	70	75	80	85	90
设计降雨量 /mm	14.6	19.8	23.1	27.5	33.1	41.5

表6-7 不同年径流总量控制目标下冀州中心城区各建设组团需实现的径流管控量

组团名称	综合径流系数	径流管控量 / 万 m^3		
		75% 总量控制	80% 总量控制	85% 总量控制
东部新区组团	0.44	20.91	24.89	29.96
西部新区组团	0.16	6.83	8.13	9.79
主城区组团	0.69	29.38	34.98	42.10
老城区组团	0.53	5.65	6.73	8.10
南部产业区组团	0.65	20.30	24.17	29.09

鉴于低影响开发雨水系统的构建主要通过对绿地空间的充分利用实现雨水径流的源头化、就地化管控，因此冀州中心城区各建设组团单位绿地径流深度控制采用极端假设法，即假设在最不利的场地条件下（绿地率最小、容积率最大的情况下），计算不同建设组团在目标年径流总量控制率对应的设计降雨强度要求下，场地绿地需完成的径流就地管控深度，以此来评判该建设组团实现年径流总量控制率的压力大小和可能性，计算结果见表 6-8。

下凹绿地为低影响开发系统构建的典型措施之一，《海绵城市建设技术指南》指出，狭义的下凹绿地深度一般为 10 ～ 20 cm，其中有效蓄水深度为 5 ～ 10 cm 较为理想。将表 6-8 的计算结果与下凹绿地理想下凹值比较可知，除南部产业区组团外，冀州中心城区其他各建设组团均具有达到 80% 年径流总量控制率的可能性，但相比而言，主城区和老城区实现雨洪调控目标的压力较大。

表 6-8　80% 年径流总量控制率下冀州中心城区各建设组团单位面积绿地径流深度

组团名称	单位面积绿地径流深度 /mm
东部新区组团	25.48
西部新区组团	5.35
主城区组团	102.32
老城区组团	97.80
南部产业区组团	136.63

注：单位面积绿地径流深度为目标降雨条件下，单位面积绿地需处理的雨水径流深度值。

3. 目标可达性分析

综合上述冀州中心城区各建设组团综合径流系数分析和单位面积绿地径流深度控制分析可知以下两点：第一，鉴于冀州中心城区各建设组团低影响开发系统建设压力的不均，海绵城市空间格局应具有平衡、协调不同建设组团径流管控压力的作用，以此自顶向下发挥空间格局对城市水文循环过程的调节作用；第二，各建设组团海绵城市建设压力的不同，决定了海绵城市总体规划应差异化设定各组团的年径流总量控制率指标。

6.5.2　冀州中心城区海绵建设适宜性分析

如前文所述，海绵城市建设的适宜性受到来自自然环境条件和人工建成环境两方面的综合影响。自然环境条件因子包括高程、坡度、土壤渗透性、地质条件、河流、湿地、水源地、生物栖息地等；人工建成环境因子包括建设年代、用地性质、排水分区、市政设施等。

在海绵城市建设适宜性分析中，以专家对各影响因子的权重赋值为依据，采用层次分析法进行海绵建设适宜性评价，获得分值越高的地区适宜性越强，反之则适宜性越低。最终，将评价结果在 ArcGIS 平台上进行空间叠加和呈现，将规划区域划分为极高适建区、较高适建区、一般适建区、中度适建区和高度适建区 5 个等级。本研究以冀州中心城区自然环境背景为基底，结合城区建设特点及已有相关规划和基础资料，筛选适宜性评价因子，建立适合于该规划区海绵建设适宜性分析的权重值表（表 6-9）。

冀州中心城区地势平坦，无明显的地质问题，导致该区地形地貌因子对于海绵建设的适宜性影响较小（权重值 0.1）。而规划范围内现状及规划的蓝、绿色基础设施和城市建设用地情况成为影响该区海绵建设适宜性最为突出的两个方面（生境权重值为 0.3、用地情况权重值为 0.4）。蓝、绿基础设施易于与海绵城市的雨洪管理措施相结合，而大量规划待建的居住区、公共服务区较老城区在海绵措施的建设和投资成本方面均具有明显优势。针对冀州中心城区的具体情况，基于其自然环境条件和人工建成环境下第一指标层的 4 项内容和第二指标层的 8 个因子，进行空间叠加（图 6-13 和图 6-14），最终获得该地区海绵建设适宜性分区图（图 6-15），为海绵城市安全格局的构建、功能分区的划分提供了重要的理论支撑。

表 6-9　冀州中心城区海绵建设适宜性分析的权重值表

类型	第一指标层	第二指标层	要素信息	分值	子权重值	权重值
自然环境条件	地形	高程	A：0~7 m	10	0.05	0.1
			B：8~14 m	7		
			C：15~21 m	4		
		坡度	A：0%~3%	10	0.05	
			B：4%~8%	7		
			C：9%~15%	4		
	生境	蓝线范围	A：0~50 m	10	0.15	0.3
			B：51~100 m	8		
			C：101~200 m	6		
			D：201~500 m	4		
			E：501~1 000 m	2		
		绿色基础设施	A：城市大型公园绿地	10	0.15	
			B：城市郊野公园	7		
			C：城市森林公园	4		

续表

类型	第一指标层	第二指标层	要素信息	分值	子权重值	权重值
人工建成环境	用地情况	建设年代	A:1980 年代	2	0.2	0.4
			B:1990 年代	4		
			C:2000 年代	6		
			D:2010 年代	8		
			E:2020 年代	10		
		用地性质	A：居住用地	8	0.2	
			B：公共管理与公共服务用地	8		
			C：商业服务业设施用地	6		
			D：工业用地	2		
			E: 物流仓储用地	2		
			F：道路与交通设施用地	4		
			G：公用设施用地	4		
			H：绿地与广场用地	10		
	市政设施情况	距离河流出水口的长度	A：0~100 m	10	0.1	0.2
			B：101~200 m	8		
			C：201~300 m	6		
			D：301~400 m	4		
			E：401~500 m	2		
		距离市政出水口的长度	A：0~20 m	10	0.1	
			B：21~50 m	8		
			C：51~100 m	6		
			D：101~200 m	4		
			E：201~500 m	2		

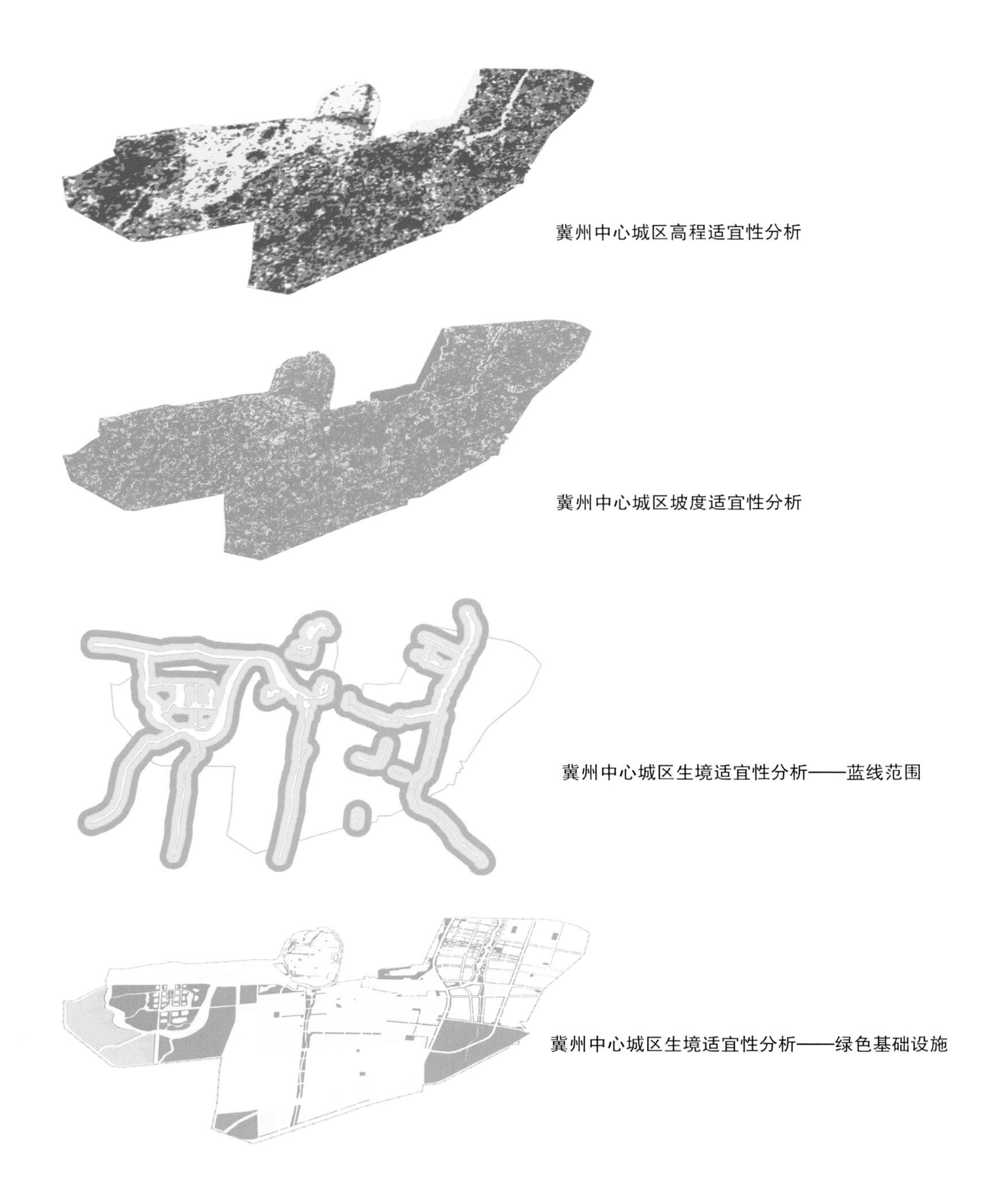

图 6–13 冀州中心城区海绵建设适宜性分析的多因子叠加过程 1

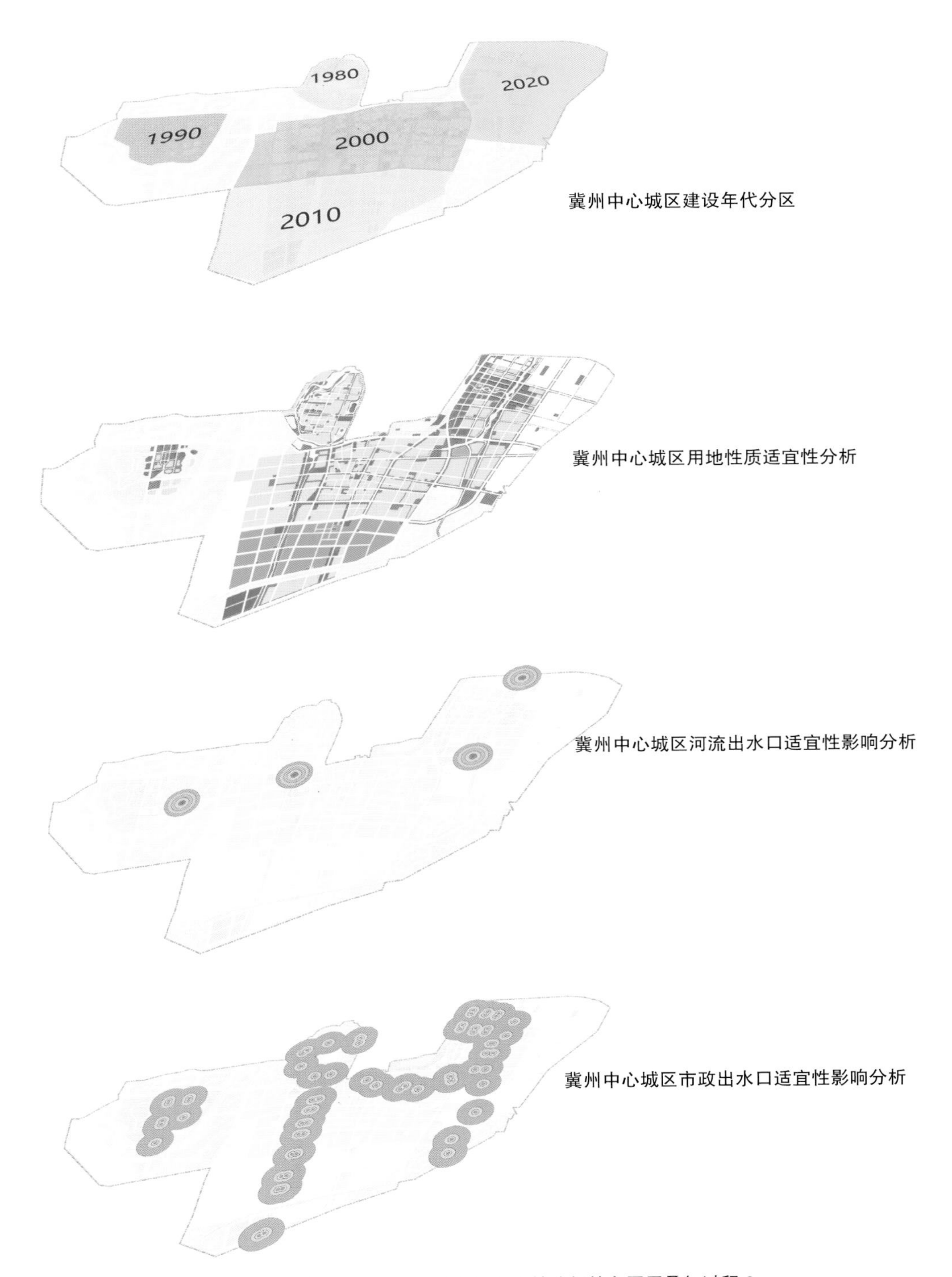

图 6–14　冀州中心城区海绵建设适宜性分析的多因子叠加过程 2

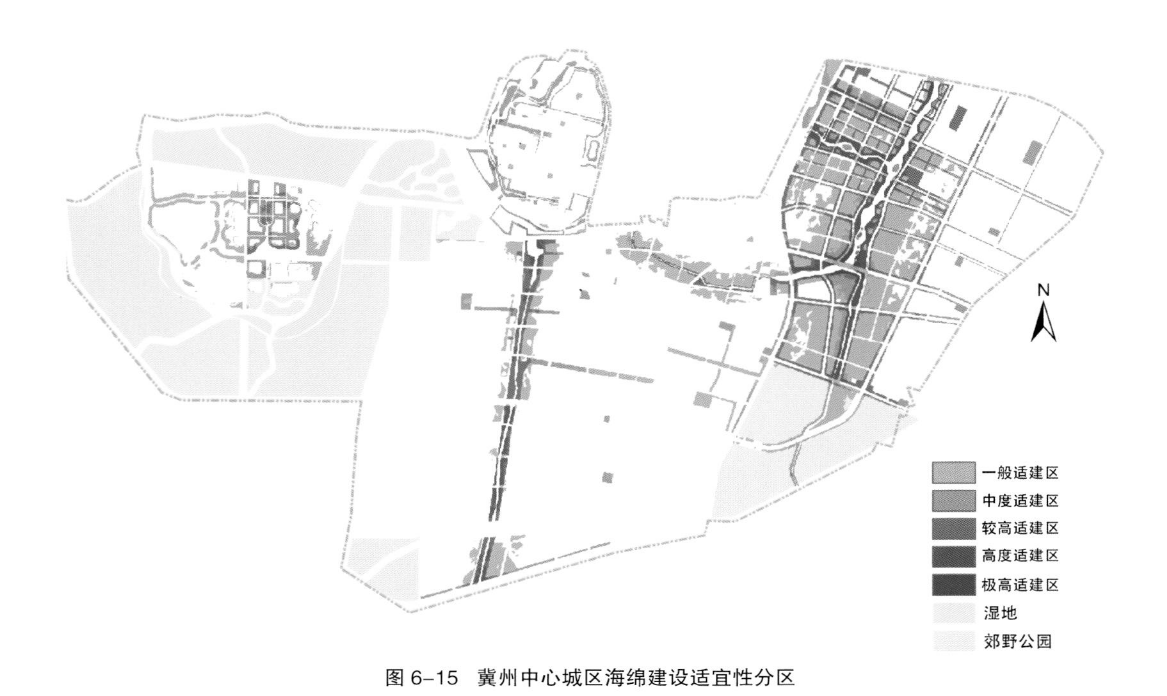

图 6-15 冀州中心城区海绵建设适宜性分区

6.5.3 冀州中心城区海绵空间格局

结合冀州中心城区总体规划，充分考虑区域自然基底条件和现状建设情况，依据该地区海绵建设压力分析、适宜性分析，本规划提出“一轴贯穿两廊，三心服务两区；健全循环沟通，协调径流分配”的冀州海绵空间格局（图 6-16）。

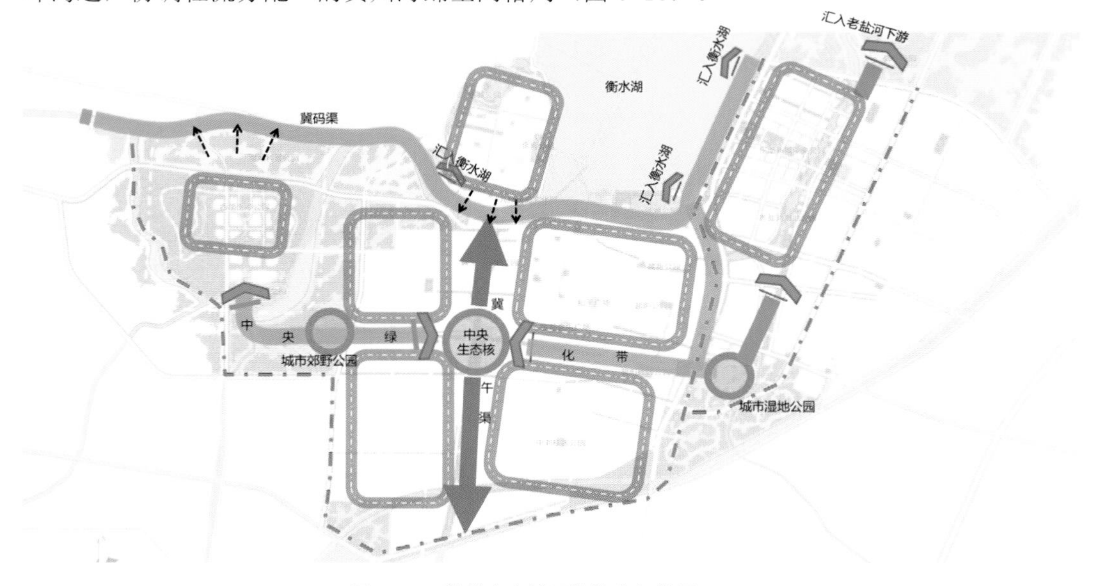

图 6-16 冀州中心城区海绵空间格局

1. 一轴贯穿两廊

一轴：指南北贯穿冀州主城区和南部产业区的冀午渠，其为整个片区的中央水轴。

两廊：一是由衡水湖南部岸线和冀码渠下游岸线共同构成的北部海绵廊道，以径流污染控制为主要功能；二是结合用地现状、城区总体空间布局和适宜性分区，规划形成的由沿长安西路东西贯穿主城区的中央绿化带、老盐河及沿线绿带构成的南部海绵廊道，以径流调控、压力分配为主要功能。

2. 三心服务两区

两区：根据雨水径流产汇流过程终端汇入水体的不同，规划区域被分为衡水湖流域和老盐河流域。

三心：指根据海绵建设适宜性分区、用地现状和城区总体空间布局规划形成的 3 个绿心——位于冀午渠水轴与东西中央绿化带交点处的中央生态核心、分别位于主城区东西两侧的城市湿地公园和城市郊野公园。3 个绿心作为海绵格局廊道上的重要交会点，分别对衡水湖流域和老盐河流域的排水压力进行分担、疏解和调配，充分发挥城市绿色基础设施的雨洪调控功能。此外，其在发挥雨洪调节功能的同时，可为城区南、北、中不同片区的市民提供休闲游憩空间，提高城区居民的生活品质。

3. 健全循环沟通

海绵格局内各要素相互配合，它们作为城区重要的绿色基础设施，可滞蓄、调配过量的雨水径流，有效降低主城区、南部产业区的径流管控压力，构建城区完整、健全的地表水循环系统。该格局的搭建对于健全冀州整体的水循环过程、促进绿地系统和水系的沟通具有重要作用，具体的雨洪调控功能如下。

（1）以湿地的形式为主城区和南部产业区的径流提供蓄滞空间，削弱径流汇集峰值。

（2）为南部产业区及主城区的过量径流经中央绿带向老盐河流域传输提供路径，缓解这两个组团现状的防洪排涝压力。

（3）充分利用植物、土壤的吸收、消解作用，净化雨水径流，起到防控面源污染的作用。

（4）对于强降雨，海绵措施可作为地表行泄通道和调蓄设施，为超标雨水径流的管控提供空间。

4. 协调径流分配

本规划在借鉴国内外城市雨洪管理成功经验的基础上，结合冀州实际，通过对区域产汇流过程的解读，构建“一轴两廊三心”的海绵系统格局。其能够有效平衡、协调城市各建设组团间因综合径流系数不同所造成的径流管控压力差异，通过海绵格局实现雨洪管控低压力区分担高压力区的径流，为海绵城市总体年径流总量控制率的达标提供支撑。

6.5.4 冀州中心城区海绵空间格局雨洪调控能力分析

本项目采用美国环境保护署（USEPA）开发的雨洪管理模型 SWMM 进行海绵空间格局框架下的城市雨洪调控能力模拟分析。

1. 导入规划用地图，绘制排水地图

将土地利用规划图导入 SWMM，绘制汇水子流域，以各地块道路红线为界，将各地块的坡度、高程输入，绘制排水节点、排放口、连接节点的排水管等。

2. 添加雨量计

海绵城市格局作为宏观尺度下由蓝绿要素耦合而成的城市级别的雨洪调控骨架，应具有应对不同强度等级降雨的能力。因此，本案例设定了 4 种降雨工况进行产汇流过程模拟，涵盖中小降雨和极端降雨事件，具体包括 1 h 19.8 mm 降雨，1 h 33.1 mm 降雨，1 h 61.9 mm 降雨以及 24 h 61.9 mm 降雨。其中 1 h 降雨模拟时间步长为 5 min，24 h 降雨模拟时间步长为 1 h。19.8 mm 和 33.1 mm 分别为该地区 75% 和 85% 年径流总量控制率对应的设计降雨量。1 h 和 24 h 61.9 mm 强降雨工况是参考了该地近年发生的极端降雨事件而选定的。

（1）汇水分区的划定和相关参数。以城市排水防涝专项规划、城市水系统规划及海绵空间格局为依据划定模型中的汇水分区。经 GIS 地理几何计算获得各汇水分区的面积、漫流长度、漫流宽度。根据用地性质，分析各汇水分区下垫面参数。不透水区域曼宁粗糙系数值 n 设为 0.02；透水区域的曼宁粗糙系数值 n 设为 0.012（具体数值参考该区域的主要地表特征，如草地区域 n 设置为 0.4，自然森林区域 n 设置为 0.8）。

（2）河流的划定与相关参数。针对区内 6 条河流采用两种方式进行概化模拟。方式一：鉴于冀午渠、老盐河沿程各汇水分区的排水口以非单点线性方式排布，即汇水分区径流经由沿河多个排水口排出，故为模拟这种多点线性排水方式，将冀午渠和老盐河模拟为线性串联的多个汇水分区。方式二：针对河流沿程汇水分区经单点向河流排水的情况，将这类河流概化为管道要素，长度取自河流的实际长度，横断面结合实地调研概化为矩形。

3. 设定对比组模型

为明确海绵城市格局对冀州中心城区雨洪调控能力的影响，建立雨洪调控能力模拟分析对比模型组，包括现状模型、海绵格局基础模型和海绵格局优化模型，见图 6-17。

- 现状模型。基于现状排水分区和排水路径建立起的雨洪调控能力模拟模型为现状模型。

- 海绵格局基础模型。从海绵建设适宜性分析结果直接提取海绵空间格局，在该格局下基于已有规划排水分区和排水路径建立起的雨洪调控能力模拟模型为海绵格局基础模型。

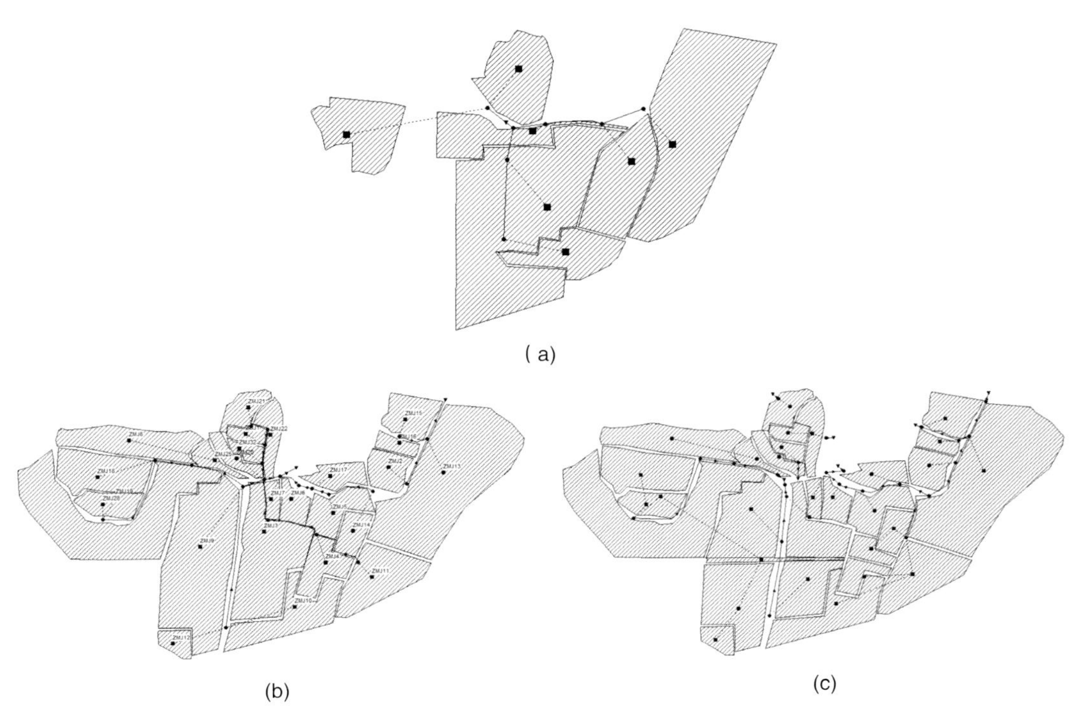

图 6–17　冀州海绵格局模拟分析对比模型
（a）现状模型；(b) 海绵格局基础模型；(c) 海绵格局优化模型

● 海绵格局优化模型。在基础模型框架下，进一步考虑城市建设计划、建设时序、改造难易程度等，对现状排水分区和路径进行调整、完善，由此建立起的雨洪调控能力模拟模型称为海绵格局优化模型。

对比上述 3 种模型，其差异主要表现在以下 2 个方面。

（1）径流流向方面。在模型（a）和（b）中，冀州中心城区产生的所有径流均通过区域内河流直接汇入城市北侧的衡水湖内，城市中大面积集中公园、绿地不参与城市的雨洪管理。而在优化模型（c）中，则充分体现了海绵格局中中央绿化带、城市东西两侧郊野公园和湿地公园这些“高渗透海绵体”的雨洪调控作用，即硬质化率较高的相关排水分区径流首先汇入海绵格局要素中，经渗透、储存、滞留、净化等处理后，溢流径流再汇入邻近河流，最终排向衡水湖，体现了 “多径流出口、多等级排水”的海绵城市规划思想。

（2）排水分区划分方面。受城区建设密度不断增加的影响，规划后城区的排水分区较现状更为密集。

4. 误差核算

经校验，本书使用的所有模型误差均在允许范围内，且误差值较低（表 6-10）（根据 SWMM 用户手册数据，误差在 ±10% 内均属正常）。

表 6-10　模型误差统计表

	现状模型	海绵格局基础模型	海绵格局优化模型
地表径流误差 /%	-0.03	-1.93	-2.15
流量演算误差 /%	-3.16	-0.12	-1.58

5. 报告输出

基于城市水文学的水文循环基本理论，在不考虑降雨期间蒸发量和植物截留的影响，并假定暴雨情形下区内市政管网排水能力受限的前提下（冀州中心城区市政排水管网多应对 1 年一遇降雨），本项目以雨水下渗损失、地表径流量及最终储水量作为表征冀州海绵格局城市雨洪管理能力的指示指标。由于现状的建设面积与规划后的建设面积存在较大差异，为排除面积因素给雨洪调控能力比较带来的影响，上述 3 个指标均以单位面积的径流深度（mm）来表征。雨停 12 h 后的模拟结果见表 6-11。

表 6-11　雨停 12 h 后的模拟结果　　单位：mm

降雨情况	项目	现状模型	海绵格局基础模型	海绵格局优化模型
24 h 61.9 mm 降雨	雨水下渗损失	6.058	8.263	9.770
	地表径流量	54.855	47.133	42.834
	最终储水量	0.693	6.209	9.000
	总降雨量	61.900	61.900	61.900
1 h 33.1 mm(85%) 降雨	雨水下渗损失	2.413	3.257	3.879
	地表径流量	27.487	21.617	18.478
	最终储水量	2.582	8.258	10.772
	总降雨量	33.100	33.100	33.100
1 h 19.8 mm(75%) 降雨	雨水下渗损失	0.412	3.253	3.876
	地表径流量	15.754	11.738	9.682
	最终储水量	1.655	4.824	6.255
	总降雨量	19.800	19.800	19.800
1 h 61.9 mm 降雨	雨水下渗损失	2.413	3.259	3.881
	地表径流量	56.157	45.108	39.969
	最终储水量	3.843	14.020	18.531
	总降雨量	61.900	61.900	61.900

6. 结论分析

经实验模拟，通过上述数值结果可以得出以下结论。

（1）在小、中及强降雨情况下，海绵格局对于减少地表径流量、增加场地就地雨水储存量均具有显著作用，海绵城市建设是实现“小雨不积水、大雨不内涝”的重要途径。

（2）海绵建设适宜性分析可为海绵城市格局的提取、规划提供重要参考。

（3）在海绵建设适宜性分析的基础上，规划师应进一步结合城市功能定位、用地布局、城市绿地系统布局以及建设时序、经济投入等方面，对海绵格局及该格局影响下的排水分区、排水路径进行调整优化，塑造“多径流出口、多等级排水”的雨洪管理格局特点。

（4）具有“多径流出口、多等级排水”特点的海绵格局因可充分发挥城市绿廊、大型郊野公园作为雨洪调蓄绿色基础设施的功能，而在雨洪调控方面更具优势，并在极端强降雨情况下（雨量大或降雨时间长）表现得尤为突出，是宏观尺度下城市大排水系统构建的核心。

6.5.5　冀州中心城区海绵城市的分区与定位

将海绵城市建设的适宜性分区与海绵城市空间格局进行叠加，获得冀州中心城区海绵城市建设分区，其包括海绵生态核心区、海绵生态保育区、海绵生态缓冲区、海绵生态引导区、海绵生态拓展区（表 6-12、图 6-18）。

表 6-12　冀州海绵城市功能分区表

分区	主要内容
海绵生态保育区	保证基流的稳定； 保护生物栖息环境
海绵生态缓冲区	注重面源污染的拦截； 将城市建设区产生的集中径流转变为坡面漫流
海绵生态核心区	结合建设定位和场地实际情况，构建雨洪管理功能明确、规模核算准确的低影响开发措施
海绵生态引导区	为中心城区内现状已建设用地中主要进行海绵改造建设的区域
海绵生态拓展区	为中心城区内规划的远期建设用地

● 海绵生态核心区：主要位于西部新区和东部新区组团，以及一轴、两廊、三心的位置。

● 海绵生态缓冲区：位于一轴、两廊两侧各 20 m 范围内。

● 海绵生态保育区：主要包括区内具有突出生态功能的自然沟渠、坑塘及湖泊，涉及衡水湖、冀码渠、冀南渠、老盐河、冀午渠、冀枣渠以及冀吕渠等。

● 海绵生态引导区：主要位于主城区。

● 海绵生态拓展区：主要位于待开发用地。

图 6-18 冀州中心城区海绵城市分区与定位

6.6　低影响开发控制指标体系的构建

6.6.1　管控单元划分

冀州中心城区以最新城市总体规划、排水防涝规划为依据，结合自然流域和人工排水区，进行海绵城市建设雨洪管控单元划分，共划分出 10 个管控单元，其中最小单元的面积为 198.94 hm^2，最大单元的面积为 1 828.81 hm^2，详见图 6-19。

图 6-19　冀州中心城区海绵城市建设雨洪管控单元

6.6.2　管控指标分解原则

管控指标的分解原则如下。

（1）径流总量控制原则。各雨洪管控单元共同保障冀州中心城区 80% 年径流总量控制率的目标；指标在分解过程中，下一级目标的加权平均值满足上一级目标的要求，即各管控单元年径流总量控制率的加权平均值达到80%。

（2）面源污染物控制原则。水质目标为Ⅱ类、Ⅲ类的衡水湖汇水区，其面源污染物削减率（以TSS计，下同）达到70%；水质目标为Ⅳ类的河流汇水区，其面源污染物削减率达到60%。

（3）建设目标导向原则。不同区域的排水压力和面源污染削减要求不同，根据实际情况制定差异性目标原则；结合区域现状情况，采用因地制宜的原则；确定海绵城市与已有规划之间的衔接原则。

6.6.3 冀州中心城区低影响开发控制指标体系的计算

1. 确定冀州中心城区年径流总量控制率与设计降雨量的对应关系

将冀州气象局提供的1958—2010年的逐日降雨数据代入式（6-1），计算获得冀州中心城区年径流总量控制率与设计降雨量的对应关系表，见表6-13。

$$R_i = \frac{\sum_{k=1}^{i} P_k + (n-k)P_i}{\sum_{j=1}^{n} P_i} \tag{6-1}$$

式中：R_i——降雨强度 i 值对应的年径流总量控制率；

P——日降雨量；

i——某一日降雨量在总降雨事件中的排序。

表6-13 冀州中心城区年径流总量控制率与设计降雨量的对应关系

年径流总量控制率/%	60	70	75	80	85	90
设计降雨量/mm	14.6	19.8	23.1	27.5	33.1	41.5

2. 汇总整理指标分解所需的基本参数

本步骤除需统计冀州中心城区各雨洪管控单元中不同建设阶段不同性质用地的用地面积外，还需根据《城市用地分类与规划建设用地标准》《城市建设各项用地中绿地率控制》《城市居住区规划设计规范》等，并结合项目规划范围现状及总规要求，明确冀州中心城区各建设阶段不同性质用地推荐的绿地率指标范围值，见表 6-14。

3. 计算确定不同性质的用地能够实现的年径流总量控制率区间

将表 6-13 和表 6-14 中的数据代入 4.3.3 一节中的式（4-8），对照规划区年径流总量控制率与设计降雨量的对应关系，获得不同类型用地的年径流总量控制率区间，结果见表 6-15。

表 6-14　冀州中心城区不同性质用地绿地率参考值

用地类型		居住用地 (R)	公共管理与公共服务设施用地 (A)	商业服务业设施用地 (B)	工业用地 (M)	物流仓储用地 (W)	道路与交通设施用地 (S)	公用设施用地 (U)	绿地（不含广场）(G)	广场 (G′)
建成区	最小值 /%	25	12	12	12	12	5	15	65	20
	最大值 /%	30	25	25	15	15	15	20	90	30
新建区	最小值 /%	30	25	15	15	15	15	20	65	30
	最大值 /%	40	30	25	20	20	25	30	90	40

注：根据《城市用地分类与规划建设用地标准》（GB 50137—2011），G表示绿地与广场用地。因本书对绿地与广场进行分别计算，故以G代表绿地，G′代表广场。

表 6-15　冀州中心城区不同性质用地的年径流总量控制率

用地类型		R	A	B	M	W	S	U	G	G′
建成区	最小值 /%	92.5	92.5	92.5	69.5	69.5	77.6	77.6	>95	86.8
	最大值 /%	>95	>95	>95	77.6	77.6	86.8	86.8	>95	>95
新建区	最小值 /%	>95	>95	92.5	77.6	77.6	86.8	86.8	>95	>95
	最大值 /%	>95	>95	>95	86.8	86.8	>95	>95	>95	>95

4. 计算冀州中心城区年径流总量控制率

将表 6-15 中的数值代入 4.3.3 中的式（4-9）和（4-10），可知冀州中心城区低影响开发雨水系统能够达到 83.9%～88.4% 的年径流总量控制率目标，即能实现对 31.77～38.40㎜ 设计降雨量的就地管控。该目标值区间符合《海绵城市建设技术指南》和河北省人民政府办公厅发布的《关于推进海绵城市建设实施的意见》对冀州中心城区海绵城市建设的要求。

5. 计算各管控单元用地指标要求

本书以主城区第二管控单元（M2Z）为例，阐述以年径流总量控制率为目标的管控单元用地指标计算。经与冀州中心城区规划建设管理部门及相关专家讨论，本规划最终以85%的年径流总量控制率作为规划区海绵建设的总体目标。统计整理M2Z区各建设阶段不同性质用地的面积，代入4.3.2节式（4-11）～（4-13）进行循环迭代计算，进而获得85%年径流总量控制率目标下，M2Z管控单元各建设阶段、不同性质用地需达到的绿地率、下凹绿地率和透水铺装率值。计算结果见表6-16。

表6-16 以85%年径流总量控制率为目标的M2Z管控单元用地指标值

用地指标	建设状态	用地性质								
		R	A	B	M	W	S	U	G	G′
透水铺装率/%	建成区	30	20	20	0	0	0	20	55	30
	新建区	50	40	40	10	10	5	40	65	60
绿地率/%	建成区	30	25	25	12	12	15	15	70	20
	新建区	40	30	25	15	15	25	25	85	30
下凹绿地率/%	建成区	20	10	10	0	0	10	10	20	20
	新建区	30	30	30	0	0	20	30	40	40

6. 各管控单元面源污染物削减率计算

参考上文M2Z管控单元以85%年径流总量控制率为目标的用地指标值计算方法，分别计算冀州中心城区其余9个管控单元的用地指标值，将所得结果带入4.3.3节中的式(4-14)，获得各管控单元的面源污染物削减率，再经过面积加权进而获得整个规划范围的面源污染物削减值，见表6-17。需要说明的是，本规划以TSS作为面源污染削减的目标污染物，透水铺装和下凹绿地作为低影响开发的典型措施，其TSS削减能力参考《海绵城市建设技术指南》获得。

从表6-17可知，位于衡水湖流域的管控分区能够实现74.8%的面源污染物(TSS)削减率，优于《河北衡水湖国家级自然保护区总体规划（2011—2020）》提出的该流域汇水区TSS面源污染物削减率70%的要求。

7. 确定冀州中心城区低影响开发指标体系

冀州中心城区各管控单元、建设组团及全市年径流总量控制率见表6-18，各用地建设指引性指标见表6-19。

表 6-17　冀州中心城区各管控单元面源污染物（TSS）削减值

管控分区	主城区 01	主城区 02	主城区 03	主城区 04	老城区	西部新区	南部产业区 01	南部产业区 02	东部新区 01	东部新区 02
污染物削减率 /%	76	70	73	74	71	86	65	63	67	85
组团调控指标 /%	主城区组团				老城区组团	西部新区组团	南部产业区组团		东部新区组团	
	72.6				71	86	64		70.2	
分区调控指标 /%	衡水湖流域								老盐河流域	
	74.8								70.2	
市域调控指标 /%	73.5									

表 6-18　冀州中心城区各管控单元、建设组团及全市年径流总量控制率

建设组团	主城区	老城区	南部产业区	西部新区	东部新区	中心城区总体
年径流总量控制率 /%	80.6	86.3	61.5	96.5	87.5	85

表 6-19　城市总体年径流总量控制率目标要求下冀州中心城区不同性质用地建设指引性指标

指标	用地编号	R	A	B	M	W	S	U	G	G′
	用地性质	居住用地	公共管理与公共服务设施用地	商业服务业设施用地	工业用地	物流仓储用地	道路与交通设施用地	公用设施用地	绿地（不含广场）	广场
透水铺装率 /%	建成区	25~30	20~25	15~20	10~15	10~15	15~20	20~25	60~65	20~25
	未开发	35~40	30~35	25~30	15~20	15~20	25~30	30~35	70~75	35~40
绿地率 /%	建成区	30~35	20~25	20~25	5~10	5~10	15~20	15~20	65~70	20~25
	未开发	40~50	30~40	25~30	10~15	10~15	20~30	20~30	80~90	30~40

续表

指标	用地编号	R	A	B	M	W	S	U	G	G′
	用地性质	居住用地	公共管理与公共服务设施用地	商业服务业设施用地	工业用地	物流仓储用地	道路与交通设施用地	公用设施用地	绿地（不含广场）	广场
下凹绿地百分比/%	建成区	30	25	25	20	20	10	20	40	10
	未开发	50	35	35	30	30	20	30	50	20
平均下凹深度/mm	建成区	100	100	100	100	100	100	100	100	100
	未开发	100	100	100	100	100	100	100	100	100

6.7 冀州中心城区海绵城市建设指引

6.7.1 从用地类型出发的海绵城市建设指引

1. 建筑与小区

建筑与小区主要涉及居住小区类、公共建筑类。

1）冀州中心城区建筑与小区低影响开发系统控制指标

冀州中心城区建筑与小区低影响开发系统控制指标见图 6-20。

- 年径流总量控制率。小区的为 70% ～ 90%，公共建筑的为 60% ～ 90%。
- 其他控制指标。下凹绿地比例：小区的为 30% ～ 50%，公共建筑的为 25% ～ 35%。透水铺装比例：小区的为 25% ～ 40%，公共建筑的为 20% ～ 35%。

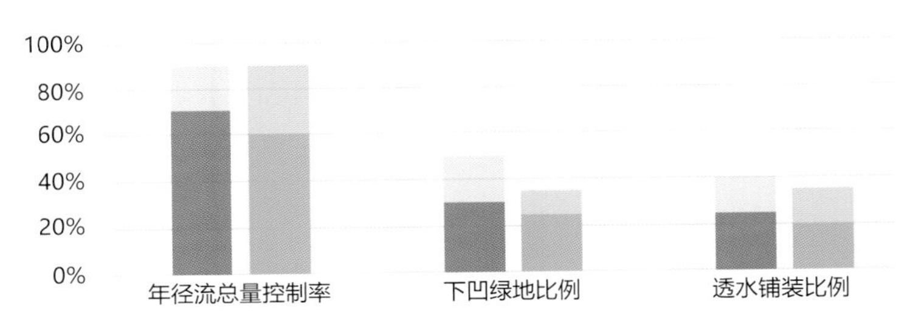

图 6-20　冀州中心城区建筑与小区低影响开发系统控制指标

（注：绿色块代表公共建筑，灰色块代表小区）

2）冀州中心城区建筑与小区径流组织流程

建筑屋面和小区路面雨水径流应通过有组织的汇流与传输，经截污等预处理后流入绿地内的以雨水渗透、储存、调节等为主要功能的低影响开发设施中。因空间限制等原因不能满足控制目标的建筑与小区，雨水径流还可通过城市雨水管渠系统流入城市绿地与广场内的低影响开发设施内。结合小区绿地和景观水体，优先设计生物滞留设施、渗井、湿塘和雨水湿地等。冀州中心城区建筑与小区径流组织流程见图 6-21，径流组织方式示意见图 6-22。

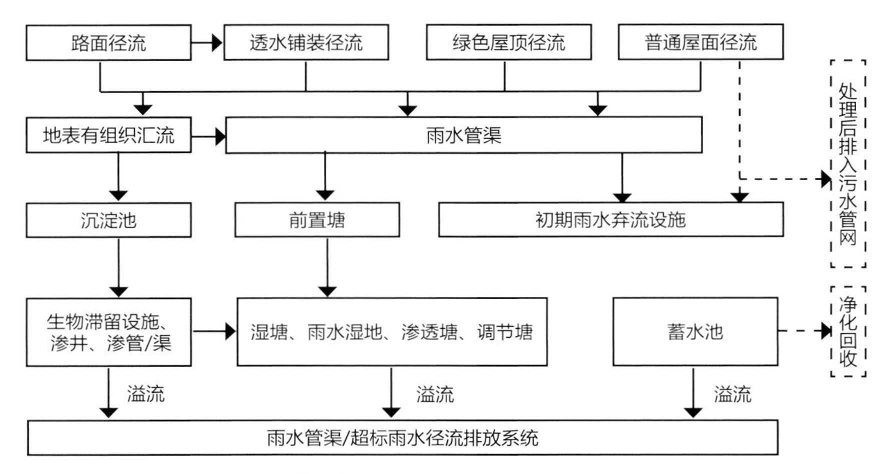

图 6-21 冀州中心城区建筑与小区径流组织流程

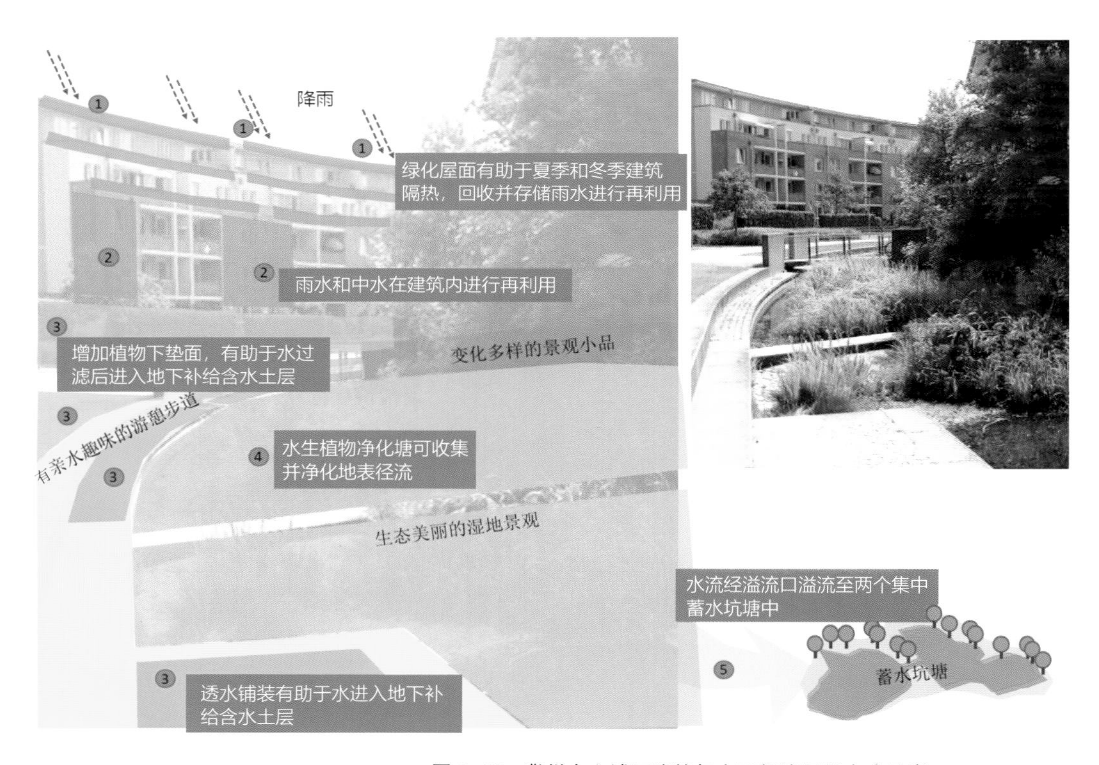

图 6-22 冀州中心城区建筑与小区径流组织方式示意

3）冀州中心城区居住区低影响开发系统构建要点

冀州中心城区居住区低影响开发系统构建要点见表 6-20。

表 6-20　冀州中心城区居住区低影响开发系统构建要点

<table>
<tr><td colspan="2">规划要点</td><td>1. 居住区雨水应以下渗为主，包括绿地入渗、道路广场入渗等；
2. 应对新建居住小区屋面雨水进行收集处理，使其回用于小区绿化、洗车、景观、杂用等，如不收集回用则应将其引入绿地入渗；
3. 居住小区雨水利用应与景观水体相结合</td></tr>
<tr><td rowspan="4">设计要点</td><td>建筑屋面</td><td>1. 直接采用屋顶绿化（绿色屋顶）的方式滞蓄、净化雨水；
2. 有屋顶绿化的建筑周边可设置雨水储存罐 / 池，收集雨落管的雨水进行回用；
3. 屋面雨水径流如不收集回用，应引入建筑周围绿地入渗</td></tr>
<tr><td>小区绿地</td><td>1. 小区内绿地应尽可能建为下凹式，小区停车场、广场、庭院应尽量坡向绿地；
2. 条件适宜时，可结合绿地增建浅沟、洼地、渗透池（塘）等雨水滞留、蓄存、渗透设施；
3. 绿地设计应考虑绿地外超渗雨水引入量；
4. 绿地植物宜选用耐涝耐旱的本地植物，以灌、草结合为主；
5. 地下室顶板应有厚 1.0 m 以上的覆土，并设置排水层</td></tr>
<tr><td>道路广场</td><td>1. 非机动车道路、人行道、停车场、广场、庭院应采用透水铺装地面，非机动车道路可选用多孔沥青路面、透水性混凝土、透水砖等；林荫小道、人行道可选用透水砖、草格、碎石路面等；停车场可选用草格、透水砖；广场、庭院宜采用透水砖。
2. 非机动车道路超渗雨水应引入附近下凹绿地入渗。停车场、广场、庭院应尽量坡向绿地，或建适当的引水设施，超渗雨水可自流至绿地入渗。
3. 雨水口直立置于道路绿化带内，其高程应高于绿地而低于路面，超渗雨水可排入市政管网或渗井</td></tr>
<tr><td>水体景观</td><td>1. 景观水体应兼有雨水调蓄功能，并应设溢流口，超过设计标准的雨水可溢流入市政管网；
2. 景观水体可与湿地有机结合，设计成为兼有雨水净化功能的设施；
3. 雨水经适当处理可回用于绿化、地面冲洗、中央空调冷却等</td></tr>
</table>

2. 道路与广场

1）冀州中心城区道路与广场低影响开发系统控制指标

冀州中心城区道路与广场低影响开发系统控制指标见图 6-23。

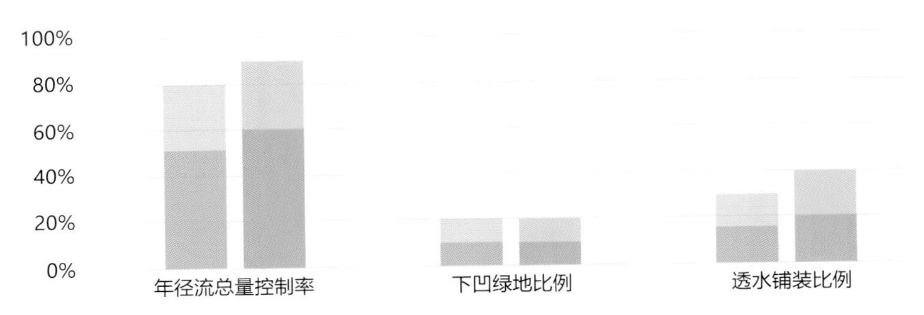

图 6-23　冀州中心城区道路与广场低影响开发系统控制指标

（注：绿色块代表道路，橙色块代表广场）

● 年径流总量控制率。道路的为 50% ～ 80%， 广场的为 60% ～ 90%。

● 其他控制目标。下凹绿地比例：道路的为 10% ～ 20%，广场的为 10% ～ 20%。透水铺装比例：道路的为 15% ～ 30%，广场的为 20% ～ 40%。

2）冀州中心城区道路与广场径流组织流程

城市道路与广场雨水径流应通过有组织的汇流与传输，经截污等预处理后引入道路红线内外的绿地内，并通过设置在绿地内的以雨水渗透、储存、调节等为主要功能的低影响开发措施进行处理。低影响开发措施的选择应因地制宜、经济有效、方便易行，如结合道路绿化带和道路红线外绿地优先设计下凹绿地、生物滞留带、雨水湿地等。冀州中心城区道路与广场径流组织流程见图 6-24，径流组织方式示意及效果见图 6-25。

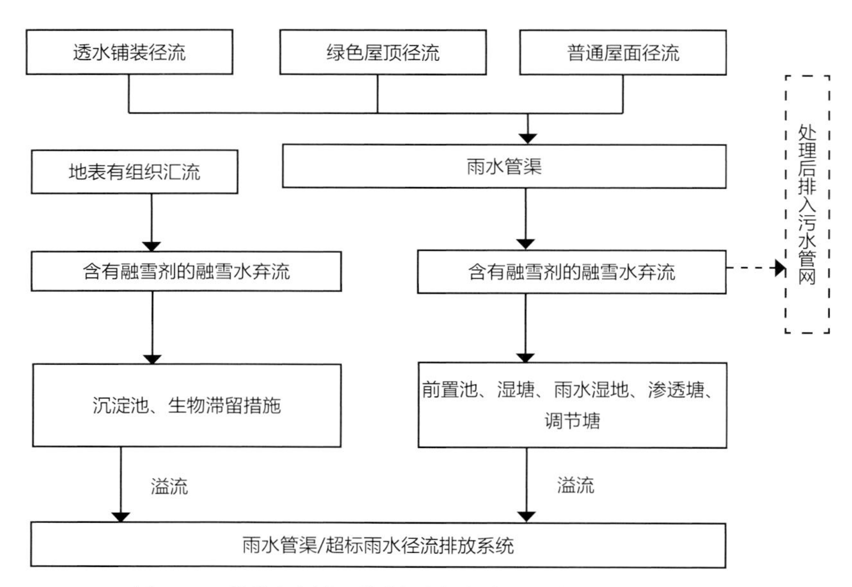

图 6-24　冀州中心城区道路与广场径流组织流程

3）海绵建设要求下冀州中心城区道路规划设计要点

冀州中心城区道路海绵化改造断面见图 6-26。

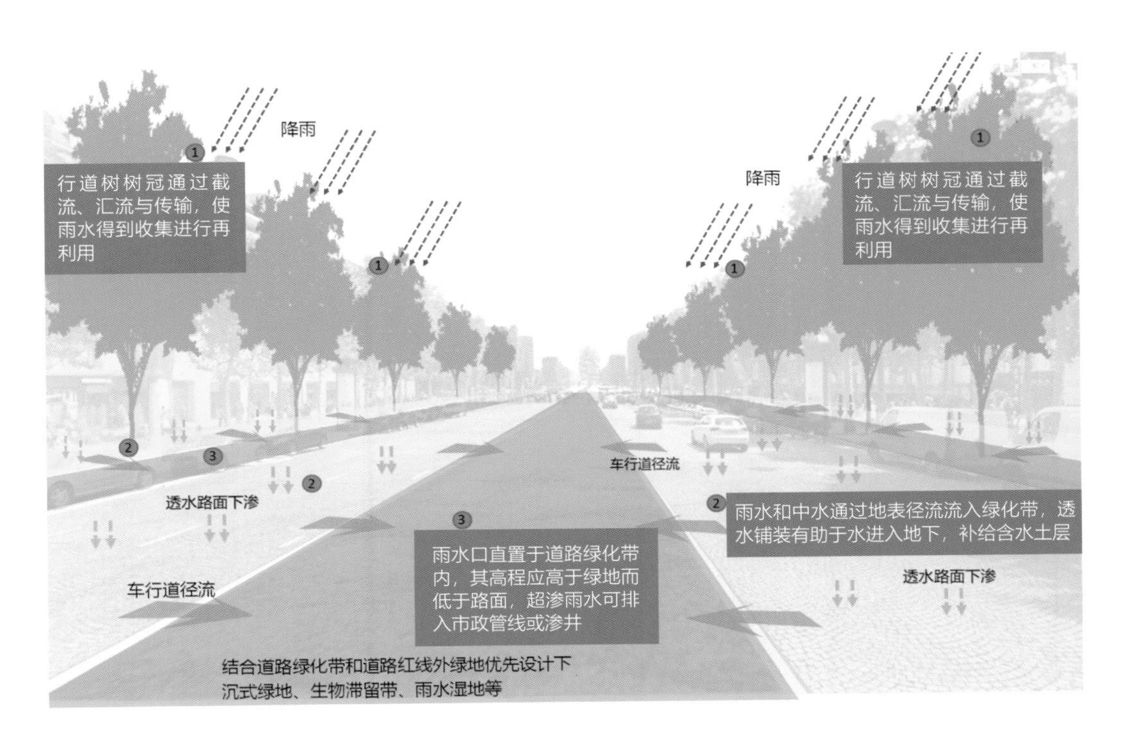

图 6-25　冀州中心城区道路径流组织方式示意及效果（组图）

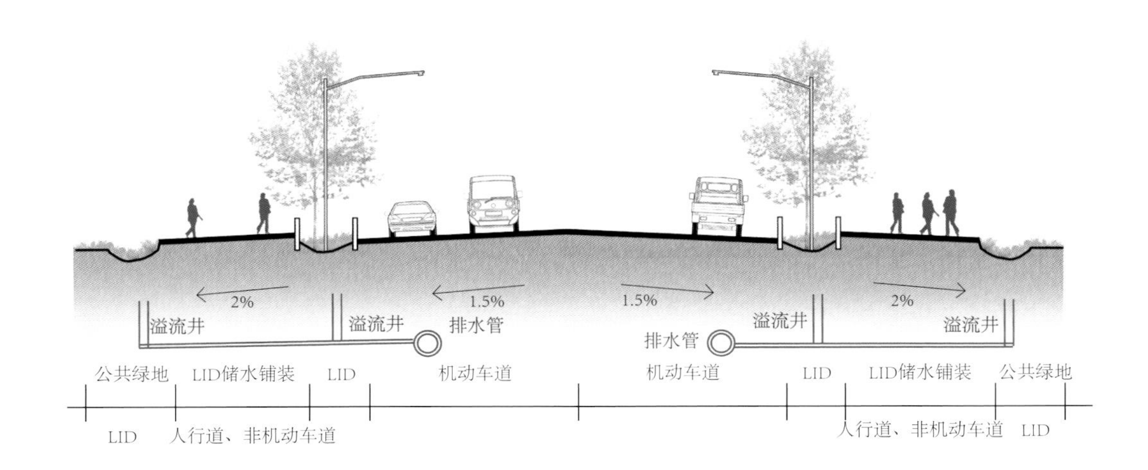

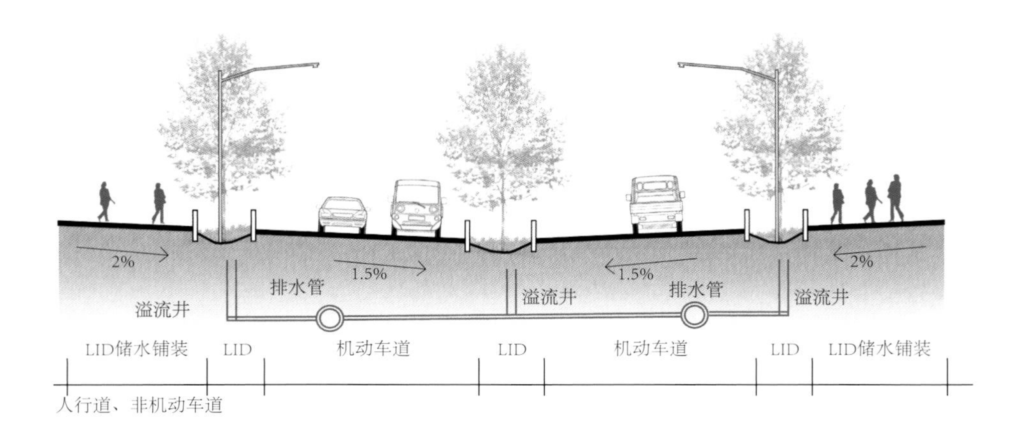

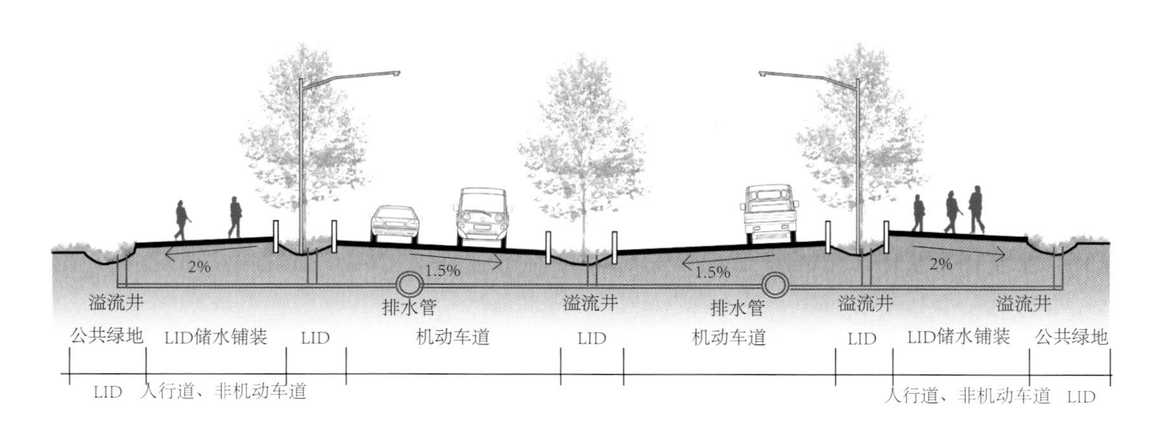

图 6-26 冀州中心城区道路海绵化改造断面（组图）

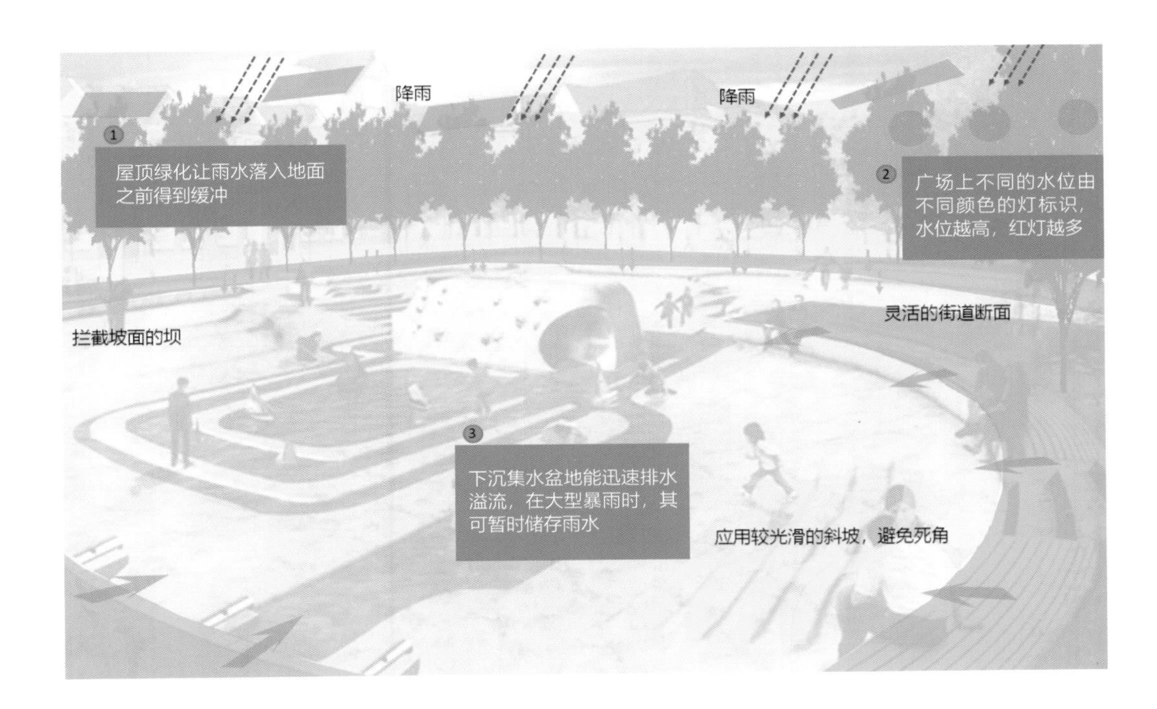

图 6–27　冀州中心城区广场径流组织方式示意及效果（组图）

4）冀州中心城区道路与广场低影响开发系统构建要点

道路海绵化建设设计要点见表 6-21。

表 6-21 道路海绵化建设设计要点

<table>
<tr><td colspan="2">规划要点</td><td>道路雨水应以入渗和调蓄排放为主；
视道路类型不同，可设置不同的雨水入渗及调蓄排放设施</td></tr>
<tr><td rowspan="5">设计要点</td><td>机动车道路面</td><td>适宜路段可试验采用多孔沥青路面或透水型混凝土路面</td></tr>
<tr><td>非机动车道路面（人行道、自行车道）</td><td>人行道一般采用透水砖；自行车道可采用透水砖或透水沥青路面</td></tr>
<tr><td>道路附属绿地</td><td>道路绿化带宜建为下凹绿地，为增大雨水入渗量，绿化带内可采用其他渗透设施，如浅沟—渗渠组合系统、入渗井等；
在有坡度的路段，绿化带可采用梯田式；
道路雨水径流宜引入两边绿地入渗</td></tr>
<tr><td>路牙</td><td>宜采用开孔路牙、格栅路牙或其他形式，确保道路雨水能够顺利流入绿地</td></tr>
<tr><td>排水系统</td><td>雨水口宜设于绿地内，雨水口高程高于绿地而低于路面；
雨水口内宜设截污挂篮；
道路排水管系采用渗透管或渗透管排放一体设施；
市政道路沿线可因地制宜地建设雨水调蓄设施。天然河道、湖泊等自然水体应成为雨水调蓄设施的首选</td></tr>
</table>

3. 公园与绿地

1）冀州中心城区公园与绿地低影响开发系统控制指标

冀州中心城区公园与绿地低影响开发系统控制指标见图 6-28。

● 年径流总量控制率：95%。

● 其他控制目标。下凹绿地比例：40% ～ 50%。透水铺装比例：60% ～ 75%。生态驳岸比例：大于等于 60%。

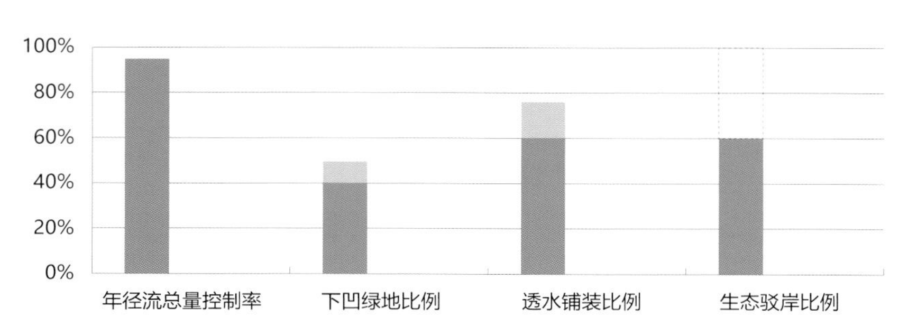

图 6-28 冀州中心城区公园与绿地低影响开发系统控制指标

2）冀州中心城区公园与绿地径流组织流程

城市公园与绿地及周边区域雨水径流应通过有组织的汇流与传输，经截污等预处理后流入城市绿地内的以雨水渗透、储存、调节等为主要功能的低影响开发措施中。这可消纳自身及周边区域的雨水径流，并衔接区域内的雨水管渠系统和超标雨水径流排放系统，提高区域的内涝防治能力。低影响开发措施的选择应因地制宜、经济有效、方便易行，如湿地公园和有景观水体的城市公园与绿地宜设计雨水湿地、湿塘等。冀州中心城区公园与绿地低影响开发系统径流组织流程见图 6-29，径流组织方式示意及效果见图 6-30。

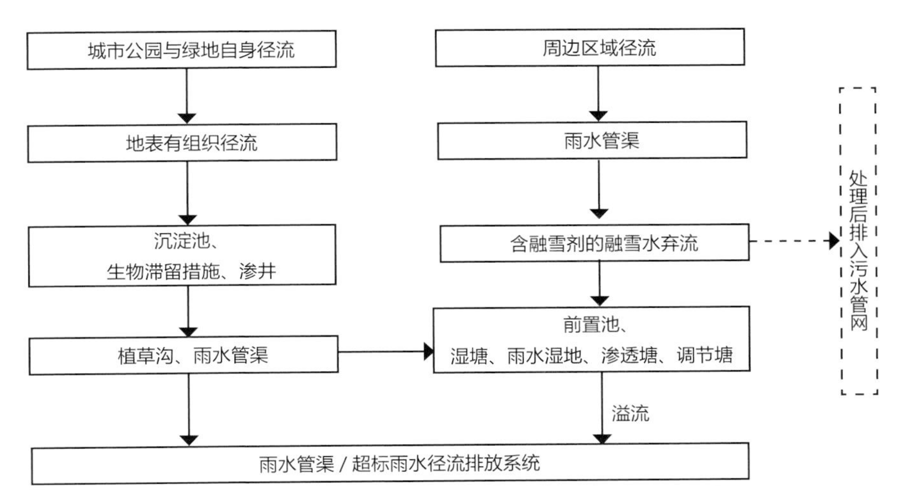

图 6-29 冀州中心城区公园与绿地低影响开发系统径流组织流程

4. 城市水系

城市水系在城市排水、防涝、防洪及改善城市生态环境中发挥着重要作用，是城市水循环过程中的重要环节，湿塘、雨水湿地等低影响开发末端调蓄措施也是城市水系的重要组成部分，同时城市水系也是超标雨水径流排放系统的重要组成部分。

城市水系设计应根据水系的功能定位、水体现状、岸线利用现状及滨水区现状等，对水系进行合理保护、利用和改造，使其在满足雨洪行泄等功能的条件下，实现相关规划提出的低影响开发控制目标及指标要求，并与城市雨水管渠系统和超标雨水径流排放系统有效衔接。冀州中心城区水系径流组织流程见图 6-31。

5. 从用地类型出发的冀州中心城区低影响开发系统规划要点和技术措施

不同类型用地低影响开发系统规划要点和技术措施见表 6-22。

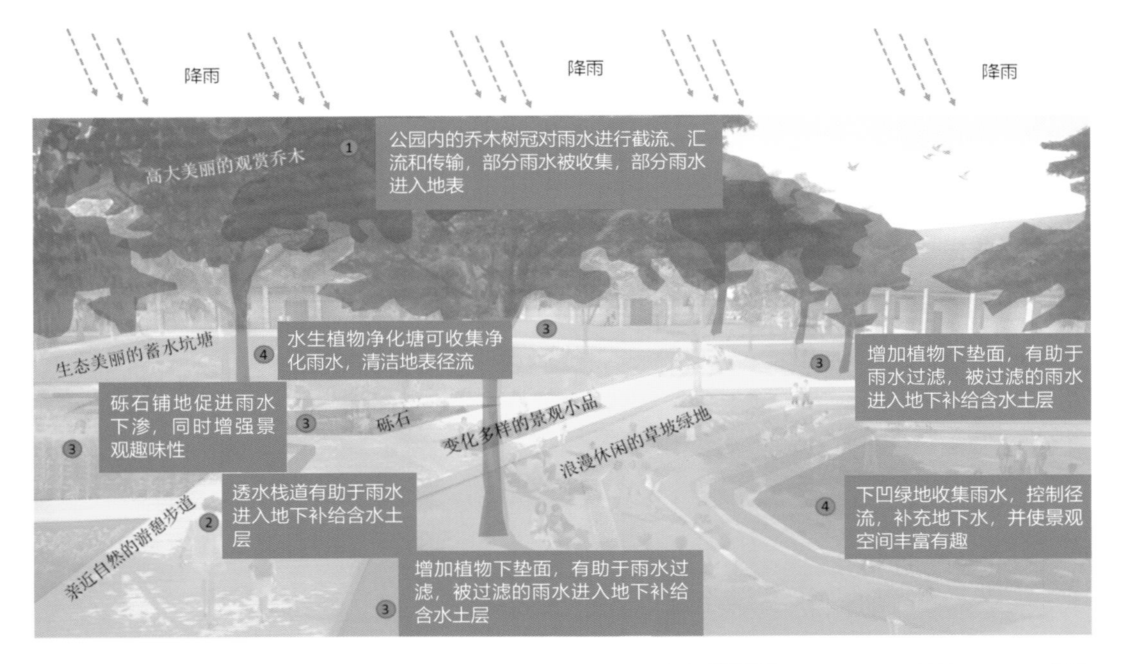

图 6–30　冀州中心城区公园与绿地径流组织方式示意及效果（组图）

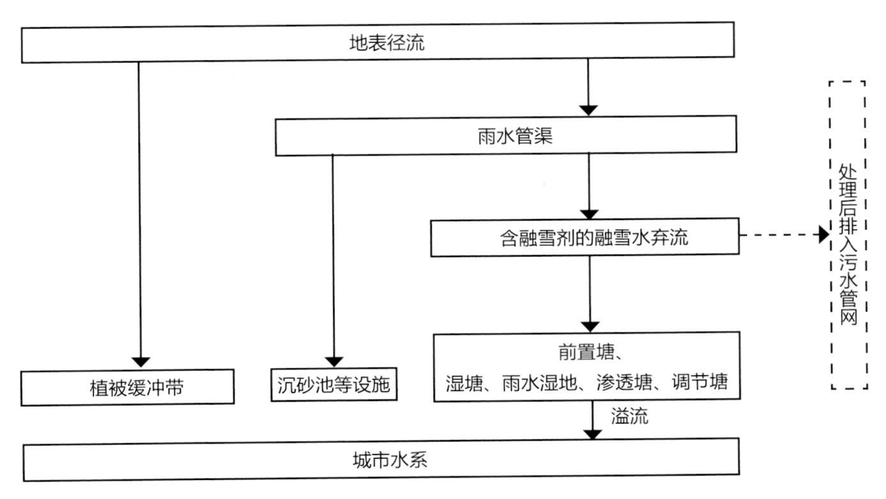

图6-31 冀州中心城区水系径流组织流程

表6-22 不同类型用地低影响开发系统规划要点和技术措施

建设项目	用地类型分类	规划要点	推荐应用技术措施
建筑与小区	居住小区类	(1) 居住区雨水应以下渗为主，包括绿地入渗、道路广场入渗等； (2) 新建居住区屋面雨水应进行收集处理回用于小区绿化、洗车、景观、杂用等，如不收集回用则应引入绿地入渗； (3) 小区雨水利用应与景观水体相结合	透水下垫面、绿色屋顶、植物生物滞留池、生态树池、植被草沟、滞留设施、收集回用设施
	旧城改造类	旧城区雨水利用应以道路、广场、绿地雨水入渗为主，改造中尽可能推广屋顶绿化	
	公共建筑类	(1) 公共建筑屋面建议采用屋顶绿化的方式储存雨水，溢流雨水应进行收集回用； (2) 绿地应建为下凹式，并在适当位置建雨水滞留、渗透设施	
	工业仓储类	(1) 工业区屋面可采用屋顶绿化的方式储存雨水； (2) 厂区非机动车道路、人行道、停车场等可采用透水铺装地面，但要避免工业区面源污染对地下水可能造成的影响； (3) 工业区绿地应建为下凹式，并在适当位置建雨水滞留、渗透设施，但要避免工业区面源污染对地下水造成影响	
市政道路	市政道路类	(1) 道路雨水应以入渗和调蓄排放为主； (2) 视道路类型不同，可设置不同的雨水入渗及调蓄排放设施	透水铺装、植物生物滞留池、生态树池、人工湿地、植被草沟

续表

建设项目	用地类型分类	规划要点	推荐应用技术措施
公园绿地与广场	公园绿地、广场类	(1) 雨水利用应以入渗和调蓄为主，充分利用大面积绿地和水体； (2) 在适当位置建雨水滞留、渗透设施； (3) 对部分不能入渗的建筑屋面雨水、绿地雨水和路面雨水进行雨水收集回用	收集回用设施、植被草沟、入渗设施、滞留设施、雨水湿地
城市水体	水体类	城市水体低影响开发宜采用恢复河流自然生态的方式，结合水体驳岸处理、市政排水出口处理等方式提高水体对洪峰和污染物的控制能力	雨水湿地、滞留设施、生态驳岸、雨水排出口末端处理设施

6.7.2 基于分区定位提出的建设指引

1. 海绵生态缓冲区建设指引

结合冀州中心城区海绵格局“一轴两廊”的布局，在“一轴两廊”沿途设置植被缓冲带，将城市建设区产生的集中径流转变为坡面漫流，实现对面源污染物的拦截。海绵生态缓冲区植被缓冲带构建模式示意及效果见图 6-32。

● 植被缓冲带由汇水区、消能区、净水区以及部分亲水区组成，以发挥高效净化雨水、提供生物栖息地、丰富动植物多样性、建立休闲游憩空间的作用。

● 植被缓冲带边坡坡度建议区间为 2% ～ 6%。

2. 海绵建设核心区建设指引

（1）根据海绵城市格局中“三心”的功能定位，利用现状大型公园绿地塑造海绵雨洪调蓄核心，并强调调蓄核心“碳循环”“水循环”和“生态经济循环”的塑造。海绵核心构建模式示意见图 6-33。

（2）“一轴两廊”的治理策略。重塑并保障海绵廊道的四维连续结构，包含纵向、横向、竖向和时间尺度 4 方面，形成水陆耦合的镶嵌布局，完成物质循环、能量流动和信息传递。

● 横向：强调主流与河漫滩、植被缓冲带间的流通。

● 纵向：保持廊道上、中、下游的连续性，避免沿途过量引水。

● 竖向：驳岸、河床使用透水材料，并保证一定的孔隙率。

● 时间尺度：保持廊道上、中、下游的连续性，以保证长时间尺度的径流变化过程与生态现状的关系。

（3）东、西部新区建设组团全面采用源头、分散式低影响开发雨洪管理措施，典型措施包括生物滞留池、植草沟、透水铺装、下凹绿地等，措施应用遍及屋顶、道路、绿地、河道，结合场地特点构建 LID 措施的链条式空间结构，见图 6-34。不同排水分区之间合理布设 BMPs（最佳管理策略）措施，协调各子区的雨水管控能力，并提供溢流管控功能。

图 6-32 海绵生态缓冲区植被缓冲带构建模式示意及效果（组图）

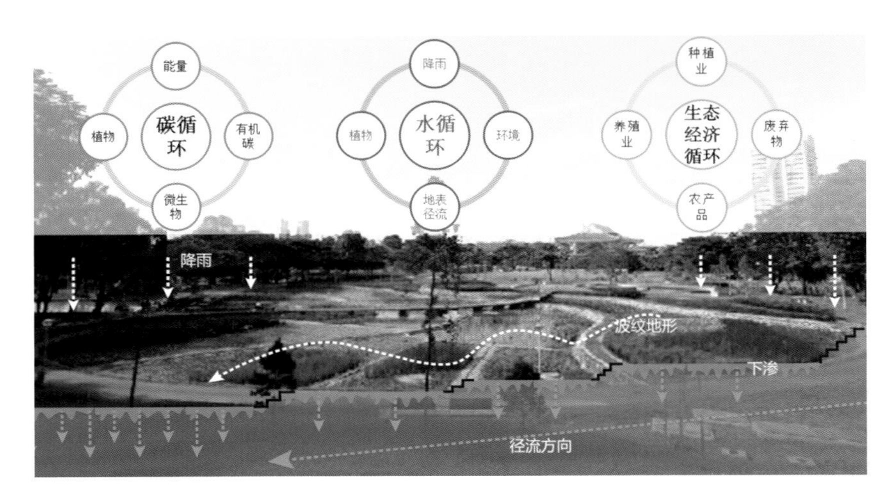

图 6-33 海绵核心构建模式示意

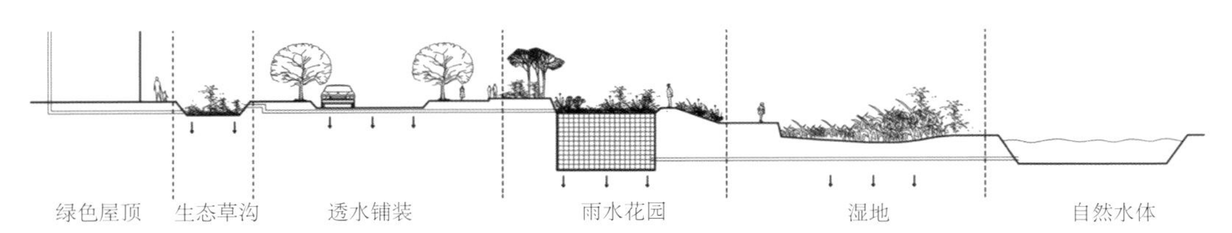

图 6-34 海绵建设引导区低影响开发雨水管控链条

3. 海绵引导区建设指引

海绵引导区主要位于冀州中心城区主城区内，现状开发强度普遍较大，受场地现状影响，用地紧张，无法大面积新增低影响开发措施，故建议采用便于改造、易于实现的雨洪管理措施。其中“雨落管断接”“路缘石豁口”“透水铺装”以及“道路排水”是最具代表性和可操作性的措施，可有效起到延缓径流峰值时间、净化雨水的作用。对于排水压力较大或积水问题突出的路段，也可采用渗渠的方式。相关做法见图 6-35 ～图 6-38。

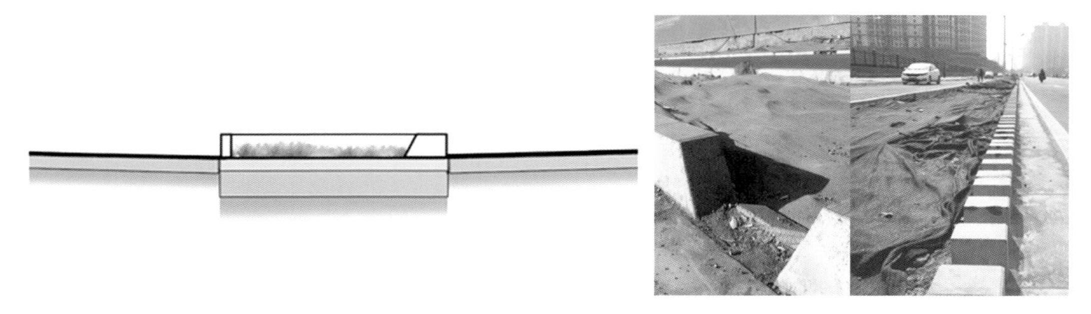

图 6-35 路缘石豁口的做法（组图）

图 6-36 建筑雨落管断接改造做法（组图）

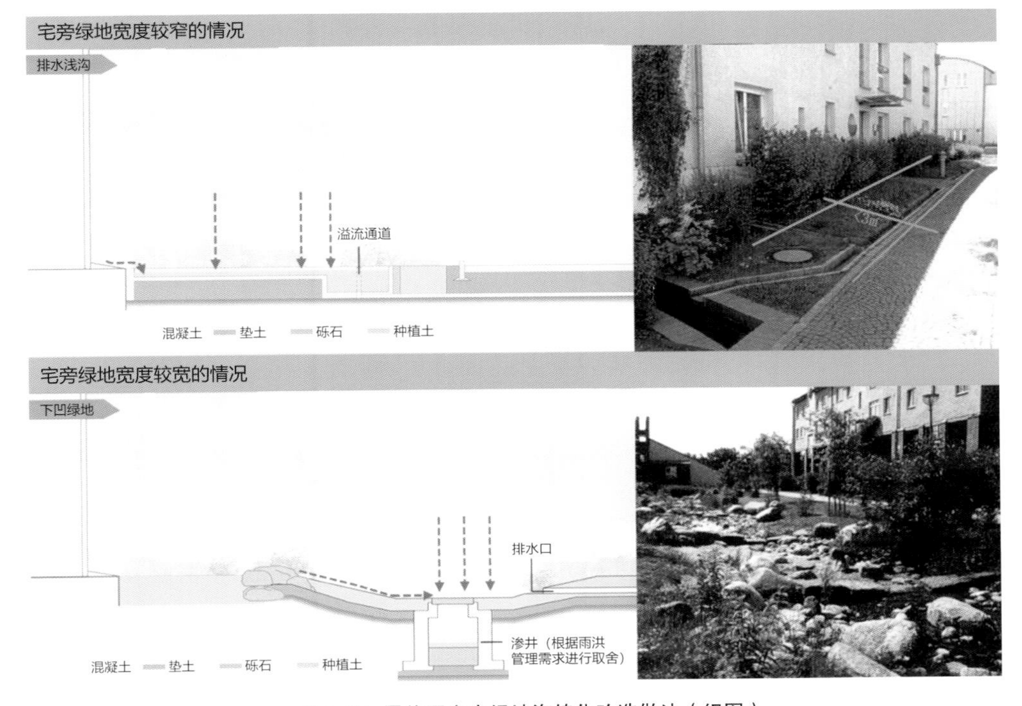

图 6-37 居住区宅旁绿地海绵化改造做法（组图）

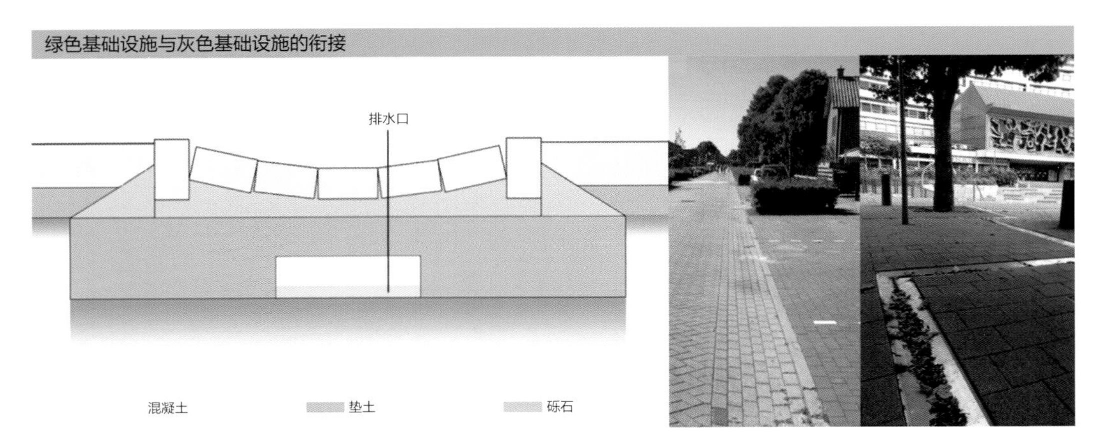

图 6-38 道路排水海绵化改造做法（组图）

6.7.3 低影响开发措施建设指引

1. 低影响开发典型技术要素建设指引

1）渗

“渗”以促使雨水径流透过下垫面孔隙（土壤孔隙、透水铺装孔隙等）渗入地下、回补地下水为核心目标。“渗”一方面可以有效减少地表雨水径流的产生量，起到削峰的作用，从而减轻城市排涝压力；另一方面还可促进地下壤中流的形成，保证河流基流稳定。壤中流流速缓慢，即使降水停止后，以侧向水流形式向河流补水的过程仍可能继续，故可有效避免枯水期河流水位骤降的问题，这对于河流生态维护具有非常重要的意义。由此可见，“渗”在降雨时，可通过减少地表径流保障城市水安全；而在降雨后，则通过地下坡面汇流，补充河水，改善水生态。典型的“渗”措施有透水铺装、下凹绿地、生物滞留池以及渗井等（图 6-39），均可营造出较好的景观效果，提高场地的美感。

上述措施并不适用于所有场地。较高的地下水位和较低的土壤渗透性均是显著制约渗透效果的场地因素。前者可通过局部覆土抬高地面的方式削弱负向影响，但受竖向关系影响，该方式多见于建筑雨落管下方的高位植坛；后者则可通过在现有土壤中掺粗砂或换土的方式改善。另外，需要指出的是，渗透措施上游应辅助有沉淀池、前置塘等预处理设施，净化入渗水流，尽可能减轻雨水径流对地下水可能造成的污染。对于污染严重的汇水分区，则不宜规划渗透设施。

2）蓄

“蓄”是在产汇流过程的源头或根据实际情况在水文循环系统的末端，将产生的雨水径流集中收集并储存起来，可同时兼顾削减峰值流量和错峰的功能。

“蓄”水的方式和措施多样（图 6-40）。按照所处水文循环过程的位置不同，蓄水措施可分为源头小型的蓄水措施和末端大尺度的蓄水措施。具体而言，前者以下凹绿地、雨水花园、湿塘等为典型措施，多应用于建筑、道路、广场、公园绿地中。由于位于源头的蓄水措施服务的汇水区面积有限，故措施规模较小。前文提到的渗透塘、生物滞留池等因都具有一定储水空间，在发挥渗、滞作用的同时可兼顾“蓄”水功效。末端大尺度的蓄水措施以大型湖泊、淀塘湿地为主，服务范围较大，能够在城区乃至整个流域范围内发挥重要的防洪减灾作用。另外，由于它们一般多是长时期自然演变形成的，生态环境较好，动植物多样性相对丰富，因而具有较为突出的审美游憩功能。

(a)　(b)　(c)

图 6–39　典型的“渗”措施

(a) 透水混凝土 ;(b) 硬化场地中的透水人行步道 ;(c) 掺混木屑和粗砂增加渗水性的绿地

(a)　(b)　(c)

图 6–40　典型的蓄水措施

(a) 下沉式绿地蓄水 ;(b) 居住区湿塘蓄水 ;(c) 地下蓄水箱

按照措施所处竖向空间位置不同，“蓄”又可分为地上蓄水措施和地下蓄水措施。受城市土地开发建设强度的影响，为节约用地，地下集水桶 / 箱等也是常用的蓄水设施，它们可用塑料、玻璃钢或金属等材料制成，多适用于单体建筑屋面雨水资源的收集再利用。

按照景观表达形式不同，蓄水措施又可进一步分为常年有水的储水措施（湿塘、景观水池、人工湖等）以及间歇性有水的储水措施。前者的调蓄容积一般包括常水位以下的永久储水容积和常水位与设计水位之间的调蓄容积。调蓄容积应根据所在区域的雨洪管理目标确定。

3）滞

“滞”以减缓雨水径流汇集速度为核心目标。其典型方式为通过迫使雨水径流暂时停滞在地表凹地内，阻碍径流向下游集中汇集，化整为零，有效减轻场地的排水压力。从流域角度出发，合理统筹布设于流域中各子汇水分区中的滞留措施可使各分区径流的出流时间相异，在流域层面起到错峰、削减峰值流量的双重作用，这对于降低区域洪涝灾害具有明显作用。

滞留设施应用范围广，对场地条件要求较低，既可以是人工硬化场地，也可以是透水的生态绿地，只要具有一定蓄滞空间供径流暂时停留即可。但需要注意的是，为避免径流停滞时间过长，产生水质恶化、蚊虫滋生等问题，建议滞留设施内的水体在 24 h 内排空。

典型的滞留措施包括调节池和调节塘（图 6-41）。前者常年有水，设计水位与常水位之间即为滞留空间。后者多以干塘形式呈现，雨季和旱时景观效果各异，无水时可与多种景观游憩功能相结合。

除此之外，选用具有较高粗糙率的材料作为水流接触面，亦可在一定程度上降低径流的汇集速度，也可起到“滞”的作用。该方式与景观设计相结合，可呈现出富有趣味的景观效果。

(a)

(b)

图 6-41 典型的滞留措施
(a) 调节池的景观效果 ;(b) 调节塘的景观效果

4）净

海绵城市强调借助自然之力净化水体、改善水质的能力。“净”以有效降低产汇流过程中产生的面源污染为核心目标。按照水体净化的原理不同，“净”可分为物理净化、生物净化和化学净化。

物理净化是指通过物理作用分离、回收水体中不溶解的呈漂浮或悬浮状态的污染物，常见的有重力分离法和筛滤截留法。前者的作用机理是：通过降低水体流速，促使可沉性固体经沉降逐渐沉至水底形成污泥。典型的处理措施有沉砂池、沉淀塘等。这类措施建议布设于下凹绿地、湿塘、湿地等的上游，作为前置设施，起到沉淀雨水径流中大颗粒污染物的预处理作用。池底一般为混凝土或块石结构，便于清淤，见图 6-42（a）。

筛滤截留法有栅筛截留和过滤截留两种处理方式。植草沟中的砾石堆［图 6-42(b)］就是一种最为简单的栅筛截留措施，水体中的污染物可在其中得到初步过滤净化，从而为下一步的生物净化提供基础保障。过滤截留则指水体通过砂滤池罐、超滤膜等，使得胶体、泥沙、大分子有机物以及细菌等都被截留下来，从而达到水体净化的目的。当收集的雨水径流备作灌溉用水、中水时，则需使用过滤截留措施，以保证水体达到二次利用的水质标准。

(a)　　(b)

图 6-42　典型的物理净化措施
(a) 多级沉淀池 ;(b) 植草沟中的砾石堆

生物净化是环境自净的重要过程之一，是经生物的吸收、降解作用使水体中的污染物消失或浓度降低的过程。其作用机理是：需氧微生物在溶解氧存在时将水体中的有机污染物氧化分解为简单稳定的无机物（CO_2、H_2O、硝酸盐、磷酸盐等）；厌氧微生物在缺氧时进行分解，把水体中的有机污染物分解为 H_2S、CH_4 等；水生植物则利用根系吸收水体中的有机物、重金属以及氮、磷等，实现水体净化。人工湿地便是以水生植物为媒介进行水体生物净化的典型雨洪管理措施之一，其以亲水植物为表面绿化物，以砂石土壤为填料，通过植物根茎基部的生物膜完成生物净化。同时，生物净化措施在自然、郊野景观环境塑造以及丰富动植物多样性等方面具有明显优势，在社区、公园以及广场设计中均有较好的应用范例。潜流人工湿地模式见图 6-43。生物净化过程通过水体中的生物群落结构及溶解氧的变化反映水体生物净化的进程，因此该净化方法便于进行实时监测，以为净水措施的后期运营管理提供重要参考。

净水措施与“渗”“蓄”措施相结合，可避免未净化的雨水径流可能产生的污染问题，而与“用”水系统相衔接，则可将雨水用作其他生活杂用水，有效提高雨水资源的利用率，缓解城市缺水问题。

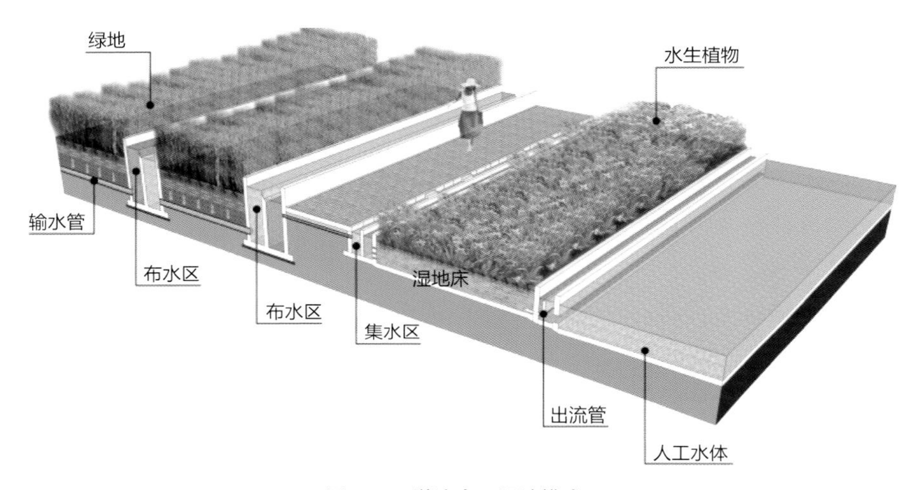

图 6-43 潜流人工湿地模式

5）用

海绵城市建设技术要素中的“用”，以从产流源头提高地表雨水径流资源利用效率为核心目标，将蓄积起来的雨水资源经净化处理后用于城市生产、生活以及生态建设等方面，以期通过加强人工与自然水循环系统间的联系，提高水资源的利用率。例如，建筑屋顶产生的雨水径流，经过预处理、储存、加压和输水，为建筑使用者提供中水，可用于建筑内、外部饰面的冲洗、洗手间冲水以及建筑外场地的绿化灌溉（图 6-44）。收集的雨水用于景观造景也较为普遍，且形式多样，例如收集广场径流作为叠水、喷泉景观的水源等。需要指出的是，对于收集净化后拟进行再利用的雨水，建议进行水质监测，以保障水源符合用水的水质要求。

6）排

海绵城市概念所承载的“弹性”内涵在借鉴国际上倡导的低影响开发理论的基础上，

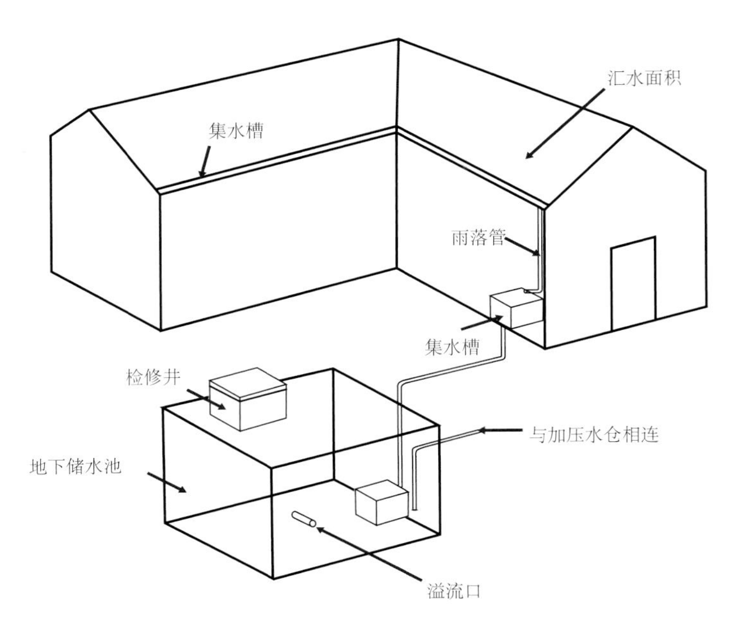

图 6-44 建筑屋顶的雨水收集再利用示意

也非常注重绿色雨水管理基础设施与灰色基础设施（如城市雨水排放管渠、超标雨水径流排放系统）的结合，以保障城市对于不同强度降雨均具有适度的管理反应机制。一些西方国家将排水系统中传统的管道排水系统称为小排水系统，一般包括雨水管渠、调节池、排水泵站等传统设施，主要担负重现期为 1 ～ 10 年一遇范围降雨的安全排放。值得注意的是，近年来低影响开发措施正越来越多地与小排水系统相结合，在减少工程量的同时，增加了生态效益。

大排水系统由地表通道、地下大型排放设施、地面的安全泛洪区域和调蓄设施等组成，是为应对超过小排水系统设计标准的超标暴雨或极端天气特大暴雨而设计的一套蓄排系统。大排水系统通常由“蓄”“排” 两部分组成。其中“排”主要指具备排水功能的特定道路或开放沟渠等地表径流通道；“蓄”则主要指大型调蓄池、深层调蓄隧道以及特定天然水体等调蓄设施。

需要指出的是，无论是大排水系统、小排水系统，还是易于与景观规划设计相结合的砾石沟、植草沟、天然河道等绿色排水设施，均以“排”“泄”雨水径流为主要功能，它们因应对的降雨强度不同而在构造设计、材料选择、结构标准等方面表现出不同。

2. 低影响开发措施选择指引

海绵城市低影响开发措施适宜布设的场地条件见表 6-23，海绵城市低影响开发措施针对不同用地的适宜性程度见表 6-24，低影响开发措施污染物去除率见表 6-25，低影响开发技术措施适用性比选情况见表 6-26。

表 6-23 海绵城市低影响开发措施适宜布设的场地条件

措施类型	污染负荷	适宜坡度/°	汇水面积/hm^2	不透水率/%	占地面积	与地下水水位的关系/m
绿色屋顶	低	< 4	—	—	—	—
雨水罐	低	—	—	—	小	—
透水铺装	低	< 1	< 1.2	> 0	—	> 0.6
植草沟	中	0.5~5	< 2	> 0	中	> 0.6
入渗沟	中	< 15	< 2	> 0	中	> 3
砂滤池	中	< 10	< 40	0~50	小	> 1.2
生物滞留池	低	< 15	< 1	0~80	小	> 0.6
入渗池	中	< 15	1~4	> 0	大	> 3
干式入渗池	中	< 10	> 4	> 0	大	> 1.2
湿式入渗池	中	< 10	> 6	> 0	大	> 1.2
雨水湿地	中	4~15	> 10	> 0	大	> 0.6

表 6-24 海绵城市低影响开发措施针对不同用地的适宜性程度

措施类型	开发区	改造区	商业区	住宅区	楼群	公园	广场	工业区
绿色屋顶	高	高	高	高	高	低	低	高
雨水罐	高	高	高	高	高	低	低	中
透水铺装	高	中	中	高	高	高	高	低
植草沟	中	中	中	中	低	高	高	中
入渗沟	中	低	中	低	低	中	中	低
砂滤池	高	高	高	高	低	高	低	高
生物滞留池	高	高	高	中	高	高	高	中

表6–25 低影响开发措施污染物去除率

单项措施	污染物去除率（以SS计）/%	单项措施	污染物去除率（以SS计）/%
透水铺装	80~90	蓄水池	80~90
绿色屋顶	70~80	植草沟	35~90
生物滞留池	70~95	渗管 / 渠	35~70
渗透塘	70~80	植被缓冲带	50~75
湿塘	50~80	人工土壤渗滤设施	75~95
雨水湿地	50~80		

表 6–26 低影响开发技术措施适用性比选表

单项设施	功能					控制目标			处置方式		经济性		污染物去除率（以SS计/%）	景观效果
	集蓄利用雨水	补充地下水	削减峰值流量	净化雨水	传输	径流总量	径流峰值	径流污染	分散	相对集中	建造费用	维护费用		
透水铺装	○	●	◎	◎	○	●	◎	◎	√	—	低	低	80~90	—
透水水泥混凝土	○	○	◎	◎	○	◎	◎	◎	√	—	高	中	80~90	—
透水沥青混凝土	○	○	◎	◎	○	◎	◎	◎	√	—	高	中	80~90	—
绿色屋顶	○	○	◎	◎	○	●	◎	◎	√	—	高	中	70~80	好
下凹绿地	○	●	◎	◎	○	●	◎	◎	√	—	低	低	—	一般
简易型生物滞留设施	○	●	◎	◎	○	●	◎	◎	√	—	低	低	—	好
复杂型生物滞留设施	○	●	◎	●	○	●	◎	●	√	—	中	低	70~95	好

续表

单项设施	功能					控制目标			处置方式		经济性		污染物去除率（以SS计/%）	景观效果
	集蓄利用雨水	补充地下水	削减峰值流量	净化雨水	传输	径流总量	径流峰值	径流污染	分散	相对集中	建造费用	维护费用		
渗透塘	○	●	◎	◎	○	●	◎	◎	—	√	中	中	70~80	一般
渗井	○	◎	◎	◎	○	●	◎	◎	√	√	低	低	—	—
湿塘	●	○	●	◎	○	●	●	◎	—	√	高	中	50~80	好
雨水湿地	●	○	●	●	○	●	●	●	√	√	高	中	50~80	好
蓄水池	●	○	◎	◎	○	●	◎	◎	—	√	高	中	80~90	—
雨水罐	●	○	◎	◎	○	●	◎	◎	√	—	低	低	80~90	—
调节塘	○	○	●	◎	○	○	●	◎	—	√	高	中	—	一般
调节池	○	○	●	○	○	○	●	○	—	√	高	中	—	—
传输型植草沟	◎	○	○	◎	●	◎	○	◎	√	—	低	低	35~90	一般
干式植草沟	○	●	○	◎	●	●	○	◎	√	—	低	低	35~90	好
湿式植草沟	○	○	○	●	●	○	○	●	√	—	中	低	—	好
渗管/渠	○	◎	○	○	●	◎	○	◎	√	—	中	中	35~70	
植被缓冲带	○	○	○	●	—	○	○	●	√	—	低	低	50~75	一般
初期雨水弃流设施	◎	○	○	●	—	○	○	●	√	—	低	中	40~60	—
人工土壤渗滤设施	●	○	○	●	—	○	○	◎	—	√	高	中	75~95	好

注：●——宜选用；◎——可选用；○——不宜选用。

6.8 冀州中心城区海绵规划与相关规划的衔接建议

6.8.1 海绵规划与总体规划的衔接建议

1. 总体目标和指标体系

本规划依据国家及河北省海绵城市建设目标和考核要求，针对冀州中心城区的土地利用、下垫面和排水防涝现状，以及同期的城市总体规划对城市发展建设、空间布局提出的规划要求进行系统梳理和分析。在此基础上，明确城区的雨洪管理问题、量化城区低影响开发系统的建设压力，由此提出海绵城市建设总体目标（详见 6. 3. 1 节），并从水生态、水环境、水资源、水安全等方面提出 19 个分项规划控制目标（详见 6. 3. 2 节）。

2. 年径流总量控制分区目标

年径流总量控制指标是海绵城市建设目标中最为重要的指标和抓手。本规划综合考虑规划范围内的地质水文条件、土壤类型、发展目标、建设状况等因素，将中心城区年径流总量目标分解到 10 个雨洪管控单元（详见 6. 6. 1 节），并提出各管控单元的面源污染物去除率指标和用地引导性指标。建议将海绵城市建设总体目标和低影响开发指标体系（包括污染物去除率指标、低影响开发用地引导性指标）纳入新一轮的城市总体规划修编或调整中。

6.8.2 海绵规划与绿地系统规划的衔接建议

城市绿地系统是海绵城市建设的重要载体，是实现雨水径流控制目标的有效途径，应将低影响开发的建设理念贯穿于绿地系统规划中，其衔接主要体现在以下两方面。

1. 规划指标衔接

将本规划针对“绿地与公园”用地提出的年径流总量控制率、下凹绿地率、透水铺装率纳入绿地系统指标体系，要求绿地年径流总量控制率不低于 95%。

2. 空间布局衔接

对照冀州中心城区海绵空间格局，建议绿地系统规划强化“一轴两节点”的空间布局（图 6-45）；注重雨洪管理型绿色基础设施与多元旅游、休闲体验的功能融合；在绿地系统规划中，严格保护海绵系统功能发挥所需的规模。

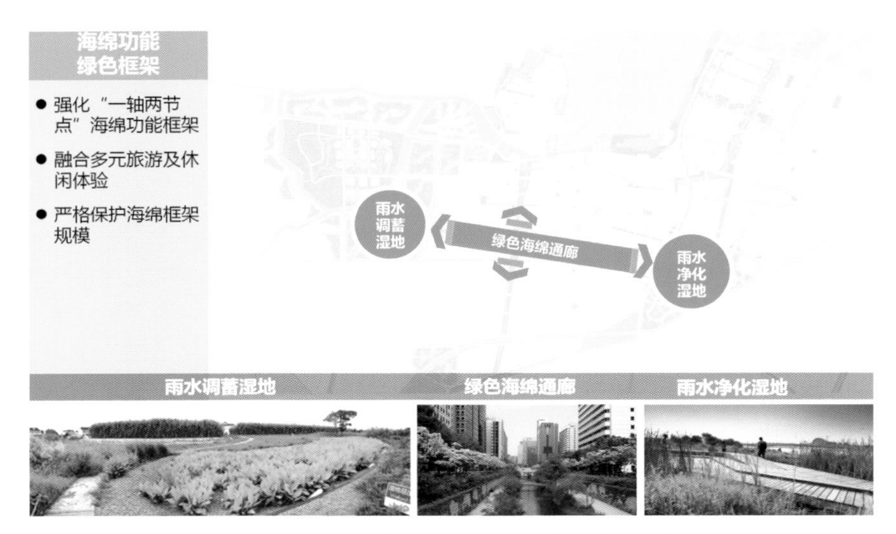

图 6-45 冀州中心城区绿地系统布局建议示意

6.8.3 海绵规划与水系规划的衔接建议

对照冀州中心城区海绵空间格局，对冀州水系布局提出以下建议。

（1）鉴于冀州中心城区南部产业区构建低影响开发系统的突出压力，建议利用产业区内现状断流、废弃河床构建沟通产业区与老盐河湿地公园的季节性水系，在缓解雨洪调控压力的同时，对断流河道的生态环境予以保护性恢复（图 6-46）。

（2）充分发挥西部新区双层环形水系空间结构的雨洪调蓄功能，将针对中小降雨源头控制的内环水系、区内市政排水管网与极端降雨事件下作为区域洪涝行泄通道的外环水系紧密结合，强化区内小、中、大排水系统耦合联动的海绵结构特色。

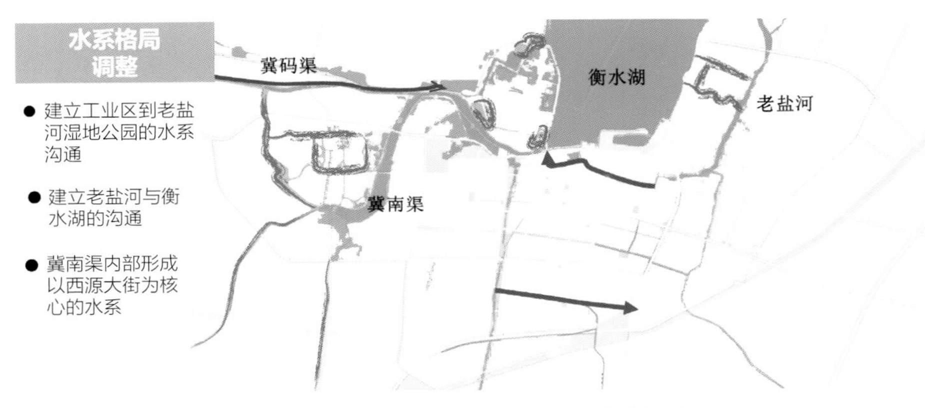

图 6-46 基于海绵规划的水系规划调整建议图

6.8.4　海绵规划与排水防涝规划的衔接建议

本项目总体遵循《冀州区城市排水防涝综合规划（2014—2030 年）》，建议对以下两个汇水分区的排水路径进行调整（图 6-47）。

- 新建汇水分区 2-2 转由向汇水分区 3-2 排水。
- 新建汇水分区 4 转由向汇水分区 3-2 排水。

图 6-47 冀州中心城区排水路径调整示意

参考文献

REFERENCE

[1] 谢映霞 . 从城市内涝灾害频发看排水规划的发展趋势 [J]. 城市规划 , 2013(2): 45-50.

[2] Credit Valley Conservation, Aquafor Beech, Water Canada. Grey to green enhanced stormwater management master planning: guide to optimizing municipal infrastructure assets and reducing risk[R]. Toronto: Credit Valley Conservation, 2000.

[3] RANKIN E T, OHIO E . The qualitative habitat evaluation index [QHEI]: Rationale, methods, and application[R]. Columbus: State of Ohio Environmental Protection Agency, 1989.

[4] LAPINSKA M. Streams and rivers: defining their quality and absorbing capacity. management of streams and rivers: how to enhance absorbing capacity against human impacts[R]. Paris, UNESCO IHP, UNEP-IETC, 2004.

[5] POFF N L, ALLAN J D, BAIN M B, et al. The natural flow regime: a paradigm for river conservation and restoration [J]. Bioscience, 1997, 47(11): 769-784.

[6] WAGNER I, MARSALEK J, BREIL P. 城市水生态系统可持续管理 科学• 政策• 实践 [M]. 孟令钦译. 北京: 中国水利水电出版 , 2014.

[7] Credit Valley Conservation, Toronto and Region Conservation Authority Canada. Low impact development stormwater management planning and design guide[R].Toronto: Credit Valley Conservation, 2010.

[8] ROOIJEN D J V, TURRAL H, BIGGS T W. Sponge city: water balance of mega-city water use and wastewater use in Hyderabad, India[J]. Irrigation and Drainage, 2005, 54(Suppl.1) : 81-91.

[9] ALEXANDER S, MERCER D. Internal migration in Victoria, Australia: testing the "sponge city" model[J]. Urban policy and research, 2007, 25(2) : 229-255.

[10] PICKETT S T A, CADENASSO M L, MCGRATH B. Resilience in ecology and urban design: linking theory and practice for sustainable cities[M]. Netherlands: Springer, 2013.

[11] 车伍 , 吕放放 , 李俊奇 , 等 . 发达国家典型雨洪管理体系及启示 [J]. 中国给水排水 , 2009, 25(20): 12-17.

[12] HOYER J, DICKHAUT W, KRONAWITTER L. Water sensitive urban design-principle and inspiration for sustainable stormwater management in the city of the future [M]. Berlin: Jovis Verlag GmbH, HafenCity University Hamburg, 2011.

[13] PICKETT S T A, CADENASSO M L, GROVE J M. Resilient cities: meaning, models, and

metaphor for integrating the ecological, socio-economic, and planning realms[J]. Landscape and urban planning, 2004, 69(4) : 369-384.

[14] 张伟，车伍．海绵城市建设内涵与多视角解析 [J]. 水资源保护，2016, 32(6) : 19-26.

[15] 车伍，武彦杰，杨正，等．海绵城市建设指南解读之城市雨洪调蓄系统的合理构建 [J]. 中国给水排水，2015, 31(8): 13-17, 23.

[16] 任心欣，俞露．海绵城市建设规划与管理 [M]. 北京：中国建筑工业出版社，2017.

[17] 仝贺，王建龙，车伍，等．基于海绵城市理念的城市规划方法探讨 [J]. 南方建筑，2015(4): 108-114.

[18] 吴晓，魏羽力．关于城市设计与现有规划体系衔接的思考 [J]. 规划师，2007, 23(6): 87-89.

[19] 陈翀．从 " 多规合一 " 视角谈我国城市总体规划改革 [J]. 城市建筑，2017(5): 393.

[20] 车伍，葛裕坤，唐磊，等．我国城市排水（雨水）防涝综合规划剖析 [J]. 中国给水排水，2016, 32(10): 15-21.

[21] 林涛．城市排水（雨水）防涝综合规划编制思考 [J]. 中国给水排水，2015, 31(14): 12-15.

[22] 马洪涛．关于城市排水（雨水）防涝规划编制的思考 [M]// 中国城市规划学会．新常态：传承与变革——2015 年中国城市规划年会论文集．北京：中国建筑工业出版社，2015, 228-240.

[23] 车伍，杨正，赵杨，等．城市排水（雨水）防涝综合规划编制若干问题探讨 [J]. 中国给水排水，2014, 30(16): 6-11.

[24] 徐波．城市绿地系统规划中市域问题的探讨 [J]. 中国园林，2005(3) : 65-68.

[25] 周凌．《浙江省海绵城市规划设计导则》编制思考 [J]. 城市规划，2018, 42 (6): 111-116.

[26] 天津大学城市规划设计研究院．辽宁省葫芦岛市海绵城市专项规划 [R]. 天津：天津大学城市规划设计研究院，2018.

[27] 深圳光明新区海绵城市建设实施工作领导小组办公室，深圳市城市规划设计研究院有限公司．深圳光明新区海绵城市规划设计导则（试行）[R]. 深圳：深圳光明新区海绵城市建设实施工作领导小组办公室，深圳市城市规划设计研究院有限公司，2018.

[28] 谢进一．深圳市光明新区海绵城市建设的策略分析 [J]. 城市地理，2018(4): 71.

[29] 熊向陨，那金，潘晓峰，等．基于 SWMM 模型的海绵城市措施效果模拟研究：以深圳市光明新区为例 [J]. 给水排水，2018(4): 129-133.

[30] 陕西省西咸新区开发建设管理委员会，陕西省西咸新区沣西新城管理委员会，北京雨人润科生态技术有限责任公司．西咸新区海绵城市建设：低影响开发技术指南（试行）[R]. 西安：陕西省西咸新区开发建设管理委员会，陕西省西咸新区沣西新城管理委员会，北京雨人润科生态技术有限责任公司，2016.

[31] 张亮．西北地区海绵城市建设路径探索：以西咸新区为例 [J]. 城市规划，2016, 40(3): 108-112.

[32] 徐岚，郭鹏．基于自然地理的西咸新区海绵城市本土化建设探析 [J]. 华中建筑，2017(4): 88-92.

[33] 张亮．西咸新区：重构城市水安全屏障 [J]. 城乡建设，2018(12): 16-19.

[34] 韩松磊．湿陷性黄土地区海绵城市规划及建设探索：以西安为例 [J]. 给水排水，2019, 45(1): 35-41.

[35] 深圳市规划和国土资源委员会，深圳市城市规划设计研究院有限公司．深圳市海绵城市建设专项规划及实施方案 [R]. 深圳：深圳市规划和国土资源委员会，深圳市城市规划设计研究院有限公司，2016.

[36] 胡爱兵．深圳市坪山中心区海绵城市详细规划编制探讨 [J]. 建设科技，2018(14): 66-70.

[37] 胡爱兵，吴海春，任心欣．基于模型的深圳市某区域海绵城市建设多方案比选研究 [M]// 中国城市规划

学会 . 共享与品质 : 2018 中国城市规划年会论文集 . 北京： 中国建筑工业出版社 , 2018, 46-56.

[38] 杭州市城乡建设委员会 , 北京建筑大学 . 杭州市海绵城市建设低影响开发雨水系统技术导则（试行）[R]. 杭州 : 杭州市城乡建设委员会 ; 北京 : 北京建筑大学 , 2016.

[39] 杭州城市规划设计研究院 . 杭州海绵城市专项规划 [R]. 杭州： 杭州城市规划设计研究院 , 2017.

[40] 夏洋 , 曹靓 , 张婷婷 , 等 . 海绵城市建设规划思路及策略 : 以浙江省宁波杭州湾新区为例 [J]. 规划师 , 2016, 32(5): 35-40.

[41] 中国城市规划设计研究院 . 河南鹤壁市海绵城市专项规划（2016—2020）[R]. 北京 : 中国城市规划设计研究院 , 2018.

[42] 重庆市规划设计研究院 . 重庆市主城区海绵城市专项规划 [R]. 重庆： 重庆市规划设计研究院 , 2018.

[43] 刘颖 . 重庆市海绵城市规划建设径流控制关键技术 [J]. 规划师 , 2016, 32(Z2): 69-73.

[44] 束方勇 . 基于水文视角的重庆市海绵城市规划建设研究 [D]. 重庆 : 重庆大学 , 2016.

[45] 赵万民 , 朱猛 , 束方勇 . 生态水文学视角下的山地海绵城市规划方法研究 : 以重庆都市区为例 [J]. 山地学报 , 2017, 35 (1): 68-77.

[46] 刘亚丽 , 余颖 , 陈治刚 . 山地城市重庆“海绵城市”规划建议和指引 [M]// 中国城市规划学会 . 新常态: 传承与变革——2015 年中国城市规划年会论文集 . 北京 : 中国建筑工业出版社 , 2015, 113-123.

[47] 戴慎志 . 高地下水位城市的海绵城市规划建设策略研究 [J]. 城市规划 , 2017, 41(2): 57-59.

[48] 王宁 . 厦门海绵城市专项规划编制实践与思考 [J]. 城市规划 , 2017, 41(6) : 108-115.

[49] 曹万春 , 林俊雄 , 蒋彬 , 等 . 海绵城市建设技术适宜性分析及规划指引研究 [J]. 中国给水排水 , 2018, 34(8): 5-10.

[50] 汤鹏 , 王浩 . 基于 MCR 模型的现代城市绿地海绵体适宜性分析 [J]. 南京林业大学学报 (自然科学版), 2019, 43(3): 116-122.

[51] 冶雪艳 , 李明杰 , 杜新强， 等 . 基于地质条件的海绵城市适宜设施类型选择 [J]. 吉林大学学报 (地球科学版), 2018, 48(3): 827-835.

[52] 许青 , 贾忠华 , 罗纨 , 等 . 基于功能区差异的海绵城市适宜性研究 : 以扬州市为例 [J]. 中国农村水利水电 , 2018 (5): 53-57, 62.

[53] 杨建辉 , 岳邦瑞 , 史文正， 等 . 陕北丘陵沟壑区雨洪管控的地域适宜性策略与方法 [J]. 中国园林 , 2018, 34(4): 54-62.

[54] 谢纪海 , 彭汉发 , 夏冬生， 等 . 海绵城市建设地质条件适宜性研究 : 以武汉市都市发展区为例 [J]. 探矿工程 (岩土钻掘工程), 2018, 45(10): 6-10.

[55] 赵西宁 , 吴普特 , 冯浩， 等 . 基于 GIS 的区域雨水资源化潜力评价模型研究 [J]. 农业工程学报 , 2007, 23(2): 6-10.

[56] 郑博一 , 谢玉霞 , 刘洪波， 等 . 基于模糊层次分析法的海绵城市措施研究 [J]. 环境科学与管理 , 2016, 41(5): 183-186.

[57] 黄于新 , 郑先昌 , 刘洪文， 等 . 城市地下空间资源质量评估的矢量单元法研究 : 以深圳市宝安区为例 [J]. 资源与产业 , 2013(5): 75-80.

[58] 赵茹玥 . 海绵城市规划中的生态敏感性分析 : 以宜兴市为例 [J]. 低碳世界 , 2017(3): 159-160.

[59] 卢晓倩 , 赵飞 . 海绵城市专项规划中基于 GIS 的生态敏感性分析 [J]. 北京水务 , 2019(1): 25-29.

[60] 李辉，王子豪，李席锋．基于 GIS 的海绵城市规划区生态敏感性分析 [J]. 国土资源导刊，2017, 14(1), 49-52.

[61] 赵宏宇，解文龙，赵建军，等．生态城市规划方法启示下的海绵城市规划工具建立：基于敏感性和适宜度分析的海绵型场地选址模型 [J]. 上海城市规划，2018, 1(3): 17-24.

[62] 赵格，魏曦．海绵城市专项规划编制技术手册 [M]. 北京：中国建筑工业出版社，2018.

[63] 张伟，王家卓，车晗，等．海绵城市总体规划经验探索：以南宁市为例 [J]. 城市规划，2016, 40(8): 44-52.

[64] 王国恩．城乡规划管理与法规 [M]. 北京：中国建筑工业出版社，2009.

[65] 戴慎志．城市规划与管理 [M]. 北京：中国建筑工业出版社，2011.

[66] 陈小龙，赵冬泉，盛政，等．海绵城市规划系统的开发与应用 [J]. 中国给水排水，2015, 31(19): 121-125.

[67] 王家彪，赵建世，沈子寅，等．关于海绵城市两种降雨控制模式的讨论 [J]. 水利学报，2017(12): 1490-1498.

[68] United States Environmental Protection Agency . Technical guidance on implementing the stormwater runoff requirements for federal projects under section 438 of the energy independence and security act [R]. Washington, D C: EPA, Office of Water (4503T), 2009 .

[69] 王虹，丁留谦，程晓陶，等．美国城市雨洪管理水文控制指标体系及其借鉴意义 [J]. 水利学报，2015, 46(11): 1261-1271.

[70] 任心欣，汤伟真．海绵城市年径流总量控制率等指标应用初探 [J]. 中国给水排水，2015, 31(13): 105-109.

[71] 王文亮，李俊奇，车伍，等．雨水径流总量控制目标确定与落地的若干问题探讨 [J]. 给水排水，2016, 42(10): 61-68, 69.

[72] GUILLETTE A, LID Studio. Low Impact Development Technologies[R]. Washington: National Institute of Building Sciences, 2005.

[73] 夏军，石卫，王强，等．海绵城市建设中若干水文学问题的研讨 [J]. 水资源保护，2017, 33(1): 1-8.

[74] AKAN A O, HOUGHTALEN R J. Urban hydrology, hydraulics, and stormwater quality: engineering applications and computer modeling[M]. New Tersey: John Wiley & Sons Inc., 2003.

[75] QIN H P, LI Z X, FU G. The effects of low impact development on urban flooding under different rainfall characteristics[J]. Journal of environmental management, 2013, 129(18): 577-585 .

[76] GUO J C Y, URBONAS B. Maximized detention volume determined by runoff capture ratio [J] . Journal of water resources planning& management, 1996, 122(1): 33-39.

[77] 李俊奇，林翔，王文亮，等．国内外雨水径流总量控制指标统计方法对比剖析 [J]. 中国给水排水，2018(8): 11-16.

[78] 周凌．海绵城市年径流总量控制率的若干问题探讨 [J]. 给水排水，2018, 48(8): 52-56.

[79] 李俊奇，李小静，王文亮，等．美国雨水径流控制技术导则讨论及其借鉴 [J]. 水资源保护，2017, 33(2): 6-12, 62.

[80] 李小静，李俊奇，王文亮．美国雨水管理标准剖析及其对我国的启示 [J]. 给水排水，2014(6): 119-123.

[81] 李俊奇，王文亮，车伍，等．海绵城市建设指南解读之降雨径流总量控制目标区域划分 [J]. 中国给水排水，2015, 31(8): 6-12.

[82] 苏振宇，郭涛．海绵城市规划中径流控制分区及 LID 控制指标量化研究：以昆明为例 [J]. 上海城市规划，2016(4): 115-119.

[83] 姜勇．武汉市海绵城市规划设计导则编制技术难点探讨 [J]. 城市规划，2016(3): 103-107.

[84] 张高嫄，高斌，王新亮．海绵城市年径流总量控制率在控规中的深化与落实 [J]. 中国给水排水，2018, 34(6): 1-5.

[85] 张车琼．海绵城市规划中年径流总量控制目标分解方法研究 [J]. 给水排水，2017, 43(8)：51-54.

[86] 王诒建．海绵城市控制指标体系构建探讨 [J]. 规划师，2016, 32(5): 10-16.

[87] 李颜．海绵城市控制指标体系构建探讨 [J]. 现代园艺，2019(4): 153.

[88] 李明怡．城市径流总量控制指标分解及实现路径探索与实践 [J]. 水资源保护，2017, 33(5): 81-85.

[89] 康丹，叶青．海绵城市年径流总量控制目标取值和分解研究 [J]. 中国给水排水，2015, 31(19): 126-129.

[90] New York State Department of Environmental Conservation. New York State stormwater management design manual[R]. Albany: New York State Department of Environmental Conservation, 2015.

[91] Center for Watershed Protection. District of Columbia stormwater management guidebook [R]. Ellicott City : Center for Watershed Protection, 2013.

[92] The Connecticut Department of Environmental Protection. Connecticut stormwater quality manual[R]. Hartford: The Connecticut Department of Environmental Protection, 2004.

[93] 曹磊，杨冬冬，王焱，等．走向海绵城市：海绵城市的景观规划设计实践探索 [M]. 天津：天津大学出版社，2016.

[94] 杨冬冬，韩轶群，曹磊， 等．基于产汇流模拟分析的城市居住小区道路系统布局优化策略研究 [J]. 风景园林，2019, 26(10): 101-106.

[95] 杨冬冬，孟春霞，曹磊．既有居住区海绵化改造条件调查与措施研究：以天津市为例 [J]. 景观设计，2019(3): 4-11.

[96] 天津大学城市规划设计研究院．冀州中心城区海绵城市专项规划 (2016—2020)[R]. 天津：天津大学城市规划设计研究院，2017.

[97] 杨冬冬，曹易，曹磊．城市生态化雨洪管理系统构建技术方法和途径 [J]. 中国园林，2019, 35(10): 24-28.